高等学校"十四五"农林规划新形态教材

# 种子检验学

（第2版）

主编 张春庆 王建华

中国教育出版传媒集团
高等教育出版社·北京

## 内容提要

本书在第1版的基础上,以新版《ISTA 国际种子检验规程》和中华人民共和国国家标准——《农作物种子检验规程》(GB/T 3543)为依据,在多年从事种子检验教学科研实践的基础上编写而成。

全书分10章,包括绪论、扦样、种子净度分析、种子发芽试验、种子生活力与活力测定、品种真实性及品种纯度测定、田间检验与田间小区种植鉴定、种子水分测定、种子健康检验、种子质量评定与签证。内容系统、新颖、实用,注重检验理论与技术的结合。

本书既可作为农林院校种子科学与工程专业的本科生教材,也可作为广大种子工作者提高检验理论水平的参考书。

### 图书在版编目(CIP)数据

种子检验学 / 张春庆,王建华主编. -- 2版.
北京:高等教育出版社,2025.1. -- ISBN 978-7-04-062604-9

I. S339.3

中国国家版本馆 CIP 数据核字第 2024PS0019 号

Zhongzi Jianyanxue

策划编辑 赵晓玉  责任编辑 赵晓玉  封面设计 张雨微  责任印制 耿 轩

| | | | | |
|---|---|---|---|---|
| 出版发行 | 高等教育出版社 | 网 址 | http://www.hep.edu.cn | |
| 社 址 | 北京市西城区德外大街4号 | | http://www.hep.com.cn | |
| 邮政编码 | 100120 | 网上订购 | http://www.hepmall.com.cn | |
| 印 刷 | 河北信瑞彩印刷有限公司 | | http://www.hepmall.com | |
| 开 本 | 787mm×1092mm 1/16 | | http://www.hepmall.cn | |
| 印 张 | 18.25 | 版 次 | 2006年1月第1版 | |
| 字 数 | 470千字 | | 2025年1月第2版 | |
| 购书热线 | 010-58581118 | 印 次 | 2025年1月第1次印刷 | |
| 咨询电话 | 400-810-0598 | 定 价 | 46.00元 | |

本书如有缺页、倒页、脱页等质量问题,请到所购图书销售部门联系调换
版权所有 侵权必究
物 料 号 62604-00

新形态教材·数字课程（基础版）

# 种子检验学
## （第 2 版）

主编　张春庆　王建华

**登录方法：**

1. 电脑访问 http://abooks.hep.com.cn/62604，或微信扫描下方二维码，打开新形态教材小程序。
2. 注册并登录，进入"个人中心"。
3. 刮开封底数字课程账号涂层，手动输入20位密码或通过小程序扫描二维码，完成防伪码绑定。
4. 绑定成功后，即可开始本数字课程的学习。

如有使用问题，请点击页面下方的"答疑"按钮。

种子检验学（第2版）

张春庆　王建华

开始学习　　收藏

种子检验学（第2版）数字课程与纸质教材一体化设计，是教材的有利补充，包括各章教学课件、自测题、知识拓展、彩图等，为师生提供教学参考。

# http://abooks.hep.com.cn/62604

# 第 2 版编写人员

**主　编**　张春庆　王建华
**副主编**　李　莉　温大兴　郭宝健
**编　者**（以姓氏笔画为序）
　　　　　马守才（西北农林科技大学）
　　　　　王建华（中国农业大学）
　　　　　伊六喜（内蒙古农业大学）
　　　　　李　莉（中国农业大学）
　　　　　张春庆（山东农业大学）
　　　　　季彪俊（福建农林大学）
　　　　　郭宝健（扬州大学）
　　　　　梅四卫（河南农业职业学院）
　　　　　康志钰（云南农业大学）
　　　　　温大兴（山东农业大学）

# 第1版编审人员

主　编　张春庆　王建华

副主编　张文明　尹燕枰　谢超杰

编　者（以姓氏笔画为序）

　　　　马守才（西北农林科技大学）

　　　　王建华（中国农业大学）

　　　　尹燕枰（山东农业大学）

　　　　宁书菊（福建农林大学）

　　　　辛景树（农业部全国农业技术推广服务中心）

　　　　张文明（安徽农业大学）

　　　　张春庆（山东农业大学）

　　　　侯健华（内蒙古农业大学）

　　　　梅四卫（河南农业大学）

　　　　谢超杰（中国农业大学）

审稿人　徐本美　颜启传　金锡奎

# 第 2 版前言

种子检验学是系统介绍种子质量检验的理论和技术的一门科学,是种子科学与工程专业的重要核心课程。通过学习,学生能掌握种子检验的原理与技术,并能独立完成各类种子质量的检测和评价。因此,该课程在种子科学与工程专业的知识结构中占有重要地位。为更好地掌握种子检验学的内容,学生应学好植物学(包括形态、解剖、分类)、遗传学、种子生物学、分析化学、有机化学、生物化学和数理统计等相关理论基础知识。另外,种子检验学又是种子生产、检疫、加工和贮藏等专业课程的重要基础。

本次修订,在第 1 版《种子检验学》的基础上,根据种子检验学的发展和教材使用情况,将第 1 版的第十一章的"新技术在种子检验中的应用"内容分解到其他相应章节,即全书修订后由 11 章变为 10 章。结合 2020 年国际种子检验规程和我国新修订的种子检验规程,以及种子检验发展前沿,对种子扦样的异质性计算方法、发芽试验的结果处理、种子活力测定方法、种子纯度室内测定技术、种子健康检验技术、种子水分测定方法等内容都作了较大修改,特别是品种真实性和纯度的分子检测、转基因检测、健康检测技术发展较快,我国新修订的规程变化也较大,在教材的相应部分作了较大修订和体现。本书内容既与国际和国家种子检验规程相结合,又反映种子检验的创新研究前沿。本书作为我国种子科学与工程专业的本科教材,力求突出种子检验学内容的系统性、规范性和新颖性。本书亦可作为植物生产类专业学生及广大种子工作者和农业科技工作者的有益参考书。

在高等教育出版社、中国农业大学、山东农业大学领导的大力支持下,编写人员经过一年的努力,完成了该书的修订工作。在此对参与修订的老师付出的辛勤劳动表示衷心感谢。

限于编者的水平,内容上难免存在疏漏和失误,敬请读者指正。

编 者

2022 年 10 月于泰安

# 第1版前言

"种子检验学"是系统介绍种子质量检验的理论和技术的一门科学，其发展可以追溯到19世纪中叶。1869年Nobbe博士在德国的萨兰德建立了世界上第一所种子检验室，标志着种子检验学的创立。伴随着种子科学的发展，种子检验学逐步得到丰富和完善，特别是国际种子检验协会（ISTA）的成立，促进了种子检验技术的标准化，促进了国际的合作和技术推广。种子检验学经过100多年的发展，从种子生产中的田间检验到种子收获后的室内检验，从扦样到各个指标的分析都已形成了较完整的理论和技术体系。

种子检验学是种子科学与工程本科专业的重要必修课。通过学习，使学生全面掌握种子质量检验的理论和技术，能独立完成各类种子质量的检测和评价。为使学生更好地掌握种子检验学的内容，必须要求学生学好植物学（包括形态、解剖、分类）、遗传学、种子生物学、分析化学、有机化学和生物化学、数理统计等相关理论基础知识。另外，种子检验学又是种子生产、检疫、加工和贮藏等课程的重要基础。因此，该课程在种子科学与工程专业的知识结构中占有重要地位。

由于历史的原因，我国种子科学与工程本科专业设立较晚，课程建设远不及其他农业学科，本科教学没有系统完整的教材和参考书。为了满足该专业的课程建设要求，2004年4月在中国农业大学（北京）召开了《种子检验学》的编写会议。6所大学负责种子专业教学的教师及农业部的有关领导参加了会议。会上成立了编写委员会，讨论了编写大纲，落实了编写任务。全书共11章，编写分工如下：第1、6章，张春庆；第2章，谢超杰；第3章，宁书菊；第4章，王建华；第5章，张文明；第7章，尹燕枰；第8章，侯健华；第9章，马守才；第10章，辛景树；第11章，张春庆、王建华。其中，包衣种子检验的内容由梅四卫负责。本书作为我国第一部种子科学与工程专业的本科教材，力求突出种子检验学的系统性和新颖性。本书亦可作为植物生产类专业学生及广大种子工作者和农业科技工作者的有益参考书。限于编者的水平，内容上难免存在疏漏和失误，敬请读者指正。

在高等教育出版社、中国农业大学、山东农业大学领导的大力支持下，编写人员经过一年多的努力，完成了该书的编写工作。该书聘请中国科学院植物研究所徐本美研究员、浙江大学颜启传教授、山东农业大学金锡奎教授对初稿进行了审阅，他们提出了许多建设性的修改意见。对他们以及所有给予本书关心帮助的领导、同行表示衷心感谢。

编　者
2005年8月于泰安

# 目　录

## 第一章　绪论 ··································································································· 1
### 第一节　种子检验概述 ···················································································· 1
一、种子检验的概念和内容 ············································································ 1
二、种子检验的作用 ······················································································ 2
### 第二节　种子检验的发展概况 ·········································································· 4
一、国外种子检验的发展概况 ········································································ 4
二、我国种子检验的发展概况 ········································································ 6
### 第三节　种子检验的特点和程序 ······································································ 7
一、种子检验的特点 ······················································································ 7
二、种子检验的程序 ······················································································ 8

## 第二章　扦样 ······························································································· 10
### 第一节　扦样的定义和原则 ············································································ 11
一、扦样的有关定义 ···················································································· 11
二、扦样的目的和原则 ················································································ 11
三、种子批异质性的测定 ············································································ 12
### 第二节　扦样的方法步骤 ················································································ 25
一、扦样前的准备工作 ················································································ 25
二、扦取初次样品的方法 ············································································ 25
### 第三节　样品的配制与处理 ············································································ 29
一、混合样品的配制 ···················································································· 29
二、送验样品的配制 ···················································································· 29
三、送验样品的处理 ···················································································· 32
四、样品的保存 ··························································································· 33

## 第三章　种子净度及其他植物种子数目分析 ··············································· 34
### 第一节　净度分析的方法和标准 ···································································· 35
一、净度分析的方法 ···················································································· 35
二、净度分析的标准 ···················································································· 35
### 第二节　净度分析的步骤 ················································································ 40
一、重型混杂物的检查 ················································································ 40
二、试验样品的分取 ···················································································· 41

三、试验样品的分析 …………………………………………………………… 41
　　四、结果计算与报告 …………………………………………………………… 42
第三节　其他植物种子数目的测定 ……………………………………………… 49
　　一、测定目的 …………………………………………………………………… 49
　　二、测定方法 …………………………………………………………………… 49
第四节　部分植物种子的优良度测定 …………………………………………… 51
　　一、种子优良度测定 …………………………………………………………… 51
　　二、棉花种子健籽率测定 ……………………………………………………… 52

## 第四章　种子发芽试验 …………………………………………………………… 54
第一节　种子发芽与幼苗鉴定 …………………………………………………… 55
　　一、种子发芽的概念及重要性 ………………………………………………… 55
　　二、幼苗结构 …………………………………………………………………… 55
　　三、幼苗鉴定标准 ……………………………………………………………… 57
　　四、常见作物种子正常幼苗和非正常幼苗形态特征 ………………………… 60
第二节　种子发芽试验设施 ……………………………………………………… 60
　　一、发芽床和发芽器皿 ………………………………………………………… 60
　　二、发芽设备 …………………………………………………………………… 62
第三节　标准发芽试验方法 ……………………………………………………… 63
　　一、种子发芽前的准备 ………………………………………………………… 63
　　二、种子置床、发芽期间管理 ………………………………………………… 67
　　三、结果计算与检验报告 ……………………………………………………… 69
第四节　快速发芽试验方法 ……………………………………………………… 77
　　一、玉米切果柄并撕去胚部种皮法 …………………………………………… 77
　　二、禾谷类、豆类高温盖砂法 ………………………………………………… 77
　　三、棉花硫酸脱绒切割法 ……………………………………………………… 78
　　四、水稻去颖法 ………………………………………………………………… 78

## 第五章　种子生活力与活力测定 ………………………………………………… 79
第一节　种子生活力测定原理及方法 …………………………………………… 80
　　一、四唑测定法 ………………………………………………………………… 80
　　二、离体胚测定法 ……………………………………………………………… 95
　　三、染料染色法 ………………………………………………………………… 96
　　四、软 X 射线造影法 …………………………………………………………… 97
第二节　种子活力测定原理及方法 ……………………………………………… 98
　　一、发芽测定法 ………………………………………………………………… 99
　　二、逆境试验测定 ……………………………………………………………… 102
　　三、生理生化测定 ……………………………………………………………… 106

## 第六章 品种鉴定和转基因检测 ······ 114

### 第一节 品种鉴定概述 ······ 115
一、品种鉴定的含义及意义 ······ 115
二、品种鉴定的方法分类 ······ 115
三、品种鉴定的有关概念 ······ 116

### 第二节 种子纯度的快速测定 ······ 117
一、籽粒形态测定 ······ 118
二、种苗形态测定 ······ 122
三、苯酚染色法测定 ······ 122

### 第三节 种子纯度的电泳测定 ······ 123
一、种子纯度电泳测定的发展 ······ 123
二、电泳法测定种子纯度的原理 ······ 124
三、种子纯度电泳检测的一般过程 ······ 125

### 第四节 品种纯度的分子检测 ······ 129
一、PCR 的原理 ······ 129
二、试验样品 ······ 130
三、DNA 提取 ······ 131
四、扩增程序 ······ 131
五、扩增产物检测 ······ 133
六、结果计算和表示 ······ 134

### 第五节 品种真实性分子鉴定 ······ 135
一、检测方法的选择 ······ 135
二、核心位点的基本要求 ······ 136
三、检测样品的数量 ······ 136
四、引物的数量 ······ 137
五、检测程序 ······ 137
六、原始数据记录 ······ 140
七、结果计算和表示 ······ 140
八、结果报告 ······ 140

### 第六节 转基因品种检测 ······ 141
一、转基因检测相关概念 ······ 141
二、试验样品数量 ······ 142
三、转基因 DNA 分子检测 ······ 143
四、基于蛋白质的检测 ······ 147
五、生物测定 ······ 150

## 第七章 田间检验与种子纯度的种植鉴定 ······ 151

### 第一节 田间检验及种子纯度种植鉴定依据的性状 ······ 152

一、农作物 152
　　二、蔬菜作物 164
第二节　田间检验 175
　　一、田间检验的时期 175
　　二、田间检验的方法 177
第三节　田间小区种植鉴定 181
　　一、标准样品的收集 181
　　二、田间小区的设置 181
　　三、种植密度和株数 182
　　四、栽培管理 182
　　五、小区鉴定的时间和方法 182
　　六、结果计算与报告 182

## 第八章　种子水分测定 184
第一节　种子水分测定概述 185
　　一、种子水分及其含义 185
　　二、种子水分测定的意义 185
第二节　种子水分的标准测定方法 186
　　一、所需仪器设备 186
　　二、烘干减重法的原理 187
　　三、烘干减重法的测定方法 187
第三节　其他种子水分测定方法 190
　　一、种子水分快速测定 190
　　二、快速测定仪器的校准 193
　　三、甲苯蒸馏法 194
　　四、卡尔-费休法 195

## 第九章　种子健康检验 199
第一节　种子健康检验概述 200
　　一、种子健康检验的目的和重要性 200
　　二、种子健康检验的内容 201
　　三、种子健康检验应注意的问题 202
第二节　种传病虫的侵染和传播 202
　　一、病原真菌的侵染和传播 202
　　二、病原细菌的侵染和传播 204
　　三、植物病毒的侵染和传播 205
　　四、病原线虫的侵染和传播 205
　　五、种子害虫的侵染和传播 206

### 第三节 种子病原物的检验方法 ······ 206
一、常规检测方法 ······ 206
二、病原检测的新技术 ······ 215
### 第四节 种子害虫的检验方法 ······ 221
一、肉眼检验 ······ 221
二、过筛检验 ······ 221
三、剖粒检验 ······ 221
四、染色检验 ······ 222
五、相对密度检验 ······ 222
六、软 X 射线检验 ······ 222

## 第十章 种子质量评定与签证 ······ 225
### 第一节 种子质量评定 ······ 226
一、种子质量评定的内容 ······ 226
二、种子质量评定的依据和原则 ······ 227
### 第二节 国内外主要农作物种子质量分级标准 ······ 228
一、国外种子质量分级标准的特点 ······ 229
二、我国种子质量分级标准 ······ 231
### 第三节 签发证书 ······ 232
一、国际种子检验证书 ······ 232
二、我国种子检验报告 ······ 234

**附表 1** 农作物种子批的最大重量和样品最小重量 ······ 239
**附表 2** 农作物种子的发芽技术规定 ······ 244
**附表 3** 主要作物常见种子真菌病害及检验 ······ 250
**附表 4** 推荐引物 ······ 255
**附表 5** 种子质量标准 ······ 260
**参考文献** ······ 267

# 第一章

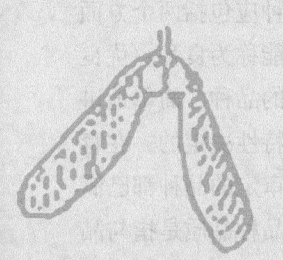

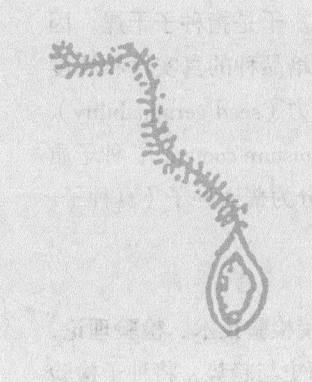

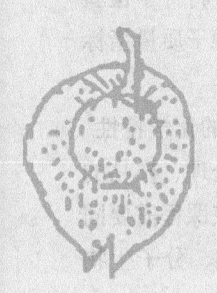

# 绪 论

## 第一节 种子检验概述

### 一、种子检验的概念和内容

#### （一）种子检验的概念

为了理解种子质量检验的概念需要明确种子、质量、检验等相关概念。本教材中所指的种子是广义的种子，指在农业上用作播种材料的所有植物器官。"质量"是指一组固有特性满足要求的程度。其中，"特性"指可区分的特征，"固有的特性"是指事物本来就有的特征。种子固有的特性如遗传上的一致性、良好的播种品质等。"要求"是"指明示的、通常隐含的或必须履行的要求或期望"，其中，"明示的"可理解为规定的要求，"通常隐含的"指不言而喻的要求，"必须履行的"是指法律规定的要求及强制性标准的要求。要求可以是多方面的，可以由不同的相关方提出，不同的相关方对同一种产品的要求可以是不同的，如不同的客户对种子质量的要求可以不同。因此，质量具有相对性、时效性。种子作为一种产品，种子质量实际是一种产品质量。检验是对实体的一个或多个特性进行的诸如测量、检查、试验或度量，并将结果与规定要求进行比较以确定各项特性合格情况的活动。可见，检验的实质是确定产品的质量是否符合技术标准规定的要求，因而存在一个比较的过程，要比较就要通过测量或检测获取数据。因而，质量检验过程事实上是一个测

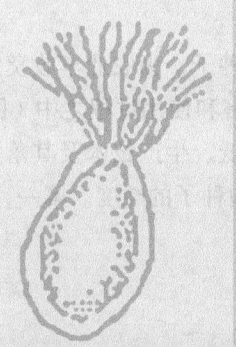

量、进行比较判断、做出符合性判定和实施处理的过程。

种子质量检验简称种子检验。种子检验学是指采用科学的技术和方法，对种子质量进行分析测定，判断其优劣，评定其种用价值的一门应用科学。种子检验过程中通常要按照一定的标准，运用一定的仪器设备进行。

### （二）种子检验的内容

种子是最基本的生产资料，种子质量的高低不仅影响良种特性的发挥，影响用种者的收入，而且影响种子经营者的效益和信誉。因此，农业生产必须采用良种，良种应包括两个方面的含义：其一是优良的品种，其二是优良的种子。即优良品种的优良种子才能称为良种。优良的品种是指具备优良的特征、特性、丰产潜力、优良的营养品质和加工品质的品种，简单地讲就是具备高产、稳产、优质、低成本的特性。这些优良性状是由优良的遗传特性决定的，在育种者的选育过程中和品种试验过程中进行了多年的筛选、评价。因此，通过审定的品种都已满足优良品种的要求。优良种子是指种子具备了优良的品种品质和播种品质。品种品质是指与品种的遗传基础有关的种子质量性状，包括品种真实性、种子遗传和转基因特性的一致性。播种品质是指影响播种质量的种子质量性状，分为净、饱、壮、健、干5个方面。净是指种子清洁干净。壮是指种子发芽出苗整齐健壮，用发芽率、生活力和活力等指标来表示，发芽率是计算种用价值的重要指标。饱是指种子充实饱满。健是指种子健康完善。干是指种子干燥。因此，种子检验的内容应包括种子品种品质和播种品质，分为：种及栽培品种的真实性和纯度（genetic purity）、种子净度（seed purity）、其他植物种子数、种子发芽力（seed germinability）、种子生活力（seed viability）、种子活力（seed vigor）、种子水分（seed moisture content）、种子质量和种子健康度等内容。种子检验分析的对象包括所有的播种材料，分为普通种子（真种子、果实等）、包衣种子、人工种子、植物的营养器官。

### （三）种子检验学与其他学科的关系

种子检验学作为种子科学与技术专业的一门专业核心课，不仅传授检验技术、检验理论，而且研究开发新的检验理论、技术与设备，研究种子检验技术的发展历史与趋势，将种子检验技术、检验设备标准化。具体地讲，在技术上种子检验学研究样品扦取的方法、种子质量指标的构成与分析技术、分析结果的统计与处理方法及种子质量指标的评价标准。

种子检验学是一门综合性很强的学科。种子检验的技术与方法需要依据种子的化学特性、物理特性、植物学特性、生理学特性、遗传学特性和分子生物学特性等。在数据处理、样品的扦取与处理等方面，需要依据许多数理统计和计算机方面的知识。因此，要学好该课程需要同时具备化学、物理、数理统计、植物学、植物生理学、普通遗传学、细胞遗传学、分子生物学、植物育种学、植物病理学、昆虫学和计算机技术等相关课程的知识。

## 二、种子检验的作用

种子检验的最终目的是保证农业生产使用符合质量标准的种子，为农业丰收奠定基础。种子检验的作用具体表现在种子的生产、加工和贮藏、以及销售和使用过程之中（图1-1）。在种子生产过程中对种子质量的影响主要是繁殖材料纯度的高低、生产技术及其落实情况，如播种时期、方式、隔离情况及去雄去杂等。这些因素主要影响种子的纯度。第一，在种子

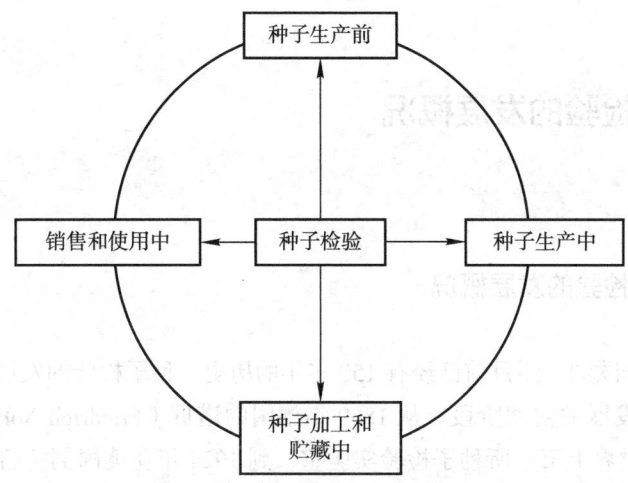

图 1-1 种子检验的作用示意图

生产前，通过检验保证繁殖材料的质量，这是种子生产过程中重要的一环。如果生产种子的繁殖材料本身质量不高，就很难生产出合格的种子。如：玉米父母本自交系纯度只有95%，在隔离良好、不去杂的情况下生产出来的杂交种纯度也只有90%左右，要保证杂交种纯度98%，玉米父母本的纯度都不应低于99%。第二，在种子生产过程中，通过田间检验，检查隔离情况，防止生物学混杂；提出去杂去劣的措施与标准，提高繁殖材料的纯度；对病虫、杂草进行检查，防止检疫性病虫、杂草的传播蔓延。第三，在种子加工贮藏过程中，主要防止对种子的发芽、净度、水分及纯度产生影响。通过种子检验防止因加工造成的发芽率降低，防止机械损伤和机械混杂，确定适宜的加工程序和加工机械参数等。第四，在种子经营、贸易中，通过检验首先防止假冒伪劣种子的流通；其次，正确评定种子质量，以质论价，促进种子质量不断提高；最后，检验还可保证种子经营、贸易中，贮藏和运输的安全。在我国部分地区，由于自然条件的限制，种子水分偏高，在种子调运过程中应采用通风等安全措施防止种子在运输过程中发热霉烂，特别是在长途调运和由温度低的地区向温度高的地区调运时，更应注意种子的检验工作。第五，在种子使用过程中，首先，通过检验选择使用符合质量标准的种子，避免质量低劣的种子对农业生产的危害；其次，通过检验，评价种子的质量，确定播种量，保证一播全苗。因此，种子检验是种子质量管理的重要手段，是实现良种化和种子质量标准化的重要措施。

总之，种子检验的作用体现在种子工作全过程，概括起来有以下几点：①保证实现种子质量标准化；②保证种子加工、贮藏和运输的安全；③检测经营流通中种子的质量，促进种子质量不断提高；④防止、控制种传病虫杂草的传播蔓延，特别是检疫性病虫、杂草。一旦发现，禁止调运，就地销毁。

## 第二节　种子检验的发展概况

### 一、国外种子检验的发展概况

种子检验起源于欧洲，到目前已经有 150 多年的历史。种子检验的发展大体可以分为 3 个阶段：①种子检验发展的初期阶段。从 1869 年德国的诺贝（Friedrich Nobbe）博士在萨兰德（Tharandt）建立了世界上第一所种子检验实验室，到 1924 年在英国剑桥召开了第四次国际种子检验大会，决定把欧洲种子检验协会（European Seed Testing Association，ESTA）改名为国际种子检验协会（International Seed Testing Association，ISTA）（简称 ISTA）。这一时期的特点是世界各国特别是欧美国家相继成立种子检验实验室，各自研究建立种子质量的检测指标和技术。18 世纪中叶至 19 世纪中叶，欧洲各国种子贸易不断发展，一些不法商贩在种子中掺杂使假，牟取暴利，严重影响了使用者的经济利益。针对这些不法行为，许多国家相继颁布种子管理法令。如瑞典伯恩市早在 1816 年明确规定，禁止出售掺杂的三叶草种子。英国也于 1870 年颁布了农场主种子法，禁止种子掺杂使假。与此同时，为了鉴别假劣种子，种子检验应运而生。1869 年，德国诺贝在萨兰德建立了世界上第一所种子检验实验室，开展种子的真实性、净度和发芽率检验等项工作。他总结前人工作经验和自己的研究成果，于 1876 年编写出版了《种子学手册》一书。从此，诺贝成为公认的种子科学和种子检验学的创始人。1871 年，霍尔斯特（E. M. Holst）在哥本哈根创建了私人种子实验室，之后发展成为丹麦国家种子试验站。随后，奥地利、荷兰、比利时和意大利等也相继建立了种子检验室。1875 年，在奥地利召开了第一次欧洲种子检验站会议，主要讨论种子检验的要点和控制种子质量的基本原则。1876 年，在美国建立了北美洲第一个负责种子检验的农业研究站。1890 年和 1892 年，北欧国家分别在丹麦和瑞典召开了制定和审议种子检验规程的会议。1897 年，美国颁布了标准种子检验规程。20 世纪初，亚洲和其他大洲的许多国家也陆续建立了若干种子检验站，开展种子检验工作。随着国际种子贸易的发展，种子检验技术急需规范化、标准化。1906 年，在德国的汉堡市举行了第一次国际种子检验大会。1908 年，美国和加拿大两国成立了北美洲官方种子分析者协会（The Association of Official Seed Analysts，AOSA）。1921 年，在丹麦的哥本哈根召开了第三次国际种子检验大会，创立了欧洲种子检验协会。②种子检验基本内容、技术和程序规范化和标准化阶段。从 1924 年国际种子检验协会建立，到 20 世纪末，此阶段的发展特点是种子质量检验指标体系以形态指标和生理生化指标为主体进行了规范化和标准化。ISTA 负责国际种子检验规程的修订、推广，加快了国际种子检验技术的应用，在正常情况下每隔 3 年举行一次世界大会，ISTA 世界大会情况见表 1-1。③新的种子检验技术快速发展的阶段。从 21 世纪初到现在，发展特点是以分子检测技术和快速检测技术为代表的新技术不断涌现。部分检验技术从固定方法程序逐步到不固定方法的准确性验证方向发展。如：品种测定、转基因测定、健康测定等分子技术。

表1-1 国际种子检验协会世界大会年历表

| 大会次序 | 举行年份 | 会址 | 参加国家数 | 代表人数 | 主要议程 |
|---|---|---|---|---|---|
| 1 | 1906 | 德国,汉堡 | 9 | 34 | 建立日常会议制度,讨论播种种子问题 |
| 2 | 1910 | 荷兰,瓦赫宁根 | / | / | / |
| 3 | 1921 | 丹麦,哥本哈根 | 16 | 32 | 建立委员会,讨论规程等 |
| 4 | 1924 | 英国,剑桥 | 26 | 42 | 正式成立ISTA,建立执行委员会和制定规程等 |
| 5 | 1928 | 意大利,罗马 | 38 | 100 | 通过第一个规程 |
| 6 | 1931 | 荷兰,阿姆斯特丹 | 40 | 100 | 颁布第一个规程和证书 |
| 7 | 1934 | 瑞典,斯德哥尔摩 | 23 | 120 | 修订规程,举行研讨会,举办仪器展览 |
| 8 | 1937 | 瑞士,苏黎世 | 28 | 120 | 研究净度分析的快速法与精确法,修订规程 |
| 9 | 1950 | 美国,华盛顿 | 32 | 162 | 批准快速法列入规程 |
| 10 | 1953 | 爱尔兰,都柏林 | 21 | 142 | 制定新规程 |
| 11 | 1956 | 法国,巴黎 | 30 | 241 | 交流科技,修订规程 |
| 12 | 1959 | 挪威,奥斯陆 | 27 | 135 | 交流种子科技的发展 |
| 13 | 1962 | 葡萄牙,里斯本 | 33 | 150 | 交流种子技术经验 |
| 14 | 1965 | 德国,慕尼黑 | 33 | 233 | 修订和讨论新规程 |
| 15 | 1968 | 新西兰,北帕默斯顿 | 27 | 89 | 讨论ISTA组成、净度分析等问题 |
| 16 | 1971 | 美国,华盛顿 | 34 | 272 | 讨论幼苗鉴别鉴定手册,颁发ISTA证书 |
| 17 | 1975 | 波兰,华沙 | 43 | 242 | 颁布1976规程 |
| 18 | 1977 | 西班牙,马德里 | 50 | 294 | 修订规程,补充花卉种子规程 |
| 19 | 1980 | 奥地利,维也纳 | 53 | 295 | 修订规程,交流活力测定等种子新技术 |
| 20 | 1983 | 加拿大,渥太华 | 51 | 264 | 颁布1985规程 |
| 21 | 1986 | 澳大利亚,布里斯班 | 43 | 300 | 讨论蔬菜和牧草种子生产技术和种子质量等问题 |
| 22 | 1989 | 英国,爱丁堡 | 63 | 300 | 讨论和交流种子技术和种子检验技术的新发展 |
| 23 | 1992 | 阿根廷,布宜诺斯艾利斯 | 50 | 300 | 未来种子质量 |
| 24 | 1995 | 丹麦,哥本哈根 | 60 | 450 | 种子生产和种子质量 |
| 25 | 1998 | 南非,比勒陀利亚 | 42 | 300 | 修订规程和发展种子技术 |
| 26 | 2001 | 法国,昂热 | 74 | 560 | 持续提高种子质量和转基因种子检测 |
| 27 | 2004 | 匈牙利,布达佩斯 | 73 | 400 | 未来种子生产、评价和改良 |
| 28 | 2007 | 巴西 | 71 | 1 000 | 种子技术的多样性 |
| 29 | 2010 | 德国,科隆 | 76 | 500 | 检验技术的应用和改进 |
| 30 | 2013 | 土耳其 | 79 | 600 | 统一质量评价标准 |
| 31 | 2016 | 爱沙尼亚,塔林 | / | / | 通过科学和技术创新促进种子检验和质量进步 |
| 32 | 2019 | 印度,海得拉巴 | / | / | 种子技术和质量 |
| 33 | 2022 | 埃及,开罗 | / | / | 种子检验的进展和创新 |

国际种子检验里程碑主要有：①1876年，诺贝出版《种子科学手册》(*Handbook of Seed Science*)。同年，"统一种子检验"的会议在德国汉堡召开，以后该倡议变成了ISTA标志；②1924年，ISTA在英国剑桥成立，26个国家参加了该次会议；③1931年，在FIS (Fédération Internationale du Commerce des Semences，国际种子贸易联合会*) 的要求下，ISTA通过并颁布了第一个"国际种子检验规程"，并制定了ISTA证书计划；④1950年，ISTA大会在华盛顿召开，第一次在欧洲以外的国家举行，并宣布ISTA对种子产业的必要性；⑤1995年，ISTA大会在丹麦哥本哈根举行，其会员资格向私人实验室和私营种子公司开放；⑥1996年，为了保证全球统一的种子检验，ISTA开启了质量保证计划——种子检验实验室认证，ISTA第一个会员实验室通过了审核；⑦2004年，ISTA大会在匈牙利布达佩斯召开，会议同意将认证作为一个纯粹的技术工作，并批准授权发行ISTA国际种子检验证书，由ISTA的执行委员会授权。

ISTA是一个由各国官方种子检验室（站）和种子技术专家组成的世界性的政府间协会，下设执行委员会、秘书处、技术委员会、刊物编委会和认可团体，由执行委员会负责管理工作。ISTA目前设置的18个技术委员会是：规程委员会、堆装与扦样委员会、净度委员会、发芽委员会、包衣种子委员会、品种委员会、植物病理委员会、乔木与灌木委员会、种子水分委员会、种子贮藏委员会、命名术语委员会、四唑委员会、统计委员会、种子活力委员会、设备委员会、花卉种子委员会、转基因测定委员会和核准试验委员会。ISTA的目标是：①制定、修订、出版和推行国际种子检验规程；②促进国际贸易中广泛采用一致的标准程序；③开展种子科学技术的研究和培训工作。ISTA的任务是：①召开世界性种子会议，讨论和修订国际种子检验规程，交流种子科技研究成果；②组织和举办种子技术培训班、讨论会和研讨会；③加强与其他国际机构的联系和合作；④编辑和出版发行ISTA刊物，如《ISTA新闻通报》《种子科学和技术》等刊物和手册等；⑤颁发国际种子检验证书；⑥组织核准试验。目前ISTA除制定《国际种子检验规程》外，还组织编写了《栽培品种的真实性鉴定》（牧草品种，1972 ISTA会刊）、《种子检验手册——栽培品种的真实性测定》（O. Ulvinen, A. Voss, H.C. Baeckgaard & P.E. Terning, 1973）、《ISTA幼苗鉴定手册》（J. Bekendam & R. Grob, 1979）、《净种子定义说明手册》（E. M. Felfoldi, 1983）、《四唑测定手册》（R. P. Moore, 1985）、《活力测定方法手册》（D. A. Perry, 1981）、《栽培品种鉴定的生化测定》（S. R. Draper & R. J. Cooke, 1984）、《ISTA种子扦样手册》（A. Bould, 1986）和《种子鉴定手册》（H. A. Jeusen, 1987）等近20种手册。

### 二、我国种子检验的发展概况

1949年以前，我国没有专门的种子检验机构，种子检验工作由粮食部门和商检机构代理。之后，随着农业的发展，1956年农业部成立种子管理局，下设检验室。1957年农业部种子管理局在北京双桥农场举办了种子检验学习班。同年又委托浙江农学院举办全国种子干部讲习班。之后，各省种子部门陆续设立了国务种子检验科，开展种子检验工作。1976年，农业部

---

\* 2002年，FIS与ASS INEL（International Association of Plant Breeders of the Protection of Plant Varieties，国际植物育种者品种保护协会）合并成为ISF（Interhational Seed Federation，国际种子联合会）。

颁发了《农作物种子检验办法》和《主要农作物种子分级标准》。1977年，中国种子公司诞生。同年委托浙江农业大学继续举办种子培训班，1979年又委托山东农业大学举办种子培训班。1978年4月，国务院批准了农业部《关于加强种子工作的报告》，批准在全国建立各级种子公司，并提出了"四化一供"的工作方针。1981年，中国种子协会在天津成立，并建立了种子检验分会和技术委员会。1984年制定和颁布了国家种子分级标准和第一个种子检验规程，1995年对《农作物种子检验规程》（GB/T 3543）进行了第一次修订，2024年进行了第二次修订，在检验程序和技术上尽可能采用了国际种子检验规程中先进的技术。1996年起相继对种子质量分级标准进行了第一次修订和完善，2008年以后，对种子质量标准又进行了一次大的修订和补充。1981年，贵州省种子协会创办了《种子》刊物；1983年，黑龙江省种子协会创办《种子世界》刊物，同年，山西省种子协会创办《种子通讯》刊物，后更名为《种子科技》；2000年，由中国农业科学院作物品种资源研究所于1982年创办的《作物品种资源》更名为《中国种业》。这些刊物为交流、传播和发展我国的种子技术作出了重要的贡献。近几年来，我国种子检验仪器和技术都有了较大的发展，种子检验的科研工作也日渐深入。

## 第三节　种子检验的特点和程序

### 一、种子检验的特点

首先，种子检验工作具有一定的连贯性和顺序性。种子检验的每个项目都按"样品→检测分析→计算及结果报告"的顺序进行。一个项目测定后的样品可能作为下一个项目的分析样品。因此，某个环节的失误将导致整个检验工作的失败，某个环节测定结果不准确，有时会影响到下一个环节的测定结果。如生活力、发芽力、纯度及重量测定等都是采用净度分析后获得的净种子，如果净度分析不准确，将会影响后面项目测定结果的准确性。如果样品没有代表性，必然导致整个测定过程失败。其次，种子检验必须严格按照技术规程进行，结果才有效。在国际贸易中，必须按照国际种子检验规程进行测定。在国内贸易中，必须按照国家种子检验规程进行测定，或者按贸易双方合同允许的方法进行检验。最后，种子检验必须借助大量先进的仪器和设备进行。

做好种子检验工作的具体要求：①熟悉和掌握技术方法和标准，制定质量检验计划，使有关人员熟练掌握产品的质量标准；②熟练使用各种计量器具、检验设备和理化分析仪器，对产品质量特性进行定量或定性测量；③把检验结果与质量标准进行比较，根据比较的结果，判定被检验对象是否合格；④根据判断结果，提出处理意见。

企业为了做好种子质量检验工作，必须具备以下条件：①要有一支熟悉业务、忠于职守的种子检验队伍；②要有可靠和完整的检测手段与场所；③要有一套既严格又合理的检验管理制度。

## 二、种子检验的程序

种子检验从职能上分为内部检验、监督检验和仲裁检验。内部检验又称为自检,是种子的生产单位、经营单位或使用单位,对本身的种子进行检验,以了解其种子质量的高低。监督检验是种子质量管理部门或管理部门委托种子检测中心对辖区内的种子质量进行检测,以便对种子质量进行监督管理。仲裁检验是仲裁机构、权威机构或贸易双方采用仲裁程序和方法,对种子质量进行检测,提出仲裁结果。以上三者虽然检验的目的不同,但都发挥着一个共同的作用,即控制和保证种子的质量。

种子检验从检测对象上分为田间检验、室内检验和小区种植鉴定。田间检验是在种子生产过程中,根据植株的特征、特性,对田间种子的纯度进行测定,同时对异作物、杂草、病虫感染、生育情况及倒伏程度等项目进行调查。室内检验是种子收获以后在加工、贮藏、销售及使用过程中扦取种子样品进行检验。室内检验的内容较多,包括种子真实性、品种纯度、净度、发芽力、生活力、活力、千粒重、水分及病虫害等。小区种植鉴定是将种子样品播到田间小区中,以标准品种为对照,根据生长期间表现的特征、特性,对种子真实性和品种纯度进行鉴定。这是最经典的纯度鉴定方法。无论是田间检验、室内检验还是小区种植鉴定,都必须按规定的检验程序进行。总体来看,一般先田间检验,后室内检验。种子室内检验程序如图1-2所示。

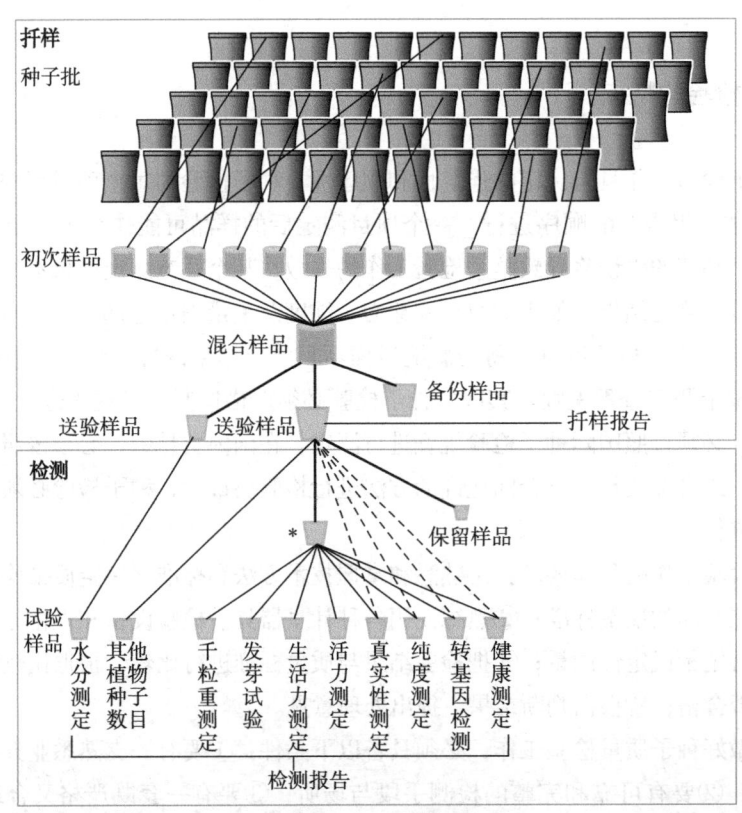

图1-2 种子室内检验程序图

注:虚线表示也可以用送验样品直接检测;*:净度分析或用净种子。

图中送验样品和试验样品重量各不相同，具体见第二章的有关部分。健康测定根据测定要求的不同有时是用净种子，有时使用的是送验样品的一部分。

**思考题**
1. 种子检验如何在种子企业中发挥质量控制作用？
2. 如何根据种子检验的特点学好种子检验学？

**数字课程资源**
　　教学课件　　自测题

# 第二章

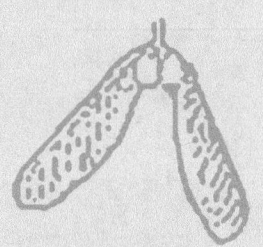

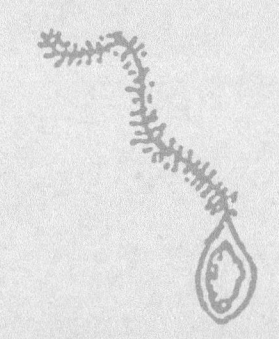

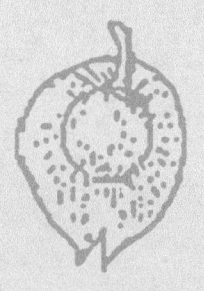

# 扦 样

种子检验是根据扦取的有代表性的种子样品的检测结果来估计一批种子的种用价值。所有的检验操作都是针对样品进行的，如果种子样品不能真实无偏地代表种子批的实际质量状况，这样的检验结果就没有任何价值。扦样（sampling）是种子检验工作的第一步，扦取的样品有无代表性是决定种子检验结果正确与否的关键之一。扦样从程序上又可分为样品的扦取、样品的制备、样品的处理三大步骤。

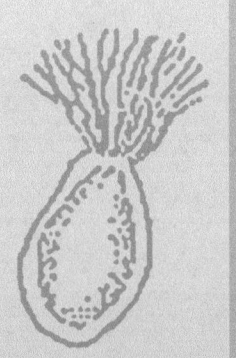

## 第一节 扦样的定义和原则

### 一、扦样的有关定义

种子批(seed lot):我国《农作物种子检验规程》将种子批定义为"同一来源、同一品种、同一年度、同一时期收获和质量基本一致、在规定数量之内的种子",而在《国际种子检验规程》中种子批是指"规定重量的、外观一致的种子"。从中可以看出,种子批有两个基本特征或要求,一个是在规定数量之内;另一个是外观或质量一致,也就是均匀性。种子批的最大数量是由抽样原则决定的,一批种子如果数量过大,就很难取得一个有代表性的样品。根据不同种子的千粒重,可以估计出一个种子批所包含的种子粒数。种子批还要求尽可能地达到均匀一致,只有这样才有可能按照检验规程所规定的方法扦得有代表性的样品。

初次样品(primary sample):从种子批的一个扦样点上所扦取的一小部分种子。

混合样品(composite sample):由种子批内扦取的全部初次样品混合均匀就成为混合样品。

送验样品(submitted sample):送到种子检验机构或检验室供检验用的样品,其数量必须满足规定的最低标准(详见附表1)。送验样品可以从混合样品中分取,或者用整个混合样品作为送验样品。

备份样本(duplicate sample):是从同一混合样本中获得的另一个样本。

试验样品(简称试样)(working sample):在实验室中从送验样品中分出的供测定某一检验项目用的样品。

种子批及样品的封缄(sealed)和标识(identification):种子批以及种子样品要求装在封闭的容器内,如不开启封口,种子无法取出。如果容器本身不具备密封性能,则每一容器加正式封印或不易擦洗掉的标记或不能撕去重贴的封条。种子批的每个包装容器都要有统一的批号或者其他识别种子批的标识。种子样品也要求带有相应的编号或标识。封缄是为了保证种子批及样品的真实性,防止出现调换。使用统一标识则便于识别种子批及相应的代表种子批的样品。

### 二、扦样的目的和原则

扦样的目的是获得一个大小适合于种子检验的送验样品,要求种子样品中每种成分的概率仅取决于其在种子批中的含量水平,也就是样品对于种子批具有真实无偏的代表性。

因此,扦样的最基本原则就是扦取的样品要有代表性,即要求送验样品具有与种子批相同的组分,并且这些组分的比例与种子批中组分比例一致。若扦取的样品无代表性,即使分析检验技术再正确,其结果也不能反映该批种子的真实质量状况,由此导致对种子质量作出错误的评价,给种子生产者、经营者和用种者造成经济损失。所以对待扦样工作必须高度重视、严肃认真,扦样员必须受过专门训练,以保证获得有充分代表性的样品,为正确评价种子质量奠定基础。但是样品的代表性受到多种因素的影响,除扦样人员的自身素质外,还受到种子自动分级和种子贮藏期间仓内温湿度等因素影响。种子堆放时的自动分级特点使轻重不同的种子和杂质容易分开;贮藏保管期间仓内不同部位的种子所处的环境条件也有差异,造成各部位的种子质量存在差异。在扦样时必须考虑这些因素,严格遵循扦样的原则,认真执行规定的扦样方法。

因此,为了扦取有代表性的样品,扦样工作应掌握以下原则:①种子批要均匀一致,不能存在异质性;②扦样点在种子批各个部位的分布要随机、均匀;③每个扦样点所扦取的初次样品数量要基本一致,不能有很大差别。④按照对分递减或随机抽取的原则分取样品。如果混合样品的量远超过送验样品的量或者需要保留备份样品时,需要分取样品。为了扦取满足送验样品的重量,应做到有计划地扦样:①根据检验的项目确定送验样品的量;②根据种子批的大小确定扦样点数;③根据送验样品的量和扦样点数计算初次样品的最小重量。

### 三、种子批异质性的测定

扦样对种子批的基本要求就是要均匀一致,不存在异质性。对于存在异质性的种子批来说,即使严格按照规程进行扦样,也不可能获得有代表性的样品。因此,如果扦样人员在扦样时能明显看出不同种子容器(如包装袋)或初次样品之间的差异,就应拒绝扦样。如果扦样人员对种子批的均匀性有所怀疑,可以进行异质性测定,来确定是否真的存在异质性。并不是每个种子批都需要进行异质性测定,只有当扦样人员认为必要时,即怀疑种子批存在异质性时才进行。需要指出的是,这里的异质性针对的是多容器包装的种子批,例如分装在包装袋中种子(又称袋装种子),也就是指不同容器之间存在的差异。而对散装种子来说,可以相对比较容易地通过机械掺混来消除异质性。

异质性测定是将从种子批不同容器中抽出的规定数量的若干个样品所得的实际方差与随机分布的理论方差相比较,通过统计计算对这个差异的显著性进行判断;也可用测定值之间的极差($R$)来测算。每一样品分别取自各个不同的容器,不考虑容器内种子的异质性。

(一)种子批的扦样

扦样的容器数应不少于表 2-1 的规定。

表 2-1 扦取容器数与临界 $H$ 值(1% 概率)

| 种子批的容器数 | 扦取的容器数 | 净度和发芽指标 $H$ 临界值 | | 其他植物种子的 $H$ 临界值 | |
|---|---|---|---|---|---|
| | | 无稃壳种子 | 有稃壳种子 | 无稃壳种子 | 有稃壳种子 |
| 5 | 5 | 2.55 | 2.78 | 3.25 | 5.10 |
| 6 | 6 | 2.22 | 2.42 | 2.83 | 4.44 |
| 7 | 7 | 1.98 | 2.17 | 2.52 | 3.98 |
| 8 | 8 | 1.80 | 1.97 | 2.30 | 3.61 |
| 9 | 9 | 1.66 | 1.81 | 2.11 | 3.32 |

续表

| 种子批的容器数 | 扦取的容器数 | 净度和发芽指标 H 临界值 | | 其他植物种子的 H 临界值 | |
|---|---|---|---|---|---|
| | | 无稃壳种子 | 有稃壳种子 | 无稃壳种子 | 有稃壳种子 |
| 10 | 10 | 1.55 | 1.69 | 1.97 | 3.10 |
| 11~15 | 11 | 1.45 | 1.58 | 1.85 | 2.90 |
| 16~25 | 15 | 1.19 | 1.31 | 1.51 | 2.40 |
| 26~35 | 17 | 1.10 | 1.20 | 1.40 | 2.20 |
| 36~49 | 18 | 1.07 | 1.16 | 1.36 | 2.13 |
| 50 及以上 | 20 | 0.99 | 1.09 | 1.26 | 2.00 |

扦样的容器应严格随机选择。从容器中取出样品必须代表种子批的各部分，应从每袋的顶部、中部和底部扦取种子。每一容器扦取的样品质量应不少于 GB/T 3543 中规定的该种子批送验样品的一半。

（二）异质性的测定方法

异质性可通过下列项目的检测数据加以反映。

1. 代表净度的任一成分的质量分数

在净度分析时，如能把某种成分分离出来（如净种子、其他植物种子、杂质），则可用该成分的质量分数表示。试样的质量应估计其中至少含有 1 000 粒种子。

2. 其他植物种子粒数

选择任何一种能计数的植物种子成分，如某一植物种或所有其他植物种，用种子粒数来表示。每份试样大约含有 10 000 粒种子，数出其中所指定的植物种子数。

3. 发芽试验记载任一项目的百分率

在标准发芽试验中，任何可测定的种子或幼苗都可采用，如正常幼苗、不正常幼苗或硬实等。从每一容器样品（又称袋样）中同时取 100 粒种子按 GB/T 3543 规定的标准发芽方法进行发芽试验。各容器样品同时进行。

（三）$H$ 值和 $R$ 值的计算

1. 净度与发芽

该种子批测定的全部值（$X$）的平均值 $\overline{X} = \dfrac{\sum x}{N}$；

该检验项目的样品期望（理论）方差 $W = \dfrac{\overline{X} \times (100 - \overline{X})}{n} \times f$；

检验项目的样品实际方差 $V = \dfrac{N\sum x^2 - (\sum x)^2}{N(N-1)}$；

异质性值 $H = \dfrac{V}{W} - f$。

式中：$N$ 为扦取袋样的数目；$n$ 为每个样品中的种子估计粒数（如净度分析为 1 000 粒，发芽试验为 100 粒）；$X_i$ 为某样品中净度分析任一成分的质量分数或发芽率；$f$ 为计算 $W$ 和 $H$ 值时的矫正系数（表2-2）；

表2-2 计算W和H值时的f取值

| 指标 | 无稃壳种子 | 有稃壳种子 |
| --- | --- | --- |
| 净度相关指标 | 1.1 | 1.2 |
| 其他植物种子数目 | 1.4 | 2.2 |
| 发芽指标 | 1.1 | 1.2 |

如$N<10$，$\bar{X}$计算到小数点后2位；如$N \geqslant 10$，则计算到小数点后3位。如果结果平均$\bar{X}$超出下列范围，则不必计算或填报H值，表明不存在异质性。

净度分析的任一成分：高于99.8%或低于0.2%；

发芽率：高于99%或低于1%。

2. 指定的其他植物种子数

该检测项目的样品期望（理论）方差 $W = \bar{X} \times f$；

该检测项目的样品实际方差 $V = \dfrac{N\sum x^2 - (\sum x)^2}{N(N-1)}$；

异质性值 $H = \dfrac{V}{W} + f$。

式中：$X_i$为从每个样品挑出的该类种子数；$\bar{X}$为全部测定结果的平均值；

如果$N<10$，计算到小数点后1位；如$N \geqslant 10$或大于10，则计算到小数点后2位。如果结果平均$\bar{X}$超出下面的这个范围，则不必计算或填报H值，表明不存在异质性。

指定某一植物种的种子数：每个样品少于2粒。

3. R值的计算

$$R = X_{max} - X_{min}$$

式中，$X_{max}$为N个测定值中的最大值；$X_{min}$为N个测定值中的最小值。

（四）结果报告

若求得的H值超过表2-1的H临界值，则该种子批存在显著的异质性；若求得的H值小于或等于H临界值，则该种子批无异质现象；若求得的H值为负值，则填报为零。根据表2-1的H临界值判断种子批异质性的显著水平是1%，即如果种子批的样品检测结果是随机均匀分布的，在实际上不存在异质性的情况下，最高有1%的概率实际求得的H值会超过临界值，从而错误地判断种子批存在异质性。

异质性的测定结果应填报如下：

$\bar{X}$、N、种子批袋数、H值及结果说明"这个H值表明有（无）显著的异质性"。

若计算R值，先计算测定性状的平均值，然后查找对应的临界值。若R值超出临界范围，则认为该批次种子有显著异质性。如果计算出的R值小于或等于列表中的容许范围，则认为该批种子在测试性状方面不存在异质性。分析种子净度各成分组成用表2-3和表2-4，测定发芽各指标用表2-5和表2-6，测定其他种子数目用表2-7（无稃壳种子）和表2-8（有稃壳种子）。

超出表2-7第一栏的数目，可用以下公式计算：

$$N = 5\text{--}9: R = \sqrt{N} \times 5.44$$
$$N = 10\text{--}19: R = \sqrt{N} \times 6.11$$
$$N = 20: R = \sqrt{N} \times 6.69$$

超出表 2-8 第一栏的数目，可用以下公式计算：

$$N = 5\text{--}9: R = \sqrt{N} \times 6.82$$
$$N = 10\text{--}19: R = \sqrt{N} \times 7.65$$
$$N = 20: R = \sqrt{N} \times 8.38$$

表 2-3 用于种子净度分析各成分的 $R$ 值范围（无稃壳种子，1% 概率）

| 净度组分的平均值 | | 不同扦样数目的极差 $R$ 范围 | | |
| --- | --- | --- | --- | --- |
| | | 5~9 | 10~19 | 20 |
| 99.9 | 0.1 | 0.5 | 0.5 | 0.6 |
| 99.8 | 0.2 | 0.7 | 0.8 | 0.8 |
| 99.7 | 0.3 | 0.8 | 0.9 | 1.0 |
| 99.6 | 0.4 | 1.0 | 1.1 | 1.2 |
| 99.5 | 0.5 | 1.1 | 1.2 | 1.3 |
| 99.4 | 0.6 | 1.2 | 1.3 | 1.4 |
| 99.3 | 0.7 | 1.3 | 1.4 | 1.6 |
| 99.2 | 0.8 | 1.4 | 1.5 | 1.7 |
| 99.1 | 0.9 | 1.4 | 1.6 | 1.8 |
| 99.0 | 1.0 | 1.5 | 1.7 | 1.9 |
| 98.5 | 1.5 | 1.9 | 2.1 | 2.3 |
| 98.0 | 2.0 | 2.1 | 2.4 | 2.6 |
| 97.5 | 2.5 | 2.4 | 2.7 | 2.9 |
| 97.0 | 3.0 | 2.6 | 2.9 | 3.2 |
| 96.5 | 3.5 | 2.8 | 3.1 | 3.4 |
| 96.0 | 4.0 | 3.0 | 3.4 | 3.7 |
| 95.5 | 4.5 | 3.2 | 3.5 | 3.9 |
| 95.0 | 5.0 | 3.3 | 3.7 | 4.1 |
| 94.0 | 6.0 | 3.6 | 4.1 | 4.5 |
| 93.0 | 7.0 | 3.9 | 4.4 | 4.8 |
| 92.0 | 8.0 | 4.1 | 4.6 | 5.1 |
| 91.0 | 9.0 | 4.4 | 4.9 | 5.4 |
| 90.0 | 10.0 | 4.6 | 5.1 | 5.6 |
| 89.0 | 11.0 | 4.8 | 5.4 | 5.9 |
| 88.0 | 12.0 | 5.0 | 5.6 | 6.1 |

续表

| 净度组分的平均值 | | 不同扦样数目的极差 R 范围 | | |
| --- | --- | --- | --- | --- |
| | | 5～9 | 10～19 | 20 |
| 87.0 | 13.0 | 5.1 | 5.8 | 6.3 |
| 86.0 | 14.0 | 5.3 | 5.9 | 6.5 |
| 85.0 | 15.0 | 5.4 | 6.1 | 6.7 |
| 84.0 | 16.0 | 5.6 | 6.3 | 6.9 |
| 83.0 | 17.0 | 5.7 | 6.4 | 7.0 |
| 82.0 | 18.0 | 5.9 | 6.6 | 7.2 |
| 81.0 | 19.0 | 6.0 | 6.7 | 7.4 |
| 80.0 | 20.0 | 6.1 | 6.8 | 7.5 |
| 78.0 | 22.0 | 6.3 | 7.1 | 7.8 |
| 76.0 | 24.0 | 6.5 | 7.3 | 8.0 |
| 74.0 | 26.0 | 6.7 | 7.5 | 8.2 |
| 72.0 | 28.0 | 6.9 | 7.7 | 8.4 |
| 70.0 | 30.0 | 7.0 | 7.8 | 8.6 |
| 68.0 | 32.0 | 7.1 | 8.0 | 8.7 |
| 66.0 | 34.0 | 7.2 | 8.1 | 8.9 |
| 64.0 | 36.0 | 7.3 | 8.2 | 9.0 |
| 62.0 | 38.0 | 7.4 | 8.3 | 9.1 |
| 60.0 | 40.0 | 7.5 | 8.4 | 9.2 |
| 58.0 | 42.0 | 7.5 | 8.4 | 9.2 |
| 56.0 | 44.0 | 7.6 | 8.5 | 9.3 |
| 54.0 | 46.0 | 7.6 | 8.5 | 9.3 |
| 52.0 | 48.0 | 7.6 | 8.6 | 9.4 |
| 50.0 | 50.0 | 7.6 | 8.6 | 9.4 |

表 2-4　用于种子净度分析各成分的 R 值范围（有稃壳种子，1% 概率）

| 净度组分的平均值 | | 不同扦样数目的极差 R 范围 | | |
| --- | --- | --- | --- | --- |
| | | 5～9 | 10～19 | 20 |
| 99.9 | 0.1 | 0.5 | 0.6 | 0.6 |
| 99.8 | 0.2 | 0.7 | 0.8 | 0.9 |
| 99.7 | 0.3 | 0.9 | 1.0 | 1.1 |
| 99.6 | 0.4 | 1.0 | 1.1 | 1.2 |
| 99.5 | 0.5 | 1.1 | 1.3 | 1.4 |

续表

| 净度组分的平均值 | | 不同扦样数目的极差 R 范围 | | |
| --- | --- | --- | --- | --- |
| | | 5~9 | 10~19 | 20 |
| 99.4 | 0.6 | 1.2 | 1.4 | 1.5 |
| 99.3 | 0.7 | 1.3 | 1.5 | 1.6 |
| 99.2 | 0.8 | 1.4 | 1.6 | 1.7 |
| 99.1 | 0.9 | 1.5 | 1.7 | 1.8 |
| 99.0 | 1.0 | 1.6 | 1.8 | 1.9 |
| 98.5 | 1.5 | 1.9 | 2.2 | 2.4 |
| 98.0 | 2.0 | 2.2 | 2.5 | 2.7 |
| 97.5 | 2.5 | 2.5 | 2.8 | 3.1 |
| 97.0 | 3.0 | 2.7 | 3.0 | 3.3 |
| 96.5 | 3.5 | 2.9 | 3.3 | 3.6 |
| 96.0 | 4.0 | 3.1 | 3.5 | 3.8 |
| 95.5 | 4.5 | 3.3 | 3.7 | 4.1 |
| 95.0 | 5.0 | 3.5 | 3.9 | 4.3 |
| 94.0 | 6.0 | 3.8 | 4.2 | 4.6 |
| 93.0 | 7.0 | 4.1 | 4.6 | 5.0 |
| 92.0 | 8.0 | 4.3 | 4.8 | 5.3 |
| 91.0 | 9.0 | 4.6 | 5.1 | 5.6 |
| 90.0 | 10.0 | 4.8 | 5.4 | 5.9 |
| 89.0 | 11.0 | 5.0 | 5.6 | 6.1 |
| 88.0 | 12.0 | 5.2 | 5.8 | 6.4 |
| 87.0 | 13.0 | 5.4 | 6.0 | 6.6 |
| 86.0 | 14.0 | 5.5 | 6.2 | 6.8 |
| 85.0 | 15.0 | 5.7 | 6.4 | 7.0 |
| 84.0 | 16.0 | 5.8 | 6.6 | 7.2 |
| 83.0 | 17.0 | 6.0 | 6.7 | 7.4 |
| 82.0 | 18.0 | 6.1 | 6.9 | 7.5 |
| 81.0 | 19.0 | 6.3 | 7.0 | 7.7 |
| 80.0 | 20.0 | 6.4 | 7.1 | 7.8 |
| 78.0 | 22.0 | 6.6 | 7.4 | 8.1 |
| 76.0 | 24.0 | 6.8 | 7.6 | 8.4 |
| 74.0 | 26.0 | 7.0 | 7.8 | 8.6 |
| 72.0 | 28.0 | 7.2 | 8.0 | 8.8 |

续表

| 净度组分的平均值 | | 不同扦样数目的极差 R 范围 | | |
|---|---|---|---|---|
| | | 5~9 | 10~19 | 20 |
| 70.0 | 30.0 | 7.3 | 8.2 | 9.0 |
| 68.0 | 32.0 | 7.4 | 8.3 | 9.1 |
| 66.0 | 34.0 | 7.5 | 8.5 | 9.3 |
| 64.0 | 36.0 | 7.6 | 8.6 | 9.4 |
| 62.0 | 38.0 | 7.7 | 8.7 | 9.5 |
| 60.0 | 40.0 | 7.8 | 8.8 | 9.6 |
| 58.0 | 42.0 | 7.9 | 8.8 | 9.7 |
| 56.0 | 44.0 | 7.9 | 8.9 | 9.7 |
| 54.0 | 46.0 | 7.9 | 8.9 | 9.8 |
| 52.0 | 48.0 | 8.0 | 8.9 | 9.8 |
| 50.0 | 50.0 | 8.0 | 8.9 | 9.8 |

表 2-5　用于种子发芽分析的 R 值范围（无稃壳种子，1% 概率）

| 发芽的平均值 | | 不同扦样数目的极差 R 范围 | | |
|---|---|---|---|---|
| | | 5~9 | 10~19 | 20 |
| 99 | 1 | 5 | 6 | 6 |
| 98 | 2 | 7 | 8 | 9 |
| 97 | 3 | 9 | 10 | 11 |
| 96 | 4 | 10 | 11 | 12 |
| 95 | 5 | 11 | 12 | 13 |
| 94 | 6 | 12 | 13 | 15 |
| 93 | 7 | 13 | 14 | 16 |
| 92 | 8 | 14 | 15 | 17 |
| 91 | 9 | 14 | 16 | 17 |
| 90 | 10 | 15 | 17 | 18 |
| 89 | 11 | 16 | 17 | 19 |
| 88 | 12 | 16 | 18 | 20 |
| 87 | 13 | 17 | 19 | 20 |
| 86 | 14 | 17 | 19 | 21 |
| 85 | 15 | 18 | 20 | 22 |
| 84 | 16 | 18 | 20 | 22 |
| 83 | 17 | 19 | 21 | 23 |

续表

| 发芽的平均值 | | 不同扦样数目的极差 R 范围 | | |
|---|---|---|---|---|
| | | 5~9 | 10~19 | 20 |
| 82 | 18 | 19 | 21 | 23 |
| 81 | 19 | 19 | 22 | 24 |
| 80 | 20 | 20 | 22 | 24 |
| 79 | 21 | 20 | 23 | 25 |
| 78 | 22 | 20 | 23 | 25 |
| 77 | 23 | 21 | 23 | 25 |
| 76 | 24 | 21 | 24 | 26 |
| 75 | 25 | 21 | 24 | 26 |
| 74 | 26 | 22 | 24 | 26 |
| 73 | 27 | 22 | 25 | 27 |
| 72 | 28 | 22 | 25 | 27 |
| 71 | 29 | 22 | 25 | 27 |
| 70 | 30 | 23 | 25 | 28 |
| 69 | 31 | 23 | 26 | 28 |
| 68 | 32 | 23 | 26 | 28 |
| 67 | 33 | 23 | 26 | 28 |
| 66 | 34 | 23 | 26 | 29 |
| 65 | 35 | 24 | 26 | 29 |
| 64 | 36 | 24 | 26 | 29 |
| 63 | 37 | 24 | 27 | 29 |
| 62 | 38 | 24 | 27 | 29 |
| 61 | 39 | 24 | 27 | 29 |
| 60 | 40 | 24 | 27 | 30 |
| 59 | 41 | 24 | 27 | 30 |
| 58 | 42 | 24 | 27 | 30 |
| 57 | 43 | 24 | 27 | 30 |
| 56 | 44 | 24 | 27 | 30 |
| 55 | 45 | 25 | 27 | 30 |
| 54 | 46 | 25 | 27 | 30 |
| 53 | 47 | 25 | 28 | 30 |
| 52 | 48 | 25 | 28 | 30 |
| 51 | 49 | 25 | 28 | 30 |
| 50 | 50 | 25 | 28 | 30 |

表2-6　用于种子发芽分析的 $R$ 值范围（有稃壳种子，1%概率）

| 发芽的平均值 | | 不同扦样数目的极差 $R$ 范围 | | |
| --- | --- | --- | --- | --- |
| | | 5~9 | 10~19 | 20 |
| 99 | 1 | 6 | 6 | 7 |
| 98 | 2 | 8 | 8 | 9 |
| 97 | 3 | 9 | 10 | 11 |
| 96 | 4 | 10 | 12 | 13 |
| 95 | 5 | 11 | 13 | 14 |
| 94 | 6 | 12 | 14 | 15 |
| 93 | 7 | 13 | 15 | 16 |
| 92 | 8 | 14 | 16 | 17 |
| 91 | 9 | 15 | 17 | 18 |
| 90 | 10 | 16 | 17 | 19 |
| 89 | 11 | 16 | 18 | 20 |
| 88 | 12 | 17 | 19 | 21 |
| 87 | 13 | 17 | 20 | 21 |
| 86 | 14 | 18 | 20 | 22 |
| 85 | 15 | 18 | 21 | 23 |
| 84 | 16 | 19 | 21 | 23 |
| 83 | 17 | 19 | 22 | 24 |
| 82 | 18 | 20 | 22 | 24 |
| 81 | 19 | 20 | 23 | 25 |
| 80 | 20 | 21 | 23 | 25 |
| 79 | 21 | 21 | 24 | 26 |
| 78 | 22 | 21 | 24 | 26 |
| 77 | 23 | 22 | 24 | 27 |
| 76 | 24 | 22 | 25 | 27 |
| 75 | 25 | 22 | 25 | 27 |
| 74 | 26 | 23 | 25 | 28 |
| 73 | 27 | 23 | 26 | 28 |
| 72 | 28 | 23 | 26 | 28 |
| 71 | 29 | 23 | 26 | 29 |
| 70 | 30 | 24 | 26 | 29 |
| 69 | 31 | 24 | 27 | 29 |
| 68 | 32 | 24 | 27 | 29 |

续表

| 发芽的平均值 | | 不同扦样数目的极差 R 范围 | | |
|---|---|---|---|---|
| | | 5~9 | 10~19 | 20 |
| 67 | 33 | 24 | 27 | 30 |
| 66 | 34 | 24 | 27 | 30 |
| 65 | 35 | 25 | 27 | 30 |
| 64 | 36 | 25 | 28 | 30 |
| 63 | 37 | 25 | 28 | 30 |
| 62 | 38 | 25 | 28 | 31 |
| 61 | 39 | 25 | 28 | 31 |
| 60 | 40 | 25 | 28 | 31 |
| 59 | 41 | 25 | 28 | 31 |
| 58 | 42 | 25 | 28 | 31 |
| 57 | 43 | 25 | 28 | 31 |
| 56 | 44 | 26 | 29 | 31 |
| 55 | 45 | 26 | 29 | 31 |
| 54 | 46 | 26 | 29 | 31 |
| 53 | 47 | 26 | 29 | 31 |
| 52 | 48 | 26 | 29 | 31 |
| 51 | 49 | 26 | 29 | 31 |
| 50 | 50 | 26 | 29 | 31 |

表 2-7  用于其他种子数目分析的 R 值范围（无稃壳种子，1% 概率）

| 其他种子数目的平均值 | 不同扦样数目的极差 R 范围 | | |
|---|---|---|---|
| | 5~9 | 10~19 | 20 |
| 1 | 6 | 7 | 7 |
| 2 | 8 | 9 | 10 |
| 3 | 10 | 11 | 12 |
| 4 | 11 | 13 | 14 |
| 5 | 13 | 14 | 15 |
| 6 | 14 | 15 | 17 |
| 7 | 15 | 17 | 18 |
| 8 | 16 | 18 | 19 |
| 9 | 17 | 19 | 21 |
| 10 | 18 | 20 | 22 |

续表

| 其他种子数目的平均值 | 不同扦样数目的极差 $R$ 范围 | | |
| --- | --- | --- | --- |
| | 5~9 | 10~19 | 20 |
| 11 | 19 | 21 | 23 |
| 12 | 19 | 22 | 24 |
| 13 | 20 | 23 | 25 |
| 14 | 21 | 23 | 26 |
| 15 | 22 | 24 | 26 |
| 16 | 22 | 25 | 27 |
| 17 | 23 | 26 | 28 |
| 18 | 24 | 26 | 29 |
| 19 | 24 | 27 | 30 |
| 20 | 25 | 28 | 30 |
| 21 | 25 | 28 | 31 |
| 22 | 26 | 29 | 32 |
| 23 | 27 | 30 | 33 |
| 24 | 27 | 30 | 33 |
| 25 | 28 | 31 | 34 |
| 26 | 28 | 32 | 35 |
| 27 | 29 | 32 | 35 |
| 28 | 29 | 33 | 36 |
| 29 | 30 | 33 | 37 |
| 30 | 30 | 34 | 37 |
| 31 | 31 | 34 | 38 |
| 32 | 31 | 35 | 38 |
| 33 | 32 | 36 | 39 |
| 34 | 32 | 36 | 39 |
| 35 | 33 | 37 | 40 |
| 36 | 33 | 37 | 41 |
| 37 | 34 | 38 | 41 |
| 38 | 34 | 38 | 42 |
| 39 | 34 | 39 | 42 |
| 40 | 35 | 39 | 43 |
| 41 | 35 | 40 | 43 |
| 42 | 36 | 40 | 44 |

续表

| 其他种子数目的平均值 | 不同扦样数目的极差 R 范围 | | |
|---|---|---|---|
| | 5~9 | 10~19 | 20 |
| 43 | 36 | 41 | 44 |
| 44 | 37 | 41 | 45 |
| 45 | 37 | 41 | 45 |
| 46 | 37 | 42 | 46 |
| 47 | 38 | 42 | 46 |
| 48 | 38 | 43 | 47 |
| 49 | 39 | 43 | 47 |
| 50 | 39 | 44 | 48 |

表 2-8 用于其他种子数目分析的 R 值范围（有稃壳种子，1% 概率）

| 其他种子数目的平均值 | 不同扦样数目的极差 R 范围 | | |
|---|---|---|---|
| | 5~9 | 10~19 | 20 |
| 1 | 7 | 8 | 9 |
| 2 | 10 | 11 | 12 |
| 3 | 12 | 14 | 15 |
| 4 | 14 | 16 | 17 |
| 5 | 16 | 18 | 19 |
| 6 | 17 | 19 | 21 |
| 7 | 19 | 21 | 23 |
| 8 | 20 | 22 | 24 |
| 9 | 21 | 23 | 26 |
| 10 | 22 | 25 | 27 |
| 11 | 23 | 26 | 28 |
| 12 | 24 | 27 | 30 |
| 13 | 25 | 28 | 31 |
| 14 | 26 | 29 | 32 |
| 15 | 27 | 30 | 33 |
| 16 | 28 | 31 | 34 |
| 17 | 29 | 32 | 35 |
| 18 | 29 | 33 | 36 |
| 19 | 30 | 34 | 37 |
| 20 | 31 | 35 | 38 |

续表

| 其他种子数目的平均值 | 不同扦样数目的极差 R 范围 | | |
|---|---|---|---|
| | 5~9 | 10~19 | 20 |
| 21 | 32 | 36 | 39 |
| 22 | 33 | 36 | 40 |
| 23 | 33 | 37 | 41 |
| 24 | 34 | 38 | 42 |
| 25 | 35 | 39 | 42 |
| 26 | 35 | 40 | 43 |
| 27 | 36 | 40 | 44 |
| 28 | 37 | 41 | 45 |
| 29 | 37 | 42 | 46 |
| 30 | 38 | 42 | 46 |
| 31 | 38 | 43 | 47 |
| 32 | 39 | 44 | 48 |
| 33 | 40 | 44 | 49 |
| 34 | 40 | 45 | 49 |
| 35 | 41 | 46 | 50 |
| 36 | 41 | 46 | 51 |
| 37 | 42 | 47 | 51 |
| 38 | 43 | 48 | 52 |
| 39 | 43 | 48 | 53 |
| 40 | 44 | 49 | 54 |
| 41 | 44 | 50 | 54 |
| 42 | 45 | 50 | 55 |
| 43 | 45 | 51 | 55 |
| 44 | 46 | 51 | 56 |
| 45 | 46 | 52 | 57 |
| 46 | 47 | 52 | 57 |
| 47 | 47 | 53 | 58 |
| 48 | 48 | 54 | 59 |
| 49 | 48 | 54 | 59 |
| 50 | 49 | 55 | 60 |

## 第二节 扦样的方法步骤

### 一、扦样前的准备工作

首先，扦样人员在扦样前要向有关单位和人员调查了解种子批的基本情况，查看相关文件记录，实地观察种子批的贮藏环境和包装状况。具体包括：①种子的来源、产地、品种、繁育次数、田间纯度、有无检疫性病虫及杂草种子；②种子贮藏期间的仓库管理情况，如入库前处理、入库后是否熏蒸、翻仓、受潮、受冻等，同时还要观察仓库环境、库房建设、虫、鼠以及种子堆放和品质情况，供划分种子批时参考。种子批的排列要方便扦样员接近种子批的各个部分。如果种子包装容器不合格、种子批没有可供识别的标识，或能明显地看出该批种子在形态或文件记录上有异质性的证据时，应拒绝扦样，或要求对该批种子进行适当的处理后再扦样。

其次，根据被扦种子数量进行种子批划分。不同农作物的种子批最大重量具体规定参见附表1，其最大种子批重量容许多5%。例如普通小麦种子批最大重量为25 000 kg，加上5%的容许差距，小麦种子批最大允许重量为26 250 kg。如果一批小麦种子超过了这个限制，就必须分成两个或若干种子批，每批不得超过规定的重量，分别给予不同批号。种子批的重量与作物的种类有关（详见附表1）。如玉米种子种子批的最大重量为40 000 kg，禾谷类、大粒的豆类、棉属、花生等25 000 kg，大粒的瓜类、中粒的豆类20 000 kg，小于禾谷类种子的农作物种子10 000 kg，大粒的林木花卉种子5 000 kg，小粒的林木花卉种子1 000 kg。

### 二、扦取初次样品的方法

种子批划分后，根据种子批的堆放方式和种子的种类来决定扦样的部位和扦样的点数。样点在种子批中的分布要符合随机、均匀的原则。初次样品的扦取主要有以下几种方式：袋装种子扦样、散装（仓囤）种子扦样、输送种子流扦样、玉米果穗扦样和薯类扦样。

袋装种子扦样时，样袋（点）分布：对于长期贮藏的种子，种子呈堆积状态，样袋（扦样点）应均匀地分布在种子堆的上、中、下各个部位（注意最顶包和最底包不扦），每个容器只需扦一个部位即可。对于收购、调运、加工及装卸过程中的种子，应根据种子批的总袋数和应扦袋数，间隔一定的袋数设置一个扦样点。根据种子批的总袋数（容器数）决定应扦袋数（容器数）（表2-9）。根据种粒的大小、形状选用合适的扦样器。中小粒种子用单管扦样器，扦样时，先用扦样器尖端拨开麻袋线孔，扦样器凹槽向下从袋的一角向相对一角插入，待扦样器全部扦入后，将凹槽反转向上抽出扦样器，从空心手柄中流出适量种子，并将麻袋扦孔拨好，若属塑料编织袋，可用胶布将扦孔贴好。大粒种子可拆开袋口，用双管扦样器扦样，扦样器插入前应关闭孔口，插入后打开孔口，种子落入孔内，再关闭孔口，抽出袋外，缝好麻袋拆口。棉花、花生等种子可采用倒包徒手扦样。其方法是，拆开袋缝线，两手掀起袋底两角，袋身倾斜

45°，徐徐后退 1 m，将全部种子倒在清洁的塑料布或帆布上，使种子保持原袋中的层次，然后在上、中、下 3 点徒手扦取初次样品。

表 2-9 种子批总袋数和应扦袋数

| 我国标准 | | 国际标准 | |
| --- | --- | --- | --- |
| 种子批总袋数 | 应扦取的最低袋数 | 种子批总袋数 | 应扦取的最低袋数 |
| 1~5 | 每袋，至少扦取 5 个初次样品 | 1~5 | 每袋，至少扦取 5 个初次样品 |
| 6~14 | 不少于 5 袋 | 6~30 | 每 3 袋扦 1 袋，但不得少于 5 袋 |
| 15~30 | 每 3 袋至少扦 1 袋 | 31~400 | 每 5 袋扦 1 袋，但不得少于 10 袋 |
| 31~49 | 不得少于 10 袋 | 400 以上 | 每 7 袋扦 1 袋，但不得少于 80 袋 |
| 50~400 | 每 5 袋至少扦 1 袋 | | |
| 401~560 | 不得少于 80 袋 | | |
| 560 以上 | 每 7 袋至少扦 1 袋 | | |

如果种子装在小容器中，如金属罐、纸板箱或零售包裹等，可用下列方法确定扦样单位数，即以 100 kg 作为扦样的基本单位，小容器合并组成的质量不得超过此质量（100 kg 的扦样单位），如 20 个 5 kg 的容器、33 个 3 kg 的容器或 100 个 1 kg 的容器。为方便扦样，每个扦样单位可作为一个"容器"，并按上述方法确定应扦容器的个数。

当种子是散装或在大型容器仓囤中贮存时，则随机从种子批不同部位扦取初次样品。根据样点既要有水平分布又要有垂直分布的原则，将这些点均匀地设在种子堆的不同部位（注意顶层 10~15 cm、底层 10~15 cm 不扦，样点应距墙壁 30~50 cm）。扦样的点数根据种子批的大小来确定（表 2-10）。扦样器用散装种子扦样器，常用的是长柄短筒圆锥形扦样器，棉花种子可用特制的锥式或管式扦样器。按照扦样点的位置和层次逐点逐层进行，先扦上层，再扦中层，后扦下层。这样可避免先扦下层时使上层种子混入下层，影响扦样的正确性。

种子在利用机械加工或进出仓时，可在输送流中扦取样品。方法是根据种子的数量和输送

表 2-10 散装种子数量和扦样点数

| 我国标准 | | 国际标准 | |
| --- | --- | --- | --- |
| 种子批大小 /kg | 扦样最低点数 | 种子批大小 /kg | 扦样最低点数 |
| 50 以下 | 不少于 3 个点 | 500 以下 | 至少扦取 5 点 |
| 51~1 500 | 不少于 5 个点 | 501~3 000 | 每 300 kg 至少扦 1 点，但不得少于 5 点 |
| 1 501~3 000 | 每 300 kg 至少扦 1 点 | 3 001~20 000 | 每 500 kg 至少扦 1 点，但不得少于 10 点 |
| 3 001~5 000 | 不少于 10 点 | 20 000 以上 | 每 700 kg 至少扦 1 点，但不得少于 40 袋 |
| 5 001~20 000 | 每 500 kg 至少扦 1 点 | | |
| 20 001~28 000 | 不少于 40 点 | | |
| 28 001~40 000 | 每 700 kg 至少扦 1 点 | | |

流的速度定时定量用取样铲在与输送流横的方向上截取。扦取初次样品的数目与散装种子扦样法相同。在输送流上取样时用平底铲为宜，平底铲利于将所取样品底部的杂质一同取入，以保证样品有充分的代表性。

当玉米种子以果穗收购贮藏时，如果是袋装果穗，用倒包徒手扦样法，即两手掀起袋底两角，袋身倾斜45°，徐徐后退1 m，将果穗倒在塑料布或帆布上，使果穗保持原袋中的层次，然后在上、中、下3点徒手扦取初次样品。

如果是散装果穗，一般在场院或进出仓时扦样，首先划区，每区面积在25 m² 以下时设3点，每点分上、中、下3层，挖坑徒手扦样，扦取数量参考表2-11。先取果穗检验纯度，再脱粒检验其他项目。

表 2-11 玉米果穗扦取数量

| 果穗数量 /kg | 取样最低数量 / 穗 | 果穗数量 /kg | 取样最低数量 / 穗 |
| --- | --- | --- | --- |
| 100 以下 | 30 | 1 001 ~ 5 000 | 90 |
| 101 ~ 500 | 45 | 5 001 ~ 10 000 | 120 |
| 501 ~ 1 000 | 60 | 10 001 ~ 20 000 | 150 |

薯类扦样法：袋装种薯同玉米袋装果穗的倒包徒手扦样法。窖装种薯，最好在进出窖时徒手扦样，扦样数量参考表2-12。如在入窖后必须扦样，可根据扦样数量，任扦几处有代表性的薯块。亦可扒堆，在堆中不加挑选地取出样品，但扒堆时不得碰伤薯皮，将扦取的样品全部混合即为混合样品。

表 2-12 种薯扦取数量

| 种薯数量 /kg | 取样个数 | |
| --- | --- | --- |
|  | 马铃薯 | 甘薯 |
| 10 000 以下 | 200 | 100 |
| 10 001 ~ 50 000 | 300 | 150 |
| 50 001 ~ 100 000 | 400 | 200 |
| 100 001 ~ 500 000 | 500 | 300 |

每个扦样点上扦取的初次样品质量要求大体相等，不能有很大差别。针对不同的作物种子类型以及包装形式，选择不同的扦样器扦取初次样品。各种袋装和散装种子扦样器见图2-1。

适用于袋装种子扦样的有单管扦样器、羊角扦样器和双管扦样器，适用于散装种子扦样的是长柄短筒圆锥形扦样器、圆筒形扦样器和圆锥形扦样器。扦样器均是尖头形状，便于插入种子，其表面和内壁要求尽可能光滑无棱角，减少使用中的阻力，并利于种子在扦样器中通畅流动。需要注意的是，扦样器适用于那些较容易自由流动的作物种子，而对于带有稃壳、不易自由流动的种子最好采取徒手扦样（图2-2），扦样时需要注意合拢手指，握紧种子，以免种子漏掉。如果种子层太厚，徒手扦样很难获取下层的种子，这时可将种子全部或部分倒出来扦

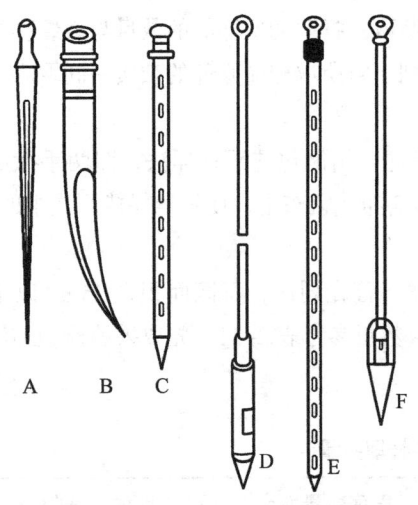
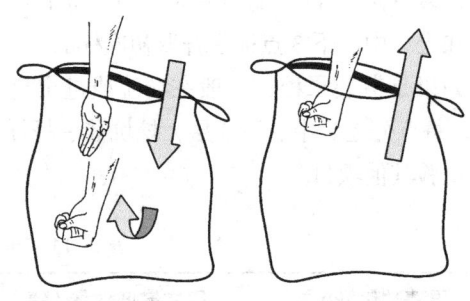

图2-1 袋装、散装种子扦样器
A. 单管扦样器 B. 羊角扦样器 C. 双管扦样器
D. 长柄短筒圆锥形扦样器 E. 圆筒形扦样器
F. 圆锥形扦样器

图2-2 徒手扦样

样，然后再装回。

在扦样过程中，特别是使用扦样器时一定要注意避免使种子损伤（如关闭扦样器时可能挤碎种子），否则会破坏种子样品本来的质量状态，从而影响样品的代表性。

扦样过程中要及时将容器被扦样器破坏的部位恢复、修补或重新包装。对于粗麻袋或其他类似的编织包装袋，可在取出扦样器后，用扦样器尖端在孔洞上下左右拨几下，使编织线重新合并，关闭孔洞。对于密封纸袋或塑料袋，可以在袋上穿孔，然后用特制贴片或胶带将孔口封闭。对于铁罐包装，可以打开铁罐取得初次样品，再将铁罐重新封口。若密封包装在扦样过程中被破坏，可将扦样后的种子转移至新容器中。

此外，在扦取初次样品的过程中，扦样员要特别注意观察初次样品间是否存在异质性，如果在扦样时发现初次样品之间有明显的差别，表明这个种子批存在异质性，应终止扦样。如果初次样品之间差别不是很明显，但是扦样人员怀疑存在异质性时，就要进行异质性的检查，以确定异质性是否真实存在（见本章第一节中"种子批异质性的测定"）。

1. 安全检查扦样

目的是了解种子贮藏期间的品质有无变化，应着重在种子品质易发生变化的地方扦样，具体来看，应根据仓型、季节及入仓时的条件增设扦样点。例如：①对于简易仓库；地面容易返潮造成底部种子霉变结块。②对于热进仓的种子，由于种温较高，入仓时与温度较低的地面接触，易引起结露；③对于散装种子，由于受到仓壁温度变化的影响，夏季在南墙边、冬季在北墙边的垂直层中易形成结露；在季节转换时种堆上层易发生结露。因此，扦样时要根据具体情况在这些地方多设扦样点。

2. 虫害检验

以检验害虫为目的进行扦样时，应结合害虫活动习性和发生规律，在易发生处多扦样品，具体地：①对于散装种子，在夏季气温较高时，害虫常聚集在种堆表面下 0~20 cm 处范围，因此扦样时应距种堆表面 15 cm 处扦样。冬季种堆表层温度较低，中下层温度较高，害虫常向中下层聚集，因此应多在中下层扦取样品。春秋季气温适中，害虫多在种堆表面活动，扦样应在表面进行。②对于袋装种子，害虫在接近麻袋处最多，可在靠近麻袋处扦取样品。

## 第三节 样品的配制与处理

### 一、混合样品的配制

混合样品是指从一批种子中各个扦样点上扦出的全部初次样品充分混合而成的样品。在混合这些初次样品之前，须将它们分别倒在样品布上或样品盘内，仔细观察，比较这些初次样品在形态、颜色、光泽和水分等品质方面有无显著差异，若无显著差异，方可将全部初次样品混合，组成一个混合样品。若发现有些初次样品的品质有显著差异，应把这部分种子从该批种子内分出，作为另一批种子单独扦取混合样品；如不能将品质有差异的种子从这一批种子中分出，则需要把整批种子经过必要处理（清选、干燥或翻仓）后扦样。对各初次样品的品质的一致性产生怀疑时，应进行异质性 $H$ 值测定。

### 二、送验样品的配制

#### （一）送验样品的质量规定

针对不同的检验项目，送验样品的数量不同。如果送验样品小于规定质量，检验机构可以拒绝接受。但是小种子批（指种子批质量小于规定质量的 1% 的种子）允许使用较少的送验样品。如果不作其他植物种子数目测定，小种子批的送验样品要求至少达到《农作物种子检验规程》（以下简称"规程"）规定的相应净度分析试样的质量，但在检验结果报告上必须加以说明："送验样品的质量未达到规程规定的大小"。在种子检验规程中规定了 3 种情况下的送验样品的最低质量。

1. 水分测定

需磨碎的种子要求 100 g，其他不需磨碎的种子为 50 g。

2. 种及品种鉴定

按照表 2-13 规定。

3. 所有其他测定项目

送验样品要求至少达到规程规定的最低质量（详见附表 1 第 4 列）。这里指的其他项目测定包括净度分析、其他植物种子数目测定，以及采用净度分析后的净种子作为试样的发芽实验、生活力测定、质量测定、种子健康测定等。通常净度分析和其他植物种子数目测定所需的送验样品至少应包含 25 000 粒种子，这个数目是净度试验样品的 10 倍，因此每个送验样品的

表 2-13　品种纯度测定送验样品的质量　　　　　　　　　　　　　单位：g

| 种类 | 实验室测定 | 田间与实验室测定 |
| --- | --- | --- |
| 豌豆属、菜豆属、蚕豆属、玉米属、大豆属及种子大小类似的其他属 | 1 000 | 2 000 |
| 水稻属、大麦属、燕麦属、黑麦属、小麦属及种子大小类似的其他属 | 500 | 1 000 |
| 甜菜属及种子大小类似的其他属 | 250 | 500 |
| 所有其他属 | 100 | 250 |

质量可以根据各类种子的千粒重大小推算得到，但其最大质量一般不超过 1 000 g。不过，也有一些植物其送验样品与净度试验样品之间并不是 10 倍的关系。

（二）送验样品的分取

通常在扦样现场得到混合样品后即可称重，如果混合样品的质量与所要求的送验样品质量相接近（不少于），就可以直接将混合样品作为送验样品。但如果所得到的混合样品数量远超过要求的送验样品数量，就要按照规程规定的分样方法，将混合样品随机减少到合适的大小，从而获得送验样品。如果现场不具备相应的分样条件，则应将全部混合样品送到种子检验室进行分样。

在进行各个项目检测前，也要依据检测项目的要求通过分样的方法从送验样品中分取有代表性的试验样品。重复样品须独立分取，在分取第一份试验样品后，送验样品的剩余部分必须重新混合后，再分取第二份试样。

常用的分样方法有机械分样和徒手分样两类。机械分样是使用分样器分样，常见的分样器有钟鼎式分样器、横格式分样器和电动分样器。

1. 机械分样

（1）钟鼎式分样器

该分样器有大、中、小 3 种类型，大者常用于中、大粒种子的分样，小者可用于菜籽等小粒种子的分样。两者结构完全相同，顶部为漏斗，下面为活门，其下为一圆锥体，圆锥体顶尖正对活门的中心，圆锥体底部四周均等地分为 36 个格，其中在相间一半（18 个）格子的下面设有小槽，所分样品经小槽流入内层，经小口流入盛接器，另外相间的 18 个格为一通路，样品流入外层，进入大口的另一盛接器（图 2-3）。使用时先将分样器清理干净，关好活门，将样品倒入漏斗内并摊平，出口处正对盛接器，迅速打开活门，样品下落，经圆锥体平均分散通过格子，分开落入盛接器内，最后拍打分样器，使样品全部落入盛接器，样品即被分成两份。分样次数视需要样品多少而定。

（2）横格式分样器

该分样器适合于大粒种子及带皮壳的种子。其顶部为一长方形可倾倒的槽，下面为 12~18 格的长方形凹槽漏斗，其中相间的一半格子通向一个方向，另一半格子通向另一个方向，每组格子下面分别有一个与倾倒盘长度相等的盛接盘（图 2-3）。使用时，将盛接槽、倾倒槽等清理干净，并将其放在合适的位置，把样品倒入倾倒盘摊平，迅速翻转倾倒槽，使种子落入漏斗内，经过格子分两路落入盛接器，即将样品一分为二。

（3）电动分样器

该仪器是将样品按 5∶3∶2 的比例分开，省时省工。其基本构造由 3 部分组成：一是传动部分，包括电动机、支架、箱体和带轮等；二是分样部分，包括进料斗、开关、旋转分样盘及外壳等；三是盛样器和底座（图 2-3）。分样盘上有 10 个大小相等的分样孔，由于分样盘保持一定的速度旋转，所以进入每个分样孔的样品数量是相等的。其中 5 个孔通向内侧出料管，3 个孔通向外侧出料管，2 个孔通向中间出料管，所以样品就自动按 5∶3∶2 的比例分别流入盛接器内。使用时先将分样器清理干净，关闭活门，3 个盛接器分别对准 3 个出料口。然后把样品倒入进料斗，接通电源，打开活门，样品通过分样盘后落入盛接器中，使样品分成 3 份。

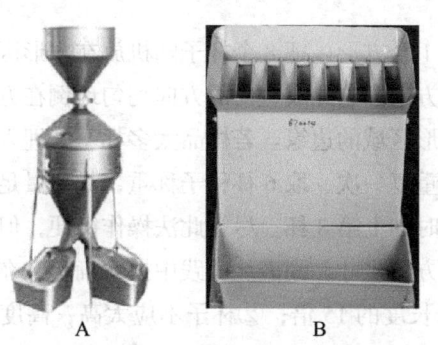

图 2-3　常见的分样器

A. 钟鼎式分样器　B. 横格式分样器　C. 电动分样器

2. 徒手分样

在无分样器或由于种子构造所限而无法使用仪器时，可用徒手方法分样。

（1）四分法

此法简单易行，只需一副分样板和一张玻璃台面的分样台，分样台面积为 1 m² 左右，四周边框略高于台面，并设立一段可活动的边框，以便取出样品。分样板为木制，长 35 cm，宽 12 cm，手持柄宽 17 cm。分样时将样品倒于干净的分样台上，先纵横混合 3 次以上，然后铺成一个厚度不超过 1 cm 的正方体，用分样板画两条对角线，样品被分成 4 份，取两个对顶角样品为 1 份样品，即得 2 份样品。如有必要取其 1 份继续分样至所需数量为止，使用此法分样要注意将样品下台面上的尘介杂质用毛笔扫入各自的样品中，以保证样品的代表性。

（2）徒手减半法

此法仅适用于有稃的种子，具体方法是：①将种子均匀地倒在一个光滑清洁的平面上；②用平边刮板或分样板将种子充分混匀成一堆；③把整堆种子分成两半，每半再对分 1 次，这样得到 4 部分，然后把每一部分再减半分成 8 部分，排成 2 行，每行 4 部分；④合并和保留交错部分，即把第 1 行的第 1、3 部分与第 2 行的第 2、4 部分合并，把剩下的 4 个部分拿开；⑤把第④步保留的部分，按第②、③、④步重复分样，直至分得所需样品质量为止。

（3）随机杯法

此法适合于试样在 10 g 以下的种子，但带有很多皮壳的种子及容易跳动或滚动的种子（如芸薹属）除外。分样时需准备 6~8 个杯子和 1 个方形盘，杯子的大小和方形的尺寸依种子的种类不同而异（表 2-14）。

表 2-14  不同种类种子适宜的杯子大小和方形盘尺寸

| 种子类型 | 杯内部尺寸 /mm | | 方形盘尺寸 /mm | 送验样品 /g | 试验样品 /g |
| --- | --- | --- | --- | --- | --- |
| | 直径 | 深度 | | | |
| 牛尾草 | 15 | 15 | 120×120 | 50 | 5 |
| 红三叶 | 12 | 14 | 100×100 | 50 | 5 |
| 白三叶 | 10 | 8 | 100×100 | 25 | 2 |
| 剪股颖属 | 7 | 6 | 150×150 | 25 | 0.5 |

分样方法：①在盘内按规定尺寸画1个方形，把8个杯子随机放在方形区域内；②样品经初步混合后将其左右摆动交替地沿一个方向和与此成直角的方向均匀地倒在方形区域内，有些种子落入杯内，有些种子可能会流出方形区域的边缘。若样品太多杯子被埋入或样品较少杯子未满时，可用较大的方形或较小的方形重复一次，取6杯种子称重，如质量足够成为送验样品，如质量不足，则加上第7杯，必要时加上第8杯。尽管此法操作简便，但受杯子和方形尺寸所限，若不知某种种子适宜的杯子和方形尺寸，则需从实践中摸索确定，在初步计算时，需考虑下列因素：①杯子内径至少是种子长度的15倍；②杯子不应太高，高度与直径的比例以不超过2∶1为宜；③方形区域的面积是所用8个杯子的总横断面积的10~12倍。

（4）改良对分法

用此法分样时，必须有1个盘和1个放入其中的方框，方框内有同样大小的若干立方小格，上方均开口，下方每隔1格是无底的。种子经初步混合后，按随机杯法均匀倒入方格内。当方格提出后，约有一半的样品留在盘上，样品可继续如上对分，直到取得约等于所需质量。在配制混合样品和送验样品的过程中，应尽可能地防止样品的水分、气味、害虫等发生变化，以保持样品原有的代表性。

## 三、送验样品的处理

送验样品要求置于合适的包装容器中，认真保管，以防在运输过程中损坏或丢失。在两种情况下，样品应放在防湿容器中，并尽可能排除其中的空气。一是供水分测定的样品，二是种子批已被烘干至较低水分，并包装在防湿容器中。在其他各种情况下，用于发芽试验的样品不可装入密闭防湿容器中，而是装入纸袋或布袋。

所有送验样品包装袋都必须严格封缄以防止调换，并给予特别的标识或编号，以清楚地表明样品与其所代表的种子批之间的对应关系。同时，送验样品还附有其他必要的信息，包括扦样者和被扦者名称、扦样日期、种子批号、植物种和品种名称、种子批质量和容器数、待检验项目，以及其他与扦样有关的情况说明。

送验样品应由扦样员尽快送到种子检验室，而不能将样品交给种子所有者、检验申请人或未经扦样机构或检验站授权的其他人。

送验样品种子若经过化学处理，则应告知种子检验人员所用处理试剂的名称。

## 四、样品的保存

送验样品送到检验室后，首先要进行验收，检查样品包装、封缄是否完整，质量是否符合规程规定的不同检测项目的送验样品的最低质量等。验收合格后进行登记。

要求尽量在收到样品后就立即进行检验。因为当样品保存在实验室条件下，种子水分含量可能会在贮存期间随着室内温湿度变化而发生改变。此外，贮藏也可能引起种子休眠特性的变化。如果不能及时检验，必须将样品保存在凉爽和通风良好的样品贮藏室内，尽量使种子质量的变化降到最低程度。

为了便于复检，检验后的样品应当在能控制温湿度的专用房间存放一段时间，通常是 1 年，还要注意防止虫害和啮齿动物为害。但是，种子检验室对贮藏期间样品质量发生劣变并不承担责任。检测中心也可以根据自己中心的质量手册和程序文件执行。

包衣种子扦样的特殊性

当要求复检时，须按照规定分样方法从保存样品中分取一部分，封缄后送往指定的检验室。剩余部分继续保存。

---

**思考题**
1. 扦样的意义有哪些？如何才能扦取到有代表性的样品？
2. 包装种子和散装种子扦样时有哪些异同？

---

**数字课程资源**

 教学课件　　　📝 自测题

# 第三章

# 种子净度及其他植物种子数目分析

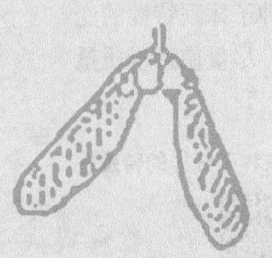

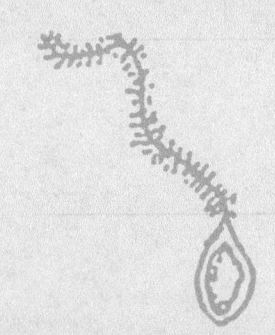

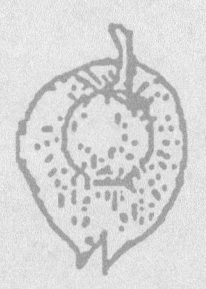

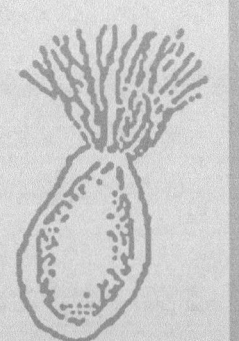

　　种子净度是指种子清洁干净的程度，即样品除去杂质和其他植物种子后，留下的本作物（种）净种子质量占样品总质量的比例。种子净度是衡量种子质量的一项重要指标。净度分析的目的是通过分析样品中净种子、其他植物种子和杂质3种成分，了解该种子批中洁净可利用种子的真实质量、其他植物种子及杂质的种类和含量，为种子清选、质量分级和计算种子用价提供依据。

# 第一节  净度分析的方法和标准

## 一、净度分析的方法

种子净度分析的方法有精确法和快速法两种。

### （一）精确法

精确法由德国人诺贝于1875年创立。它将试验样品分为好种子、废种子、有生命杂质和无生命杂质4种成分，对好种子的要求较严格，只有从外观上判断有可能发芽的种子才列为好种子。该法的特点是技术复杂，受主观影响大，分析费时，对好种子的标准较难掌握，分析结果误差大，但获得结果比较符合实际，曾一度应用于欧美大陆。我国第一部《农作物种子检验规程》（GB/T 3543—1983）中的净度分析就采用此法作为标准。

### （二）快速法

快速法1908年创立于加拿大，之后广泛应用于美洲大陆，1953年被列入《国际种子检验规程》。它将试样分为净种子、其他植物种子和杂质3种成分。此法对净种子的要求较宽松，除发育良好的种子外，无胚种子、发育不良的种子、发过芽的种子及受损但仍保留1/2以上的种子均作为净种子。该法的特点是技术简单，受主观影响小，分析省时，分析结果误差小，对净种子的区分界限明确，标准易掌握，因而被广泛应用。我国现行的《农作物种子检验规程》（GB/T 3543）和1995版规程就采用此法作为标准。

## 二、净度分析的标准

掌握正确的鉴别标准是提高净度分析精确度的保证。按精确法和快速法进行净度分析的鉴定标准分述如下。

### （一）精确法

精确法将样品区分为好种子、废种子、有生命杂质和无生命杂质4种成分，具体标准如下：

1. 好种子

好种子是指有种胚并符合下列条件的本作物种子。

（1）发育正常的种子。

（2）规定筛孔未能筛理下来的种子。

（3）幼根或幼芽开始突破种皮，但尚未露在种皮之外。

（4）胚乳或子叶受损伤面积小于1/3。

（5）种皮破裂的种子。

（6）皮大麦的裸粒种子。

（7）只有 1 粒发育正常的复粒种子。

2. 废种子

（1）无胚种子。

（2）豆科和十字花科无种皮种子。

（3）稻、粟、稷等裸粒种子（米粒）。

（4）受机械损伤或油污的棉花种子。

（5）规定筛孔筛理下的小粒和秕种子。

（6）不用筛理的种子中饱满度不及正常种子 1/3 或 2/5（花生）的种子。

（7）幼根或幼芽已露出种皮。

（8）胚乳或子叶受损伤面积达 1/3 及以上。

（9）复粒种子中两粒种子的饱满度均不及正常种子 1/3 的种子。

3. 有生命杂质

（1）杂草及其他植物的净种子。

（2）活害虫（幼虫、卵、蛹）和虫瘿。

（3）菌核、菌瘿、黑穗病孢子团块及带病颖壳。

4. 无生命杂质

（1）砂、土和石块等无机物，糠、壳、叶和秸秆等植物残体。

（2）异作物的废种子。

（3）无生命的动物、毛、粪等。

由上述可知，精确法对净种子和废种子定义标准琐细，要求标准高。最大优点是净种子和发芽率及田间出苗关联度高，有利于刺激种子清选等处理工作。然而，技术标准有点过于繁杂，尤其是有关瘦秕种子、破损种子和饱满度等标准，在实际中不易掌握，费时，受主观影响大，不同检验员检测结果差异大。

（二）快速法

快速法将样品区分为净种子、其他植物种子和杂质，具体标准如下：

1. 净种子

净种子（pure seed）是指送验者所叙述的种（包括该种的全部植物学变种和栽培品种）符合净种子定义要求的种子单位或构造。

（1）一般原则

下列构造凡能明确地鉴别出它们是属于所分析的种（已变成菌核、黑穗病孢子团或者线虫瘿除外），即使是未成熟的、瘦小的、皱缩的、带病的或发过芽的种子单位都应作为净种子。

① 完整的种子单位。种子单位（seed unit）即通常所见的传播单位，包括真种子、瘦果、类似的果实、分果和小花等。各个属或种按表 3-1 净种子的定义来确定，在《国际种子检验规程》中列出了 63 种标准类型。禾本科中复粒种子单位的分类见图 3-1，种子单位如是小花，则须带有 1 个明显含有胚乳的颖果或裸粒颖果（缺乏内外稃）。

② 大于原来大小 1/2 的破损种子单位。

（2）一些例外

根据上述原则，在个别的属或种中有一些例外。

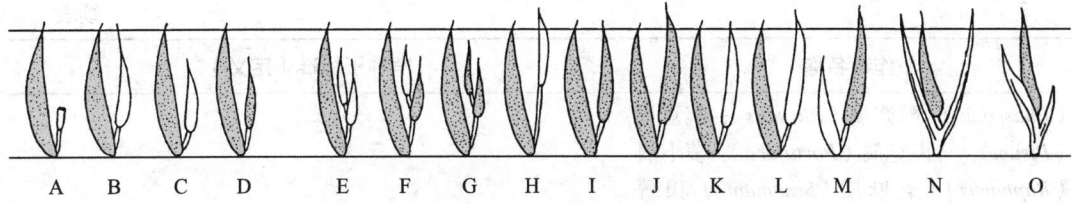

图 3-1 复粒种子单位的分类（ISTA，2020）
灰色部分代表可育小花，白色部分代表不育小花

A~D. 单粒种子，结实小花上附着 1 个可育或不育小花，其延伸长度（不包括芒）未达结实小花顶端  E~O. 复粒种子：E~G. 结实小花上附着 1 个以上任何长度的可育和（或）不育小花  H~L. 结实小花上附着 1 个可育或不育小花，其延伸长度已达到或超过结实小花顶端  M. 结实小花的基部附着任何长度的不育小花  N~O. 结实小花下面附有颖片

表 3-1 主要作物的净种子鉴定标准（定义）

| 作物名称 | 净种子标准（定义） |
| --- | --- |
| 大麻属（*Cannabis*）、茼蒿属（*Chrysanthemum*）、菠菜属（*Spinacia*） | 瘦果，但明显没有种子的除外；<br>超过原来大小 1/2 的破损瘦果，但明显没有种子的除外；<br>果皮 / 种皮部分或全部脱落的种子；<br>超过原来大小 1/2，果皮 / 种皮部分或全部脱落的破损种子 |
| 荞麦属（*Fagopyrum*）、大黄属（*Rheum*） | 有或无花被的瘦果，但明显没有种子的除外；<br>超过原来大小 1/2 的破损瘦果，但明显没有种子的除外；<br>果皮 / 种皮部分或全部脱落的种子；<br>超过原来大小 1/2，果皮 / 种皮部分或全部脱落的破损种子 |
| 红花属（*Carthamus*）、向日葵属（*Helianthus*）、莴苣属（*Lactuca*）、鸦葱属（*Scorzonera*）、婆罗门参属（*Tragopogon*） | 有或无喙的瘦果，但明显没有种子的除外；<br>超过原来大小 1/2 的破损瘦果，但明显没有种子的除外；<br>果皮 / 种皮部分或全部脱落的种子；<br>超过原来大小 1/2，果皮 / 种皮部分或全部脱落的破损种子 |
| 葱属（*Allium*）、苋属（*Amaranthus*）、花生属（*Arachis*）、石刁柏属（*Asparagus*）、黄芪属（紫云英属，*Astragalus*）、冬瓜属（*Benincasa*）、芸薹属（*Brassica*）、木豆属（*Cajanus*）、刀豆属（*Canavalia*）、辣椒属（*Capsicum*）、西瓜属（*Citrullus*）、黄麻属（*Corchorus*）、猪屎豆属（*Crotalaria*）、黄瓜属（*Cucumis*）、南瓜属（*Cucubita*）、扁豆属（*Dolichos*）、大豆属（*Glycine*）、木槿属（*Hibiscus*）、番薯属（*Ipomoea*）、葫芦属（*Lagenaria*）、亚麻属（*Linum*）、丝瓜属（*Luffa*）、番茄属（*Lycopersicon*）、苜蓿属（*Medicago*）、草木樨属（*Melilotus*）、苦瓜属（*Momordica*）、豆瓣菜属（*Nastartium*）、烟草属（*Nicotiana*）、菜豆属 | 有或无种皮的种子；<br>超过原来大小 1/2，有或无种皮的破损种子；<br>豆科、十字花科，其种皮完全脱落的种子单位应列为杂质；<br>即使有胚中轴、超过原来大小 1/2 的附属种皮，豆科种子单位的分离子叶也列为杂质 |

续表

| 作物名称 | 净种子标准（定义） |
|---|---|
| （Phaseolus）、酸浆属（Physalis）、豌豆属（Pisum）、马齿苋属（Portulaca）、萝卜属（Raphanus）、芝麻属（Sesamum）、田菁属（Sesbania）、茄属（Solanum）、巢菜属（Vicia）、豇豆属（Vigna） | |
| 棉属（Gossypium） | 有或无种皮，有或无绒毛的种子；<br>超过原来大小 1/2，有或无种皮的破损种子 |
| 蓖麻属（Ricimus） | 有或无种皮，有或无种阜的种子；<br>超过原来大小 1/2，有或无种皮的破损种子 |
| 芹属（Apium）、芫荽属（Coriandrum）、胡萝卜属（Daucus）、茴香属（Foeniculum）、欧防风属（Pastinaca）、欧芹属（Petroselinum）、茴芹属（Pimpinella） | 有或无花梗的分果/分果爿，但明显没有种子的除外；<br>超过原来大小 1/2 的破损分果爿，但明显没有种子的除外；<br>果皮部分或全部脱落的种子；<br>超过原来大小 1/2，果皮部分或全部脱落的破损种子 |
| 大麦属（Hordeum） | 有内外稃包着颖果的小花，当芒长超过小花长度时须将芒除去；<br>超过原来大小 1/2，含有颖果的破损小花；<br>颖果；<br>超过原来大小 1/2 的破损颖果 |
| 黍属（Panicum）、狗尾草属（Setaria） | 有颖片、内外稃包着颖果的小穗，并附有不孕外稃；<br>有内外稃包着颖果的小花；<br>颖果；<br>超过原来大小 1/2 的破损颖果 |
| 稻属（Oryza） | 有颖片、内外稃包着颖果的小穗，当芒长超过小花长度时须将芒除去；<br>有或无不孕外稃，有内外稃包着颖果的小花，当芒长超过小花长度时须将芒除去；<br>有内外稃包着颖果的小花，当芒长超过小花长度时须将芒除去；<br>颖果；<br>超过原来大小 1/2 的破损颖果 |
| 黑麦属（Secale）、小麦属（Triticum）、小黑麦属（Triticosecale）、玉米属（Zea） | 颖果；<br>超过原来大小 1/2 的破损颖果 |
| 燕麦属（Avena） | 有内外稃包着颖果的小穗，有或无芒，可附有不育小花；<br>有内外稃包着颖果的小花，有或无芒；<br>颖果；<br>超过原来大小 1/2 的破损颖果；<br>注：①由两个可育小花构成的小穗，要把它们分开；②当外部不育小花的外稃部分地包着内部可育小花时，这样的单位不必分开；③从着生点除去小柄；④把仅含有子房的单个小花列为杂质 |

续表

| 作物名称 | 净种子标准（定义） |
| --- | --- |
| 高粱属（*Sorghum*） | 有颖片、透明状的外稃或内稃（内外稃也可缺乏）包着颖果的小穗，有穗轴节片、花梗、芒，附有不育或可育小花有内外稃的小花，有或无芒；<br>颖果；<br>超过原来大小 1/2 的破损颖果 |
| 甜菜属（*Beta*） | 复胚种子：用筛孔为 1.5 mm×20 mm 的 200 mm×300 mm 的长方形筛子筛理 1 min 后留在筛上的种球或破损种球（包括从种球突出程度不超过种球宽度的附着断柄），不论其中有无种子；<br>遗传单胚：种球或破损种球（包括从种球突出程度不超过种球宽度的附着断柄），但明显没有种子的除外；<br>果皮/种皮部分或全部脱落的种子；<br>超过原来大小 1/2，果皮/种皮部分或全部脱落的破损种子；<br>注：当断柄突出长度超过种球的宽度时，须将整个断柄除去 |
| 薏苡属（*Coix*） | 包在珠状小总苞中的小穗（1 个可育，2 个不育）；<br>颖果；<br>超过原来大小 1/2 的破损颖果；<br>注：可育小穗由颖片、内外稃包着的颖果，并附有不孕外稃所组成 |
| 罗勒属（*Ocimum*） | 小坚果，但明显无种子的除外；<br>超过原来大小 1/2 的破损小坚果，但明显无种子的除外；<br>果皮/种皮部分或完全脱落的种子；<br>超过原来大小 1/2，果皮/种皮部分或完全脱落的破损种子 |
| 番杏属（*Tetragonia*） | 包有花被的类似坚果的果实，但明显无种子的除外；<br>超过原来大小 1/2 的破损果实，但明显无种子的除外；<br>果皮/种皮部分或完全脱落的种子；<br>超过原来大小 1/2，果皮/种皮部分或完全脱落的破损种子 |

引自《农作物种子检验规程》（GB/T 3543）

① 豆科，十字花科，松、柏科，其种皮完全脱落的种子单位应列为杂质。

② 即使有胚芽和胚根的胚中轴，并超过原来大小 1/2 的附属种皮，豆科种子单位的分离子叶也列为杂质。

③ 甜菜属复胚种子超过一定大小的种子单位列为净种子，但单胚品种除外。

④ 在燕麦草属、燕麦属、虎尾草属、鸭茅属、早熟禾属和高粱属中，附着的不育小花不须除去而列为净种子。

⑤ 黑麦草属、羊茅属及冰草属的颖果达到或超过内稃长度的 1/3 才为净种子。

⑥ 鸭茅属和羊茅属保留完整的复粒种子单位归入净种子。

⑦ 黑麦草属所附不育小花未达到结实小花顶端的也列为净种子。

2. 其他植物种子

其他植物种子是指净种子以外的任何植物种类的种子单位（包括其他植物种子和杂草种子）。其鉴别标准与净种子的标准基本相同。但以下情况例外：

（1）甜菜属种子单位作为其他植物种子时不必筛选，可用遗传单胚的净种子定义。

（2）鸭茅、草地早熟禾的种子单位，作为其他植物种子时不必经过吹风程序。

（3）复粒种子单位应先分开，然后将单粒种子单位按净种子和杂质的定义进行划分。

（4）菟丝子易碎，灰白至乳白色的种子单位列入杂质。

3. 杂质

杂质包括除净种子和其他植物种子以外的所有种子单位、其他杂质及构造。其标准为：

（1）明显不含真种子的种子单位。

（2）甜菜属复胚种子单位大小未达到净种子定义规定的最低大小的。

（3）破裂或受损伤种子单位的碎片为原来大小的 1/2 或不及 1/2 的。

（4）按净种子的定义，不将这些附属物作为净种子部分或定义中尚未提及的附属物。

（5）种皮完全脱落的豆科、十字花科的种子。

（6）脆而易碎，呈灰白、乳白色的菟丝子种子。

（7）脱下的不育小花、空的颖片、内外稃、稃壳、茎叶、球果、鳞片、果翅、树皮碎片、花、线虫瘿、真菌体（如麦角、菌核、黑穗病孢子团）、泥土、砂粒、石砾及所有其他非种子物质。

## 第二节　净度分析的步骤

净度分析大体分为重型混杂物的检查、试样分取、试样分析和结果计算与报告四大步骤。但在具体操作上精确法和快速法两者是不同的，精确法已不再使用，本节主要介绍快速法的分析步骤。

### 一、重型混杂物的检查

重型混杂物是指质量和体积明显大于所分析种子的物质。一般要求送验样品量为净度分析试样质量的 10 倍以上（详见附表1）。在送验样品中，尽管重型混杂物数量不一定很多，但对净度分析结果往往有很大影响。应先检查并挑出与供检种子在大小和质量上明显不同且严重影响结果的重型混杂物（如土块、小石块或小粒种子中混有大粒种子等），应分别按杂质或其他植物种子挑选归类，分别称重计算重型混杂物的含量。

$$重型混杂物含量 = \frac{m}{M} \times 100\%$$

$$m = m_1 + m_2$$

式中：$m$ 为重型混杂物质量（g）；$m_1$ 为重型混杂物中的其他植物种子质量（g）；$m_2$ 为重型混杂物中的杂质质量（g）；$M$ 为送验样品质量（g）。

## 二、试验样品的分取

在送验样品挑出重型混杂物后的样品中分取试验样品。净度分析的试验样品以至少含有 2 500 个种子单位的质量为宜。样品量太大费工，太小缺乏代表性，由于每种作物的不同品种之间籽粒差异大，因此，每种作物都有规定的试样最低重量。净度分析时可用规定质量的 1 份试样，或 2 份半试样（试样质量的一半）进行分析。分取的方法同送验样品的分取（详见第二章），可用分样器、四分法和改良对分法等。分取的试样应按表 3-2 中精度要求称重，以满足计算各种成分百分率达到 1 位小数的要求。

表 3-2 试验样品称重精度

| 试样质量 /g | 称重精确至下列小数位数 |
|---|---|
| 1.0000 以下 | 4 |
| 1.000 ~ 9.999 | 3 |
| 10.00 ~ 99.99 | 2 |
| 100.0 ~ 999.9 | 1 |
| 1 000 及以上 | 0 |

注：此精度适于试样、半试样及其成分的称重

## 三、试验样品的分析

试验样品称重后，依据净度分析标准将样品分为净种子、其他植物种子和杂质。可采用放大镜、双目解剖镜、反射光、筛子和吹风机等辅助仪器设备或手段，也可用镊子施压，在不损伤发芽力的基础上进行检查。放大镜和双目解剖镜可用于鉴定和分离小粒种子单位和碎片。反射光可用于分离禾本科可育小花和不育小花以及检查线虫瘿和真菌体。筛子一般由上、下两层组成，上层为大孔筛，下层为小孔筛，可用于分离样品中的茎叶碎片、土壤和其他细小颗粒。种子吹风机可用于从较重的种子中分离出较轻的杂质，如皮壳及禾本科牧草的空小花。但要注意吹风机主要用于处理少量样品的牧草种子（1 ~ 5 g），应具备准确定时、气流均匀一致、可调节不同的风力等性能，才可获得精确的结果。

样品分析时最好用电动筛选器筛选 2 min（规定用吹风机测定的除外），细小的泥土、砂粒、碎屑等杂质及细小植物种子等落入小孔筛下，留在上层筛内的有茎、叶、稃壳及较大的其他植物种子等。筛理后对各层筛上物，按净种子的标准将净种子、其他植物种子、杂质分别放入相应的容器。当不同植物种之间区别困难或无法区别时，则填报属名，该属的全部种子均为净种子，并附加说明。当分析瘦果、分果、分果爿等果实和种子时（禾本科除外），只从表面加以检查，不用施压，也不用放大镜、透视仪或其他特殊的仪器。从表面发现其中明显无种子的，则把它列入杂质。对于损伤种子和破碎种子，不管是空瘪还是充实，如留下的部分超过原来大小 1/2，均作为净种子或其他植物种子，如不能迅速做出决定，则将种子单位列为净种子或其他植物种子，最后对分离后各成分分别称重。

## 四、结果计算与报告

### （一）结果计算

分析结束后将净种子（$P$）、其他植物种子（$OS$）和杂质（$I$）分别称重。称量的精确度与试样称重时相同。然后将各成分质量之和与原试样质量进行比较，核对分析期间物质有无增失。如果增失超过原试样质量的5%，必须重做；如增失小于原试样质量的5%，则计算各成分百分率：净种子（$P_1$），其他植物种子（$OS_1$），杂质（$I_1$）。计算时应注意：一是各成分百分率的计算应以分析后各种成分的质量之和为分母，而不用试样原来的重量；二是若分析的是全试样，各成分质量百分率应计算到一位小数；若分析的是半试样，各成分的质量百分率应计算到两位小数。

$$P_1 = \frac{P}{P+OS+I} \times 100\%$$

$$OS_1 = \frac{OS}{P+OS+I} \times 100\%$$

$$I_1 = \frac{I}{P+OS+I} \times 100\%$$

如果净度分析为两份半试样或两份全试样时，3种成分均得到2组结果。

### （二）结果处理

1. 半试样

如果分析为两份半试样，分析后任一成分的相差不得超过表3-3第3栏或第4栏中所示的重复分析间的容许差距。若所有成分的实际差距都在容许范围内，则计算各成分的平均值。如差距超过容许范围，则按下列程序处理：

（1）重新分析成对半试样，直到一对数值在容许范围内为止（但全部分析不必超过4对）。

（2）凡一对间的相差超过容许差距两倍时，均略去不计。

（3）各种成分百分率的最后记录，应从全部保留的几对加权平均数计算。

表3-3 同一实验室内同一送验样品净度分析的容许差距
（5%显著水平的两尾检验）

| 两次重复的平均值 | | 半试样 | | 全试样 | |
| --- | --- | --- | --- | --- | --- |
| | | 无稃壳种子 | 有稃壳种子 | 无稃壳种子 | 有稃壳种子 |
| 99.95~100.00 | 0.00~0.04 | 0.20 | 0.23 | 0.1 | 0.2 |
| 99.90~99.94 | 0.05~0.09 | 0.33 | 0.34 | 0.2 | 0.2 |
| 99.85~99.89 | 0.10~0.14 | 0.40 | 0.42 | 0.3 | 0.3 |
| 99.80~99.84 | 0.15~0.19 | 0.47 | 0.49 | 0.3 | 0.4 |
| 99.75~99.79 | 0.20~0.24 | 0.51 | 0.55 | 0.4 | 0.4 |

续表

| 两次重复的平均值 | | 半试样 | | 全试样 | |
|---|---|---|---|---|---|
| | | 无稃壳种子 | 有稃壳种子 | 无稃壳种子 | 有稃壳种子 |
| 99.70~99.74 | 0.25~0.29 | 0.55 | 0.59 | 0.4 | 0.4 |
| 99.65~99.69 | 0.30~0.34 | 0.61 | 0.65 | 0.4 | 0.5 |
| 99.60~99.64 | 0.35~0.39 | 0.65 | 0.69 | 0.5 | 0.5 |
| 99.55~99.59 | 0.40~0.44 | 0.68 | 0.74 | 0.5 | 0.5 |
| 99.50~99.54 | 0.45~0.49 | 0.72 | 0.76 | 0.5 | 0.5 |
| 99.40~99.49 | 0.50~0.59 | 0.76 | 0.82 | 0.5 | 0.6 |
| 99.30~99.39 | 0.60~0.69 | 0.83 | 0.89 | 0.6 | 0.6 |
| 99.20~99.29 | 0.70~0.79 | 0.89 | 0.95 | 0.6 | 0.7 |
| 99.10~99.19 | 0.80~0.89 | 0.95 | 1.00 | 0.7 | 0.7 |
| 99.00~99.09 | 0.90~0.99 | 1.00 | 1.06 | 0.7 | 0.8 |
| 98.75~98.99 | 1.00~1.24 | 1.07 | 1.15 | 0.8 | 0.8 |
| 98.50~98.74 | 1.25~1.49 | 1.19 | 1.26 | 0.8 | 0.9 |
| 98.25~98.49 | 1.50~1.74 | 1.29 | 1.37 | 0.9 | 1.0 |
| 98.00~98.24 | 1.75~1.99 | 1.37 | 1.47 | 1.0 | 1.0 |
| 97.75~97.99 | 2.00~2.24 | 1.44 | 1.54 | 1.0 | 1.1 |
| 97.50~97.74 | 2.25~2.49 | 1.53 | 1.63 | 1.1 | 1.2 |
| 97.25~97.49 | 2.50~2.74 | 1.60 | 1.70 | 1.1 | 1.2 |
| 97.00~97.24 | 2.75~2.99 | 1.67 | 1.78 | 1.2 | 1.3 |
| 96.50~96.99 | 3.00~3.49 | 1.77 | 1.88 | 1.3 | 1.3 |
| 96.00~96.49 | 3.50~3.99 | 1.88 | 1.99 | 1.3 | 1.4 |
| 95.50~95.99 | 4.00~4.49 | 1.99 | 2.12 | 1.4 | 1.5 |
| 95.00~95.49 | 4.50~4.99 | 2.09 | 2.22 | 1.5 | 1.6 |
| 94.00~94.99 | 5.00~5.99 | 2.25 | 2.38 | 1.6 | 1.7 |
| 93.00~93.99 | 6.00~6.99 | 2.43 | 2.56 | 1.7 | 1.8 |
| 92.00~92.99 | 7.00~7.99 | 2.59 | 2.73 | 1.8 | 1.9 |
| 91.00~91.99 | 8.00~8.99 | 2.74 | 2.90 | 1.9 | 2.1 |
| 90.00~90.99 | 9.00~9.99 | 2.88 | 3.04 | 2.0 | 2.2 |
| 88.00~89.99 | 10.00~11.99 | 3.08 | 3.25 | 2.2 | 2.3 |
| 86.00~87.99 | 12.00~13.99 | 3.31 | 3.49 | 2.3 | 2.5 |
| 84.00~85.99 | 14.00~15.99 | 3.52 | 3.71 | 2.5 | 2.6 |
| 82.00~83.99 | 16.00~17.99 | 3.69 | 3.90 | 2.6 | 2.8 |
| 80.00~81.99 | 18.00~19.99 | 3.86 | 4.07 | 2.7 | 2.9 |

续表

| 两次重复的平均值 | | 半试样 | | 全试样 | |
|---|---|---|---|---|---|
| | | 无稃壳种子 | 有稃壳种子 | 无稃壳种子 | 有稃壳种子 |
| 78.00~79.99 | 20.00~21.99 | 4.00 | 4.23 | 2.8 | 3.0 |
| 76.00~77.99 | 22.00~23.99 | 4.14 | 4.37 | 2.9 | 3.1 |
| 74.00~75.99 | 24.00~25.99 | 4.26 | 4.50 | 3.0 | 3.2 |
| 72.00~73.99 | 26.00~27.99 | 4.37 | 4.61 | 3.1 | 3.3 |
| 70.00~71.99 | 28.00~29.99 | 4.47 | 4.71 | 3.2 | 3.3 |
| 65.00~69.99 | 30.00~34.99 | 4.61 | 4.86 | 3.3 | 3.4 |
| 60.00~64.99 | 35.00~39.99 | 4.77 | 5.02 | 3.4 | 3.6 |
| 50.00~59.99 | 40.00~49.99 | 4.89 | 5.16 | 3.5 | 3.7 |

引自《农作物种子检验规程》(GB/T 3543)

2. 全试样

如在某种情况下有必要分析第二份试样,两份试样各成分的实际差距不得超过表3-3第5栏或第6栏中的容许差距。若所有成分都在容许范围内,取其平均值。如超过则再分析1份试样,若分析后的最高值和最低值差异没有大于容许误差两倍时,填报三者的平均值。如果这些结果中的一次或几次显然是由于差错而不是由于随机误差所引起的,须将不准确的结果除去。

表3-4 同一种子批不同送验样品在同一或不同实验室净度测定误差
(1%显著水平的两尾检验)

| 两次试验 | | 容许差距 | |
|---|---|---|---|
| 50%~100% | 小于50% | 无稃壳种子 | 有稃壳种子 |
| 99.95~100.00 | 0.00~0.04 | 0.2 | 0.2 |
| 99.90~99.94 | 0.05~0.09 | 0.3 | 0.4 |
| 99.85~99.89 | 0.10~0.14 | 0.4 | 0.5 |
| 99.80~99.84 | 0.15~0.19 | 0.4 | 0.5 |
| 99.75~99.79 | 0.20~0.24 | 0.5 | 0.6 |
| 99.70~99.74 | 0.25~0.29 | 0.5 | 0.6 |
| 99.65~99.69 | 0.30~0.34 | 0.6 | 0.7 |
| 99.60~99.64 | 0.35~0.39 | 0.6 | 0.7 |
| 99.55~99.59 | 0.40~0.44 | 0.6 | 0.8 |
| 99.50~99.54 | 0.45~0.49 | 0.7 | 0.8 |
| 99.40~99.49 | 0.50~0.59 | 0.7 | 0.9 |
| 99.30~99.39 | 0.60~0.69 | 0.8 | 1.0 |
| 99.20~99.29 | 0.70~0.79 | 0.8 | 1.0 |

续表

| 两次试验 | | 容许差距 | |
|---|---|---|---|
| 50%~100% | 小于50% | 无稃壳种子 | 有稃壳种子 |
| 99.10~99.19 | 0.80~0.89 | 0.9 | 1.1 |
| 99.00~99.09 | 0.90~0.99 | 0.9 | 1.1 |
| 98.75~98.99 | 1.00~1.24 | 1.0 | 1.2 |
| 98.50~98.74 | 1.25~1.49 | 1.1 | 1.3 |
| 98.25~98.49 | 1.50~1.74 | 1.2 | 1.5 |
| 98.00~98.24 | 1.75~1.99 | 1.3 | 1.6 |
| 97.75~97.99 | 2.00~2.24 | 1.4 | 1.7 |
| 97.50~97.74 | 2.25~2.49 | 1.5 | 1.7 |
| 97.25~97.49 | 2.50~2.74 | 1.5 | 1.8 |
| 97.00~97.24 | 2.75~2.99 | 1.6 | 1.9 |
| 96.50~96.99 | 3.00~3.49 | 1.7 | 2.0 |
| 96.00~96.49 | 3.50~3.99 | 1.8 | 2.1 |
| 95.50~95.99 | 4.00~4.49 | 1.9 | 2.3 |
| 95.00~95.49 | 4.50~4.99 | 2.0 | 2.4 |
| 94.00~94.99 | 5.00~5.99 | 2.1 | 2.5 |
| 93.00~93.99 | 6.00~6.99 | 2.3 | 2.7 |
| 92.00~92.99 | 7.00~7.99 | 2.5 | 2.9 |
| 91.00~91.99 | 8.00~8.99 | 2.6 | 3.1 |
| 90.00~90.99 | 9.00~9.99 | 2.8 | 3.2 |
| 88.00~89.99 | 10.00~11.99 | 2.9 | 3.5 |
| 86.00~87.99 | 12.00~13.99 | 3.2 | 3.7 |
| 84.00~85.99 | 14.00~15.99 | 3.4 | 3.9 |
| 82.00~83.99 | 16.00~17.99 | 3.5 | 4.1 |
| 80.00~81.99 | 18.00~19.99 | 3.7 | 4.3 |
| 78.00~79.99 | 20.00~21.99 | 3.8 | 4.5 |
| 76.00~77.99 | 22.00~23.99 | 3.9 | 4.6 |
| 74.00~75.99 | 24.00~25.99 | 4.1 | 4.8 |
| 72.00~73.99 | 26.00~27.99 | 4.2 | 4.9 |
| 70.00~71.99 | 28.00~29.99 | 4.3 | 5.0 |
| 65.00~69.99 | 30.00~34.99 | 4.4 | 5.2 |
| 60.00~64.99 | 35.00~39.99 | 4.5 | 5.3 |
| 50.00~59.99 | 40.00~49.99 | 4.7 | 5.5 |

## （三）结果的校正与修约

送验样品有重型混杂物时，净度分析最终结果应按如下公式校正：

净种子：

$$P_2 = P_1 \times \frac{M-m}{M}$$

其他植物种子：

$$OS_2(\%) = OS_1 \times \frac{M-m}{M} + \frac{m_1}{M} \times 100$$

杂质：

$$I_2(\%) = I_1 \times \frac{M-m}{M} + \frac{m_2}{M} \times 100$$

式中：$M$ 为分析重型混杂物时所用送验样品的质量（g）；$m$ 为重型混杂物的质量（g）。

$$m = m_1 + m_2$$

式中：$m_1$ 为重型混杂物中的其他种子质量（g）；$m_2$ 为重型混杂物中的杂质质量（g）；$P_1$ 为除去重型混杂物后的净种子含量（%）；$I_1$ 为除去重型混杂物后的杂质含量（%）；$OS_1$ 为除去重型混杂物后的其他植物种子含量（%）。

如果净度分析为2份半试样或2份全试样时，$P_1$、$I_1$ 和 $OS_1$ 分别为两重复的平均值。

最后应检查：$P_2 + I_2 + OS_2 = 100.0\%$。

各种成分的最终结果应保留一位小数，其和应为100.0%，否则应在最大百分率上加上或减去不足或超过的数（修正值），使最终各成分之和为100%。如果其和是99.9%或100.1%，那么从最大值（通常是净种子部分）增减0.1%。如果修约值大于0.1%，那么应检查计算有无差错。注意在计算中含量小于0.05%的成分应将数字除去，填报"微量"。

举例说明：对某批毛叶苕子种子送验样品进行净度分析。送验样品质量1 000 g，测得重型其他植物种子1.320 g，重型杂质4.510 g，第一份半试样原重为71.32 g，测得净种子70.71 g，其他植物种子0.042 0 g，杂质0.290 0 g；第二份半试样原重为70.41 g，测得净种子69.92 g，其他植物种子0.012 2 g，杂质0.291 1 g。求该批水稻种子的净度及其他各成分的含量。

（1）先求 $P_1$、$OS_1$、$I_1$，将结果列于表3-5。

表3-5　计算结果

| 杂质分析 | 净种子 | 其他植物种子 | 杂质 | 质量合计 | 样品原重 | 样品增失 |
|---|---|---|---|---|---|---|
| 第一份质量/g | 70.71 | 0.042 0 | 0.290 0 | 71.042 0 | 71.32 | 0.278 0 |
| [半]试样含量/% | 99.53 | 0.06 | 0.41 | | | 0.390 |
| 第二份质量/g | 69.92 | 0.012 2 | 0.291 1 | 70.223 3 | 70.41 | 0.186 7 |
| [半]试样含量/% | 99.57 | 0.02 | 0.41 | | | 0.265 |
| 平均百分率 | 99.55 | 0.04 | 0.41 | | | |
| 百分率样品间差值 | 0.04 | 0.04 | 0.00 | | | |
| 容许差距 | 0.68 | 0.20 | 0.68 | | | |

表中说明，第一份和第二份半试样原重与分析后3成分之和相比增失百分率均在5%以内，第一份和第二份半试样各成分含量差值也在容许差距范围内。因此得出 $P_1 = 99.55\%$，$OS_1 = 0.04\%$，$I_1 = 0.41\%$。

（2）根据已知条件 $M = 1\ 000$ g，$m_1 = 1.320$ g，$m_2 = 4.510$ g，求出 $P_2$、$OS_2$、$I_2$。

$P_2 = P_1 \times [(M-m)/M] = 99.52 \times [(1\ 000-5.83)/1\ 000] \approx 98.9\%$

$OS_2 = OS_1 \times [(M-m)/M] + m_1/M \times 100\% = 0.04 \times [(1\ 000-5.83)/1\ 000] + 1.320/1\ 030 \times 100\% \approx 0.2\%$

$I_2 = I_1 \times [(M-m)/M] + m_2/M \times 100\% = 0.41 \times [(1\ 000-5.83)/1\ 000] + 4.510/1\ 030 \times 100 \approx 0.9\%$

以上3种成分相加值等于100.0%，不需要修正，即该样品净度分析的最终结果为净种子98.9%，其他植物种子0.2%，杂质0.9%。

### （四）结果报告

净种子、其他植物种子和杂质的百分率必须填在检验证书规定的空格内。若一种成分的结果为零，须在适当空格内用"0.0"表示。若一种成分少于0.05%，则填报"微量"。

若需将净度分析结果（$x$）与标准规定值（$a$）相比较，其容许差距见表3-6。$|a-x| \geq$ 容许差距，则结果不符合规定结果。

表3-6　净度分析结果与标准规定值比较的容许差距
（5%显著水平的单尾检验）

| 标准规定值 | | 容许差距 | |
| --- | --- | --- | --- |
| 50%以上 | 50%以下 | 无稃壳种子 | 有稃壳种子 |
| 99.95~100.00 | 0.00~0.04 | 0.10 | 0.11 |
| 99.90~99.94 | 0.05~0.09 | 0.14 | 0.16 |
| 99.85~99.89 | 0.10~0.14 | 0.18 | 0.21 |
| 99.80~99.84 | 0.15~0.19 | 0.21 | 0.24 |
| 99.75~99.79 | 0.20~0.24 | 0.23 | 0.27 |
| 99.70~99.74 | 0.25~0.29 | 0.25 | 0.30 |
| 99.65~99.69 | 0.30~0.34 | 0.27 | 0.32 |
| 99.60~99.64 | 0.35~0.39 | 0.29 | 0.34 |
| 99.55~99.59 | 0.40~0.44 | 0.30 | 0.35 |
| 99.50~99.54 | 0.45~0.49 | 0.32 | 0.38 |
| 99.40~99.49 | 0.50~0.59 | 0.34 | 0.41 |
| 99.30~99.39 | 0.60~0.69 | 0.37 | 0.44 |
| 99.20~99.29 | 0.70~0.79 | 0.40 | 0.47 |
| 99.10~99.19 | 0.80~0.89 | 0.42 | 0.50 |
| 99.00~99.09 | 0.90~0.99 | 0.44 | 0.52 |

续表

| 标准规定值 | | 容许差距 | |
|---|---|---|---|
| 50% 以上 | 50% 以下 | 无稃壳种子 | 有稃壳种子 |
| 98.75 ~ 98.99 | 1.00 ~ 1.24 | 0.48 | 0.57 |
| 98.50 ~ 98.74 | 1.25 ~ 1.49 | 0.52 | 0.62 |
| 98.25 ~ 98.49 | 1.50 ~ 1.74 | 0.57 | 0.67 |
| 98.00 ~ 98.24 | 1.75 ~ 1.99 | 0.61 | 0.72 |
| 97.75 ~ 97.99 | 2.00 ~ 2.24 | 0.63 | 0.75 |
| 97.50 ~ 97.74 | 2.25 ~ 2.49 | 0.67 | 0.79 |
| 97.25 ~ 97.49 | 2.50 ~ 2.74 | 0.70 | 0.83 |
| 97.00 ~ 97.24 | 2.75 ~ 2.99 | 0.73 | 0.86 |
| 96.50 ~ 96.99 | 3.00 ~ 3.49 | 0.77 | 0.91 |
| 96.00 ~ 96.49 | 3.50 ~ 3.99 | 0.82 | 0.97 |
| 95.50 ~ 95.99 | 4.00 ~ 4.49 | 0.87 | 1.02 |
| 95.00 ~ 95.49 | 4.50 ~ 4.99 | 0.90 | 1.07 |
| 94.00 ~ 94.99 | 5.00 ~ 5.99 | 0.97 | 1.15 |
| 93.00 ~ 93.99 | 6.00 ~ 6.99 | 1.05 | 1.23 |
| 92.00 ~ 92.99 | 7.00 ~ 7.99 | 1.12 | 1.31 |
| 91.00 ~ 91.99 | 8.00 ~ 8.99 | 1.18 | 1.39 |
| 90.00 ~ 90.99 | 9.00 ~ 9.99 | 1.24 | 1.46 |
| 88.00 ~ 89.99 | 10.00 ~ 11.99 | 1.33 | 1.56 |
| 86.00 ~ 87.99 | 12.00 ~ 13.99 | 1.43 | 1.67 |
| 84.00 ~ 85.99 | 14.00 ~ 15.99 | 1.51 | 1.78 |
| 82.00 ~ 83.99 | 16.00 ~ 17.99 | 1.59 | 1.87 |
| 80.00 ~ 81.99 | 18.00 ~ 19.99 | 1.66 | 1.95 |
| 78.00 ~ 79.99 | 20.00 ~ 21.99 | 1.73 | 2.03 |
| 76.00 ~ 77.99 | 22.00 ~ 23.99 | 1.78 | 2.10 |
| 74.00 ~ 75.99 | 24.00 ~ 25.99 | 1.84 | 2.16 |
| 72.00 ~ 73.99 | 26.00 ~ 27.99 | 1.83 | 2.21 |
| 70.00 ~ 71.99 | 28.00 ~ 29.99 | 1.92 | 2.26 |
| 65.00 ~ 69.99 | 30.00 ~ 34.99 | 1.99 | 2.33 |
| 60.00 ~ 64.99 | 35.00 ~ 39.99 | 2.05 | 2.41 |
| 50.00 ~ 59.99 | 40.00 ~ 49.99 | 2.11 | 2.48 |

引自《农作物种子检验规程》（GB/T 3543）

## 第三节　其他植物种子数目的测定

### 一、测定目的

其他植物种子是指样品中除净种子以外的任何植物种类的种子单位，包括杂草和异作物种子两类。测定的目的是估测送验人所指定的其他植物种子的数目，包括泛指的种（如所有的其他植物的种）、专指某一类（如在一个国家里列为有害种）、特定的植物种（如匍匐冰草）。在国际贸易中这项分析主要用于测定有害或不受欢迎种子存在的情况。

根据送验者的不同要求，其他植物种子数目测定可分为完全检验、有限检验、简化检验和简化有限检验4种（ISTA，2020）。完全检验（complete test）是指从整个试验样品中找出所有其他植物种子的测定方法。有限检验（limited test）是指从整个试验样品中只限于找出指定种的测定方法。简化检验（reduced test）是指用规定的质量较小的部分样品的试验样品检验全部种类的测定方法。简化有限检验（reduced-limited test）是指用规定质量较小的部分样品的试验样品检验指定种的测定方法。

包衣种子净度分析的特殊性

### 二、测定方法

#### （一）试样质量

供测定其他植物种子的试样通常为净度分析试样质量的10倍，即约25 000个种子单位的质量，或与送验样品质量相同。但当送验者所指定的种较难鉴定时，可减少至规定试样量的1/5。

#### （二）分析测定

分析时可借助放大镜和光照设备。根据送验人的要求对试样逐粒观察，挑出所有其他植物的种子或某些指定种的种子，并数出每个种的种子数。当发现有的种子不能准确鉴定到所属种时，可鉴定到属。如为有限检验，那么只需找出与送验人要求相符合的一个或全部指定种的种子后，即可停止分析。

#### （三）结果计算

结果用实际测定试样质量中所发现的种子数表示。但通常折算为样品单位质量（kg）所含的其他植物种子数，以便比较。

其他植物种子含量（粒/kg）= 其他植物种子数 / 试验样品质量（g）× 1 000

#### （四）容许差距

当需要判断同一检验室或不同检验室对同一批种子的两个测定结果之间是否有明显差异时，可查其他植物种子计数的容许差距表（表3-7）。先根据两个测定结果计算出平均数，再按平均数从表中找出相应的容许差距。进行比较时，两个样品的质量须大体相等。

表 3-7　其他植物种子数目测定的容许差距<br>（5% 显著水平的两尾检验）

| 两次测定结果的平均值 | 容许差距 | 两次测定结果的平均值 | 容许差距 |
| --- | --- | --- | --- |
| 3 | 5 | 38 ~ 42 | 18 |
| 4 | 6 | 43 ~ 47 | 19 |
| 5 ~ 6 | 7 | 48 ~ 52 | 20 |
| 7 ~ 8 | 8 | 53 ~ 57 | 21 |
| 9 ~ 10 | 9 | 58 ~ 63 | 22 |
| 11 ~ 13 | 10 | 64 ~ 69 | 23 |
| 14 ~ 15 | 11 | 70 ~ 75 | 24 |
| 16 ~ 18 | 12 | 76 ~ 81 | 25 |
| 19 ~ 22 | 13 | 82 ~ 88 | 26 |
| 23 ~ 25 | 14 | 89 ~ 95 | 27 |
| 26 ~ 29 | 15 | 96 ~ 102 | 28 |
| 30 ~ 33 | 16 | 103 ~ 110 | 29 |
| 34 ~ 37 | 17 | 111 ~ 117 | 30 |
| 118 ~ 125 | 31 | 289 ~ 300 | 48 |
| 126 ~ 133 | 32 | 301 ~ 313 | 49 |
| 134 ~ 142 | 33 | 314 ~ 326 | 50 |
| 143 ~ 151 | 34 | 327 ~ 339 | 51 |
| 152 ~ 160 | 35 | 340 ~ 353 | 52 |
| 161 ~ 169 | 36 | 354 ~ 366 | 53 |
| 170 ~ 178 | 37 | 367 ~ 380 | 54 |
| 179 ~ 188 | 38 | 381 ~ 394 | 55 |
| 189 ~ 198 | 39 | 395 ~ 409 | 56 |
| 199 ~ 209 | 40 | 410 ~ 424 | 57 |
| 210 ~ 219 | 41 | 425 ~ 439 | 58 |
| 220 ~ 230 | 42 | 440 ~ 454 | 59 |
| 231 ~ 241 | 43 | 455 ~ 469 | 60 |
| 242 ~ 252 | 44 | 470 ~ 485 | 61 |
| 253 ~ 264 | 45 | 486 ~ 501 | 62 |
| 265 ~ 276 | 46 | 502 ~ 518 | 63 |
| 277 ~ 288 | 47 | 519 ~ 534 | 64 |

引自《农作物种子检验规程》（GB/T 3543）

## 第四节　部分植物种子的优良度测定

有些植物种子净度测定结果不足以反映种子的质量，需结合种子优良度对种子进行评定。特别是在调种过程中，急需了解种子质量时，种子优良度测定可作为一个简单快速的评价种子质量的指标。本节主要介绍种子优良度及棉花健籽率的测定技术。

### 一、种子优良度测定

种子优良度是根据种皮颜色、光泽，胚和胚乳的色泽、状态，以及种子的气味和味道等来判断种子的品质。这种方法通常用于种粒较大的栎类、油桐、油茶和樟树等树种。测定种子优良度的常用方法有解剖法、软 X 射线法和挤压法。

包衣种子其他植物种子的测定

#### （一）解剖法

从净度测定后的净种子中随机数取测定样品 100 粒（大粒种子 50 粒），4 次重复。用刀具顺胚纵切，以便看清整个胚。对于坚硬的种子，可先浸泡后纵切。然后观察胚和胚乳状况。凡种粒饱满、种胚健康、胚和胚乳色泽正常的种子都是优良种子，凡腐烂、受病虫害的、空粒和胚发育不健康的种子都是品质不良的种子。如果果实是由 2 室或多室子房形成的，若其中有 1 个健康的胚，也算优良种子。几种植物优良种子和不良种子的标准见表 3-8。

表 3-8　优良种子的标准

| 植物 | 优良种子 | 不良种子 |
| --- | --- | --- |
| 银杏 | 胚乳饱满，表面浅黄色，切开后胚乳呈黄绿色，胚浅黄绿色 | 胚乳干瘦，表面浅黄色，切开后呈白色石灰质状，胚干缩，深黄色或僵硬发霉 |
| 麻栎 | 种粒饱满，子叶硬且有弹性，淡黄白色，未发芽或虽已发芽但短未干 | 子叶较软，干缩，无弹性，拨动时有声，已发芽，且芽已干缩或子叶变褐色，有虫害 |
| 核桃 | 子叶乳白色，饱满，具香味 | 子叶灰黄色或褐黄色，干缩，有涩味 |
| 棕树 | 种仁饱满，胚健康淡黄色，并有樟脑气味 | 种仁变软发黑，腐烂或受病虫害，无胚种 |
| 油茶 | 内种皮紧贴子叶，子叶肥厚，乳黄色，饱满充实，有弹性 | 种子瘦小，子叶萎缩且呈蜡黄色，油变质 |
| 葵花子 | 子叶饱满，白色 | 子叶瘦秕，油蜡质 |

优良度是优良种子数占供试种子总数的百分率。组间的容许差距与发芽率相同。可参考发芽试验结果的处理方法来计算优良度。

#### （二）软 X 射线法

应用软 X 射线法，可以很好地测定种子的饱满度。优良种子是指种子呈白色，透明，内部组织均匀，有立体感，胚或内含物饱满的种子。低劣种子的胚不明显或很小或变形，胚和胚乳明显缩小。空粒是指种子无胚或无胚乳的种子。半仁粒的胚乳缩成一团与种皮分离。破损粒指种皮、胚、胚乳有一处破裂或分离，或种内部有虫蛀痕迹。取100粒（大粒50粒）种子，共4次重复，检测后计算优良度，容许差距同发芽试验。部分树种软X射线造影或观察条件如表3-9所示。

表 3-9 软 X 射线造影或观察条件

| 树种 | 电压/kV | 电流/mA | 树种 | 电压/kV | 电流/mA |
| --- | --- | --- | --- | --- | --- |
| 香椿 | 10 | 6 | 乌桕 | 15 | 9 |
| 金钱松 | 10 | 6 | 柿子 | 15 | 9 |
| 杉木 | 10 | 6 | 华山松 | 20 | 18 |
| 木荷 | 10 | 6 | 油桐 | 20 | 18 |
| 马尾松 | 12 | 7 | 油松 | 12 | 10 |
| 湿地松 | 15 | 9 | 红松 | 25 | 20 |
| 侧柏 | 15 | 9 | 池杉 | 20 | 30 |
| 合欢 | 10 | 15 | 杜仲 | 15 | 20 |

### （三）挤压法

此法适于特小粒种子。其方法是取试样4份，每份100粒种子，用水煮10 min，每重复置于两块载玻片间挤压，饱满种子可挤出正常的种仁，空粒的种子挤出水，变质的种子挤出黑色种仁。

对于含油分高的特小粒种子，可放在两张白纸之间，用瓶滚压，凡显出油点的为好种子，无油点的为空粒。这种方法对酸败变质的种子与好种子难以区分。

## 二、棉花种子健籽率测定

健籽率是指在净度测定后的净种子样品中，除去嫩籽、瘦籽、走油的酸败籽等成熟度差的种子，留下的健壮种子粒数占样品总粒数的百分率。健籽率测定有剪籽法和开水烫种法。

### （一）剪籽法

从净度分析后的净种子中，取试样4份，每份100粒，逐粒用剪刀（或用刀）将棉籽横向切开，然后根据色泽和饱满度进行鉴别。凡是种仁色泽洁白，油点明显，籽仁饱满者为健籽；色泽浅褐、深褐，油点不明显，籽仁瘦瘪者为非健籽。

### （二）开水烫种法

从净度分析后的净种子中，取试样4份，每份100粒，将试样分别置于水杯中，用开水浸烫，并搅拌5 min，待棉籽短绒浸湿后，取出放在白瓷盘中，凡是呈深褐色和深红色的为成熟籽即健籽，呈浅褐色、浅红色、黄白色的为不成熟籽。此法只适于刚收获的没有贮藏发热、发霉的新种子。

按下列公式计算健籽率，4 次分析的平均值为最终结果。

$$健籽率 = \frac{供检棉籽数 - 非健籽数}{供检棉籽数} \times 100\%$$

**思考题**

1. 试述种子净度分析的意义、方法与标准。
2. 如何做好净度分析中的结果处理和计算工作？
3. 如何设计种子优良度的测定方法？

**数字课程资源**

教学课件　　　自测题

# 第四章

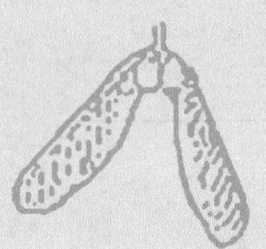

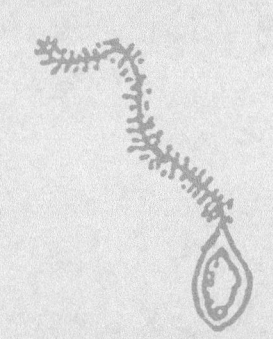

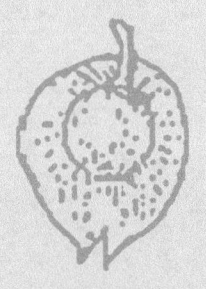

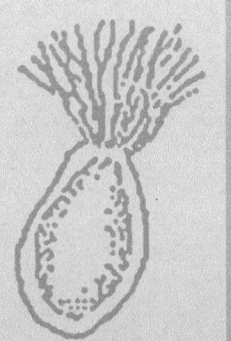

# 种子发芽试验

　　种子发芽试验的目的是测定和评估种子批的种用价值。种子批的种用价值取决于种子批的净度和发芽率。净度高、发芽率低的种子批不适于作为种用。发芽率高、净度低时，可采取种子清选处理。发芽试验就是测定种子批的发芽百分率，从而比较不同种子批间播种价值的差异，规范化的发芽试验方法在评价种子批的种用价值时具有重要意义。

## 第一节 种子发芽与幼苗鉴定

### 一、种子发芽的概念及重要性

#### （一）种子发芽的概念

种子发芽（germination）是指在适宜条件下种子萌发和发育到一定程度，其幼苗构造表明在田间适宜条件下能进一步生长成为正常的植株。因此，准确判断幼苗结构是种子发芽试验的关键。国际和我国的种子检验规程都要求种子发芽鉴定标准采用幼苗鉴定，根据种的不同，分别从根系、胚轴、子叶、初生叶、顶芽及其周围组织、芽鞘和第一片叶、整株幼苗进行鉴定。依据幼苗鉴定标准，种子的这种在适宜条件下发芽并长成正常植株的能力称为发芽力（germinability）。发芽力通常用发芽势和发芽率来表示。发芽势（germination energy）是指在规定的条件下，初次计数时间内长成的正常幼苗数占供检种子数的百分率。发芽势高，则表示种子活力强，发芽迅速、整齐，增产潜力大。发芽率（germination percentage）是指在规定的条件下，末次计数时间内长成的正常幼苗数占供检种子数的百分率。发芽率高，则表示有生活力的种子多，播种后出苗率高。

#### （二）种子发芽试验的目的与意义

种子发芽试验的目的是测定种子批的最大发芽潜力，据此可以比较不同种子批的质量，也可估测田间播种价值（种用价值）。种用价值＝种子净度×种子发芽率。发芽试验对种子经营和农业生产具有极为重要的意义。在经营中，买卖双方根据发芽率的高低决定经营行为；在生产上，根据发芽率的高低确定播种量的多少；在种子加工、贮藏过程中，发芽率为确定正确的加工、贮藏程序提供重要的依据。

在田间条件下，环境错综多变，发芽条件的不一致性导致发芽结果不稳定，重演性差。但在实验室内，发芽条件可人为控制，并做到标准化，使该种子样品的发芽更整齐、迅速、完全，结果准确可靠。因此，作为判断理想状况下种子能否发芽的种子发芽试验便显得尤为重要。

### 二、幼苗结构

#### （一）幼苗构造与幼苗生长习性

1. 幼苗构造

幼苗的所有主要构造都是由种胚在发育期间分化出来的组织衍生而来。幼苗构造因作物种类的不同而有明显的差异。

（1）双子叶幼苗的主要构造

双子叶幼苗的主要构造包括子叶出土型和子叶留土型两类。子叶出土型幼苗（如大豆、菜豆等）的主要构造包括初生根、次生根、下胚轴或上胚轴、子叶、初生叶和顶芽等部分（图4-1）。子叶留土型幼苗（如豌豆、蚕豆等）的主要构造包括初生根、次生根、上胚轴、子叶、初生叶、鳞叶和顶芽等。

（2）单子叶幼苗的主要构造

单子叶幼苗与双子叶幼苗的主要构造有所不同，其构造通常高度特化和专一化，也可分为子叶出土型和子叶留土型两类。子叶出土型幼苗（如洋葱等）的主要构造由初生根、不定根和管状子叶等组成。子叶留土型幼苗（如玉米等）的主要构造包括初生根（种子根）、次生根、不定根、中胚轴、胚芽鞘和初生叶等（图4-2）。

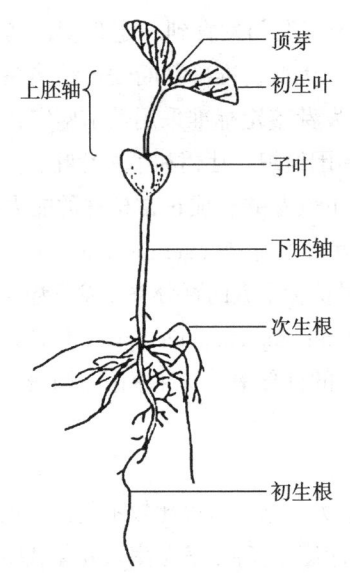 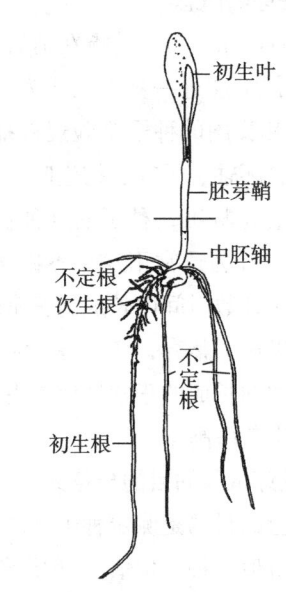

图4-1 双子叶（大豆）幼苗的主要构造
（引自《农作物种子检验规程实施指南》）

图4-2 单子叶（玉米）幼苗的主要构造
（引自《幼苗鉴定实用手册》）

（3）多子叶幼苗的主要构造

一般林木种子的针叶树种类（如松科等）的幼苗具有多枚针状子叶，故称为多子叶植物。其幼苗主要由初生根、下胚轴、子叶和顶芽等构造组成（图4-3）。

2. 幼苗生长习性

种子萌发过程大致可以分为4个阶段：一是吸收水分；二是细胞的活化，基本代谢活动开始；三是细胞延长和分裂；四是发芽出土，建成完整的植株体。种子萌发后，幼苗顶出土壤。按子叶表现不同，可分为子叶出土型和子叶留土型两类。

（1）子叶出土型

农作物、园艺作物和木本植物的许多种为子叶出土型。初生根伸出后，下胚轴伸长，初期弯曲成弧形，拱出土面后逐渐伸直，最后将子叶和幼梢带出土面，子叶变绿，展开并形成幼苗的第一个光合作用器官，接着上胚轴和顶芽伸长生长。菜豆种子发芽过程详见图4-4。

（2）子叶留土型

多数单子叶植物（如禾本科）、豆科的一些大粒种子（如蚕豆和豌豆种子）和其他一些树

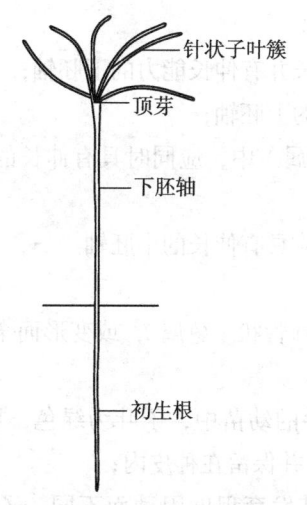

图 4-3 多子叶松属幼苗的主要构造
（引自《幼苗鉴定实用手册》）

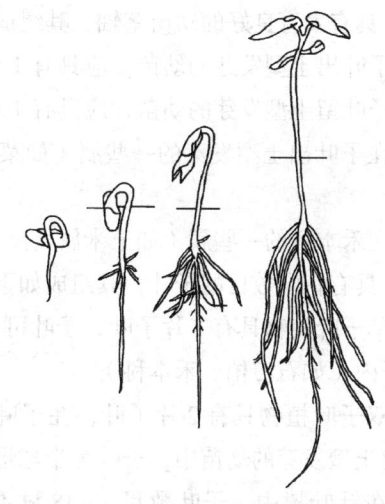

图 4-4 菜豆种子发芽过程
（引自《幼苗鉴定实用手册》）

种（如栎属）属于子叶留土型。发芽期间下胚轴几乎不伸长，子叶留在土壤中的种皮内，直至内部养料耗尽而逐渐解体。禾本科种子发芽时，胚芽鞘和中胚轴伸长，几乎看不到上胚轴伸长，首先进行光合作用的是初生叶或胚芽中长出的第一片真叶。豌豆种子发育过程详见图 4-5。

### 三、幼苗鉴定标准

种子萌发后长成的幼苗可分为正常幼苗和非正常幼苗，依据根系（13 种缺陷）、胚轴（12 种缺陷）、子叶（14 种缺陷）、初生叶（7 种缺陷）、顶芽及周围组织（4 种缺陷）、芽鞘和第一片叶（14 种缺陷）以及整株幼苗（9 种缺陷）进行鉴定，凡是幼苗在鉴定时被认定有 1 种缺陷存在，就归类为不正常幼苗。此外，可能还有一部分是不发芽种子。只有正常幼苗才用于计算种子的发芽率。

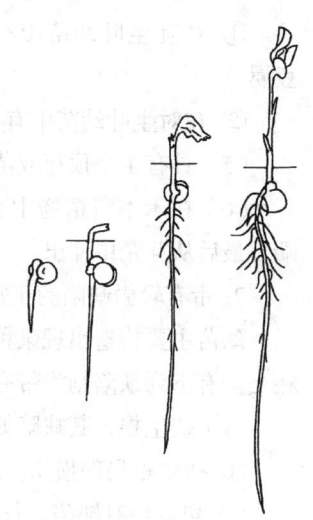

图 4-5 豌豆种子发芽过程
（引自《幼苗鉴定实用手册》）

#### （一）正常幼苗

正常幼苗是指在良好土壤及适宜的水分、温度和光照条件下，具有继续生长成为正常植株潜力的幼苗。我国规程把正常幼苗分为 3 类，即完整正常幼苗、带有轻微缺陷的正常幼苗和次生感染的正常幼苗。

1. 完整正常幼苗

幼苗主要构造生长良好、完全、匀称和健康。因种不同，应具有下列构造。

（1）具有发育良好的根系，其组成如下：

① 细长的初生根，通常长满根毛，末端细尖；

② 在规定试验时期内产生的次生根；

③ 在燕麦属、大麦属、黑麦属、小麦属和小黑麦属中，由数条种子根代替 1 条初生根。

（2）具有发育良好的幼苗茎轴，其组成如下：

① 子叶出土型发芽的幼苗，应具有1个直立、细长并有伸长能力的下胚轴；

② 子叶留土型发芽的幼苗，应具有1个发育良好的上胚轴；

③ 在子叶出土型发芽的一些属（如菜豆属、花生属）中，应同时具有伸长的上胚轴和下胚轴；

④ 在禾本科的一些属（如玉米属、高粱属）中，应具有伸长的中胚轴。

（3）具有特定数目的子叶，其组成如下：

① 单子叶植物具有1片子叶，子叶可为绿色，呈圆管状（葱属），或变形而全部或部分遗留在种子内（如石刁柏、禾本科）；

② 双子叶植物具有2片子叶，在子叶出土型发芽的幼苗中，子叶为绿色，展开呈叶状；在子叶留土型发芽的幼苗中，子叶为半球形和肉质状，并保留在种皮内；

③ 在针叶树中，子叶数目2~18枚不等，通常其发育程度因种而不同。子叶呈绿色而狭长。

（4）具有展开、绿色的初生叶，其组成如下：

① 在互生叶幼苗中有1片初生叶，有时先发生少数鳞状叶，如豌豆属、石刁柏属、蚕豆属；

② 在对生叶幼苗中有2片初生叶，如菜豆属。

（5）具有1个顶芽或苗端，其发育程度因所检验的种的不同而不同。

（6）在禾本科植物中有1个发育良好、直立的芽鞘，其中包着一片绿色初生叶延伸到顶端，最后从芽鞘中伸出。

2. 带有轻微缺陷的正常幼苗

幼苗主要构造出现某种轻微缺陷，但在其他方面能均衡生长，并与同一试验中的完整幼苗相当。有下列缺陷则为带有轻微缺陷的正常幼苗。

（1）初生根，其缺陷如下：

① 初生根局部损伤，或生长稍迟缓；

② 初生根有缺陷，仅次生根发育良好，特别是豆科中一些大粒种子的属（如菜豆属、豌豆属、巢菜属、花生属、豇豆属和扁豆属）、禾本科中的一些属（如玉米属、高粱属和稻属）、葫芦科所有属（如甜瓜属、南瓜属和西瓜属）和锦葵科所有属（如棉属）；

③ 燕麦属、大麦属、黑麦属、小麦属和小黑麦属中只有1条强壮的种子根。

（2）下胚轴、上胚轴和中胚轴局部损伤。

（3）子叶，其缺陷如下：

① 子叶局部损伤，但子叶组织总面积的1/2或1/2以上仍保持着正常的功能，并且幼苗顶端或其周围组织没有明显的损伤或腐烂；

② 双子叶植物仅有1片正常子叶，但其幼苗顶端或其周围组织没有明显的损伤或腐烂；

③ 具有3片子叶而不是2片子叶（采用"50%规则"）。

（4）初生叶，其缺陷如下：

① 初生叶局部损伤，但其组织总面积的1/2或1/2以上仍保持着正常的功能（采用"50%规则"）；

② 顶芽没有明显的损伤或腐烂，有 1 片正常的初生叶，如菜豆属；
③ 菜豆属的初生叶形状正常，大于正常大小的 1/4；
④ 具有 3 片初生叶而不是 2 片，如菜豆属（采用"50% 规则"）。
（5）芽鞘，其缺陷如下：
① 芽鞘局部损伤；
② 芽鞘从顶端开裂，但其裂缝长度不超过芽鞘的 1/3（对于玉米，如果胚芽鞘有缺陷，但第 1 叶完整或仅有轻微缺陷的幼苗仍可认为是正常幼苗）；
③ 受内外稃或果皮的阻挡，芽鞘轻度扭曲或形成环状；
④ 芽鞘内的绿叶，虽然没有延伸到芽鞘顶端，但至少要达到胚芽鞘的 1/2。
3. 次生感染的正常幼苗
由真菌或细菌感染引起，使幼苗主要构造发病和腐烂，但有证据表明病原不来自种子本身。

（二）**非正常幼苗**

非正常幼苗是指在良好土壤及适宜的水分、温度和光照条件下，不能生长成为正常植株的幼苗。我国规程把非正常幼苗分为 3 类，即受损伤的幼苗、畸形或不匀称的幼苗和腐烂幼苗。

1. 受损伤的幼苗

由机械处理、加热、干燥、冻害及化学处理、昆虫损害等外部因素引起种子伤害，使幼苗构造残缺不全或受到严重损伤，以致不能均衡生长者。如子叶或苗端破裂或幼苗其他部分完全分离，引起不正常；下胚轴、上胚轴或子叶有裂缝和裂口；胚芽鞘损伤或顶端破损；初生叶有裂口、缺失或发育受阻等症状。

2. 畸形或不匀称的幼苗

由于种子老化等内部因素引起种子发芽的生理紊乱而造成幼苗生长细弱，或存在生理障碍，或主要构造畸形，或不匀称者。引起生理劣变的因素可在种子所处的不同时期，如亲本植物处于不利的生长条件下，种子处于较差的成熟环境，过早收获，受除草剂或杀虫剂等的伤害，不利的贮藏条件，某些遗传因素或种子自然老化所致等。不正常幼苗特征包括初生根生长发育迟缓或过于纤细；下胚轴、上胚轴或中胚轴缩短或变粗，形成环状、扭曲或呈螺旋状；子叶卷曲、变色或坏死；胚芽鞘缩短、畸形或形成裂口、环状、扭曲或呈螺旋状；反向生长（芽弯曲向下，根具有负向地性）；缺乏叶绿素（幼苗黄化或白化）；幼苗过于纤细或呈玻璃透明状水肿。

3. 腐烂幼苗

由初生感染（病源来自种子本身）引起，使幼苗主要构造发病和腐烂，并妨碍其正常生长者。

（三）**不发芽种子**

在发芽试验末期仍不发芽的种子，可分为以下几种情况：

1. 硬实

由于不能吸水而在发芽试验末期仍保持坚硬的种子。

2. 新鲜不发芽种子

在发芽试验条件下，既非硬实，也不发芽而保持清洁和坚硬，具有生长成为正常幼苗潜力的种子。此类种子的不发芽由生理休眠所引起。

### 3. 死种子

在发芽试验末期,既不坚硬,也不新鲜,也没有生长迹象的种子。

### 4. 其他类型

如空的、无胚或虫蛀的种子。

#### 四、常见作物种子正常幼苗和非正常幼苗形态特征

对于常见的作物种子,有必要了解和掌握其正常幼苗和非正常幼苗形态特征,这是开展种子发芽试验的基础。这些常见的作物包括水稻、玉米、小麦、大豆、棉花、番茄和芸薹属等。

## 第二节　种子发芽试验设施

进行种子发芽试验必须具有各种标准的和先进的发芽设备,以满足种子发芽的各种要求,保证取得正确的发芽试验结果。常用的发芽设备主要包括以下几种:发芽床、发芽器皿、数种设备、发芽箱和发芽室。不同实验室使用的发芽设备可能有所不同。

### 一、发芽床和发芽器皿

#### (一)发芽床

发芽床也称发芽基质,是持续供应种子发芽和幼苗初期生长发育的衬垫物。通常采用纸、砂、蛭石、有机基质、纱布、毛巾和海绵等。我国现行的规程(GB/T 3543)规定发芽床的材料一般情况下只使用纸和砂,土壤和其他介质不宜作为初次试验的发芽床。ISTA规程(2020)增加了琼脂培养基作为个别植物种子的发芽床。但无论使用哪种发芽床,应要求保水性好,通气性好,无毒质和病菌,有一定强度,pH控制在6.0~7.5。

#### 1. 纸床

纸床是种子发芽试验中使用最多的一类发芽床。纸床多用于中、小粒种子的发芽,如水稻、小麦、高粱、黍稷、谷子、油菜、芝麻、烟草和多数禾本科牧草等。供做发芽试验的纸类主要有专用发芽纸、滤纸和纸巾等。发芽纸有不同颜色,如蓝色、棕色和白色等,但幼根在蓝色发芽纸上呈现得更清楚。发芽纸应具备纸质韧性好,持水性强,无毒质,无病菌等特点。

纸床主要有4种使用方法:纸上(top of paper, TP)、纸间(between paper, BP)、褶折纸(pleated paper, PP)和纸上盖砂(top of paper covered with sand, TPS)。

(1) 纸上

纸上方法是将种子播放在1层或多层湿润的纸上发芽,包括3种方式:①在培养皿里垫上两层充分湿润的发芽纸,播种后盖好盖或用塑料袋罩好,放入发芽箱或发芽室进行发芽试验。②直接放在发芽箱的盘上,盘上是湿润的发芽纸或脱脂棉,种子播在上面。箱内的相对湿度尽

可能接近饱和，以防干燥。③放在雅可勃逊发芽器上，它配有放置发芽纸的发芽盘。将灯芯通过发芽盘的缝隙或小孔，伸入下面的水浴槽，以保持发芽床湿润。为防止水分蒸发，给发芽床盖上一个钟形罩，罩顶部有一孔，可以通气而不过度蒸发。

（2）纸间

纸间方法是将种子放在两层纸中间，包括3种方式：①用一层发芽纸轻轻地盖在种子上。②将种子均匀放置在湿润的发芽纸上，再将另一张同样大小的发芽纸覆盖在种子上，然后卷成纸卷，两端用橡皮筋或绳子扣住，立放。立放的纸卷使得胚芽朝上生长，胚根朝下生长，有利于幼苗的分离和鉴定，而且节省空间。该法适宜于大、中粒种子进行发芽试验，也常用于幼苗生长测定来评估种子活力。③把种子放在湿润的纸封里，可平放或立放。

（3）褶折纸

将种子放在类似手风琴的具有褶折的纸条内，播种后放在盒内或直接放在发芽箱内，并用1条宽阔的纸条包在褶折纸的周围，防止干燥过快。通常折成50个褶，每褶播2粒种子。这种方法特别适用于多胚结构的种子，如甜菜、新西兰菠菜和伞形科未分离的分果。这种发芽床可将甜菜种子隔开，幼苗发芽后果壳与幼苗好对应、易观察，同时亦可减少幼株根部的相互缠绕，便于发芽幼苗的计数，得出正确的计数结果，提高发芽试验的准确度（杨奇等，2003）。因此，杨奇等建议将褶折纸法作为甜菜种子发芽试验方法加入到规程中。

2. 砂床

砂床是种子发芽试验中较为常用的一类发芽床。虽然砂粒较重，使用起来不太方便，而且不干净，占用空间大，但砂床更接近种子发芽的自然环境，特别是对受病菌感染或种子处理引起毒性或在纸床上幼苗鉴定困难的种子，选用砂床发芽更合适。砂子的质量好坏直接关系到发芽试验的结果，为了控制质量，应选用直径在 0.05~0.8 mm 范围内无任何化学药物污染的砂粒。因此，使用前需用清水洗涤砂粒，除去污染物和有毒物质，随后在 130℃ 高温下烘干 1~2 h。

砂床有两种使用方法：砂上和砂中。

（1）砂上

将种子压入砂的表面，湿砂厚度 2~3 cm，适用于小粒种子的发芽试验。

（2）砂中

将种子播放在平整的湿砂上，湿砂厚度 2~4 cm，然后根据种子的大小加盖 1~2 cm 厚的湿砂。此法适用于大、中粒种子。

3. 纸床与砂床结合

纸上盖砂：种子在一种湿润的绉纱纤维素纸上发芽，上面覆盖 2 cm 厚的干砂层。绉纱纤维素纸是一种多层纸垫。

此外，有些种子也可以用有机质作为发芽介质，有机质的使用类似砂床，也分为有机质上（top of organic growing medium，TO）和有机质中（organic growing medium，O）。在有些特殊发芽试验中会用到土壤作发芽床。土壤虽是种子发芽的最适环境，但土壤成分各异，很难做到标准化。因此它不适合常规种子发芽试验，但可将其作为重新试验的发芽基质。

（二）发芽皿、发芽盘、发芽盒等

发芽试验时需要发芽容器作为介质来安放发芽床。发芽皿、发芽盘和发芽盒等均可作为发芽容器。发芽容器必须透明、保湿、无毒，具有一定的种子发芽和发育的空间，确保一定的 $O_2$ 供应。发芽皿（培养皿）应易清洗和易消毒，并配有盖，可采用高 5~10 cm 的透明聚乙烯盒，其尺寸可因种子大小而异。如供禾谷类中粒种子发芽的尺寸为 10 cm×10 cm×5 cm，大豆、玉米等的为 15 cm×20 cm×8.5 cm。发芽盒在种子发芽试验中应用得较多，分为方形和长形。方形发芽盒大小 12 cm×12 cm×6 cm，适用于 100 粒的小粒和中粒种子（如水稻、小麦等）的发芽试验；长方形发芽盒大小 13 cm×19 cm×10 cm，适用于 50 粒的大粒种子（如玉米等）的发芽试验。Aubry 法测定大麦种子发芽率采用一种 30 cm×40 cm 的不锈钢发芽盘，边缘高 1 cm，底面有足够多的直径为 8~10 mm 的圆孔（鲍洪恩和王世霞，1994）。

## 二、发芽设备

发芽设备主要有用于测定种子数的数种设备、保证种子发芽所需的环境条件的设备，如发芽箱、发芽室等。

### （一）数种设备

1. 活动数粒板

活动数粒板由固定下板和活动上板组成，其板面大小刚好与所数种的发芽容器相适应。上板和下板均开有与种子大小和形状相适应的 50 或 25 个孔。其配有边框，以防种子四面散落，并在一边开有缺口，以使多余种子下落，固定下板有槽，使活动上板定位。活动数粒板可数种和置床两用，主要适用于大粒种子和脱绒棉籽等。

2. 真空数种器

真空数种器通常由数种头、气流阀门、调压阀、真空泵和连接皮管或耐压塑料软管组成。数种头有圆形、方形和长方形 3 类，其大小与所用的发芽容器的形状和大小相适应，其面板按规程要求的重复或副重复的数量，开有 100、50 或 25 个数种孔，其孔径大小也与种子类型相适应。目前使用较多的有 ZL-2000 系列和 BJ45-ZL-2000B 型以及进口的 VPWS220 型等真空数种器。真空数种器用于种子发芽试验过程中的数种、吸种和置种，多适用于形状规则和较为光滑的种子，如禾谷类、芸薹属和三叶草属中的各个种。真空数种器因其数粒准确，数种完毕后就可直接置床，使用十分方便，目前应用最为广泛。

3. 电子自动数粒仪

电子自动数粒仪是目前种子数粒的有效工具，可用于千粒重测定、发芽计数和播种粒数等需要的种子数粒，可对各种主要粮食作物，如稻、麦、高粱、玉米等种子进行自动计数。目前国内外有各种型号的电子自动数粒仪，国内如 PME 型和 PME-1 型电子自动数粒仪以及 SLyⅡ-Ⅰ型。PME 型同时适用于大、小粒种子，PME-1 型仅适用于小粒种子。

### （二）发芽箱与发芽室

发芽箱和发芽室是为种子发芽提供适宜条件（即温度、湿度、光照）的设备。它们必须满足以下条件：①维持温度变化在 ±1℃ 范围内，注意不包括开门引起的温度变化；②当变换温度时，一般应能在 30 min 内迅速转换过来；③如果试验的物种需要光照，必须有光控功能；④如果发芽种子没加盖或封口，应有加湿装置，以保证发芽床的湿润。在没有加湿装置的情况下，往往进行人工加湿。

1. 光照发芽箱

该发芽箱具有加温、供湿和光照多种功能。我国生产的 LRH-250-GⅡ型微电脑控制光照发芽箱，是具有光照功能的高精度冷热恒温设备。其结构由箱体、制冷系统、加热系统、气流循环系统、光照系统和控制系统等部分组成。此外还有 GTOP 系列光照发芽箱，它们的一个突出特点是可根据不同实验要求选择不同的光照强度，例如种子发芽选用 3 500 lx，幼苗生长选用 7 500 lx。

2. 人工气候箱

这种类型的气候箱，装备有制冷、加热、加湿、光照和风扇等系统，采用微机控制技术，具有自动快速变温、变光和调湿功能，能完全满足各种作物种子发芽所需的条件，可按发芽试验技术规定任意设置，并具有停电次数提示、自动时差纠正、超欠温报警和延迟启动保护等功能。目前我国已设计和生产有几种类型的人工气候箱，如 LRH-250GS 型和 SG2-22 型人工气候箱等均是具有光照、加湿功能的高精度冷热恒温设备，已广泛应用于种子发芽试验。

3. 电热恒温培养箱

这是目前使用最普遍的一类发芽箱，主要由保温、加热和控温等部分组成。保温部分即为箱身，目前多由具有隔热材料的夹层金属皮构成；加热部分多为电热丝；温控部分目前多采用电接点水银导电表——继电器进行温度自动控制。此类发芽箱使用十分方便，只要旋转磁性螺帽，将温度计中的温度指示块调节到发芽所需温度即可。目前市场上有 HC12 系列、DFG 系列、DHP 系列、DPX 型和 BS14 型等各种电热恒温培养箱。

4. 发芽室

发芽室可被认为是一种改良的大型发芽箱，其构造原理与发芽箱相似，但空间扩大，中间为走道，两边置有发芽架。我国已在上海、山东和浙江等省市的种子检验室中装备了目前国内最先进的种子发芽室，即人工气候室，它能模拟自然界的各种气象条件，按照实验要求精确控制室内的温度、湿度、光照以及 $CO_2$ 等指标，模拟各种气候环境。每间发芽室面积 12~15 m$^2$，墙壁和天花板装有保温隔热材料，室内装有冷暖风机、除湿机、通风换气箱、臭氧发生器和紫外消毒灯等设备，并装有自动加湿、控温和自动进水系统的种子发芽车。发芽室一般适合于要求同一种条件的大批量种子恒温发芽用，不适于变温或同时完成多个物种发芽用。

# 第三节　标准发芽试验方法

## 一、种子发芽前的准备

### （一）发芽床、发芽温度的确定

按附表 2 农作物种子的发芽技术规定，选用最合适的发芽床和发芽温度。每一物种列出 1~3 种发芽床。一般来说，中、小粒种子用纸上发芽床，中粒种子也可用纸间发芽床或砂床，如大麦、小麦、水稻和油菜种子的发芽试验按规程上的纸床法和砂床法是可以通用的（张耀文，2000；蒋步银，2001）。大粒种子和对水分敏感的中、小粒种子宜用砂床发芽。非休眠种子可选用纸上和纸间。

发芽温度是指发芽床上种子所处平面上的温度，而不是指空气或水温。每一物种列出1~3种温度条件，包括恒温和变温，可以根据物种特征、实验室条件或个人喜好选择发芽温度。休眠种子选用变温或较低恒温发芽较为有利。烟草、茄子、牛蒡、薏苡、瓜尔豆、龙爪稷、黄秋葵、豆瓣菜、柽麻和瓠瓜等种子只规定使用变温。麦类、蚕豆、豌豆、白羽扇豆、甜菜和葱类等耐寒作物一般采用20℃恒温。玉米、水稻、大豆、绿豆、黑豆、棉花、高粱、黄瓜、西瓜、甜瓜和辣椒属等喜温作物则通常采用20~30℃变温，亦可使用25℃恒温（辣椒属除外）。油菜、甘蓝、大白菜和根芥菜等芸薹属作物则采用15~25℃变温或20℃恒温发芽。

例如玉米种子，附表2中规定发芽床采用纸间（BP）和砂中（S），发芽温度有3种：恒温，20℃和25℃；变温，20~30℃。因玉米种子是大粒种子，最好选用砂中作为发芽床，砂中发芽更能反映其田间的发芽条件。至于温度，3种温度条件都可采纳，一般采用25℃恒温或20~30℃变温发芽。

（二）种子发芽前的处理及样品的准备

1. 种子发芽前的处理

我国规程规定用作发芽试验的种子为净种子，因此在种子发芽试验之前应先做净度分析，去除杂质和其他植物种子。如果试验样品由于贮藏时间等的原因而发霉、生虫，就有必要进行晒种、熏蒸等种子处理。福美双、萎锈灵、克菌丹、苯菌灵、有机汞制剂和硫酸铜等杀菌剂处理是杀灭种子携带病菌常用的方法（Desai 等，1997；颜启传等，2002）。中国农业大学种子实验室将不健康种子通过 NaClO 处理 5~10 min，杀菌效果明显。

许多种子由于存在休眠，直接进行发芽试验往往不能快速、整齐、良好地萌发。种子发芽前的处理主要是解决有休眠种子的休眠问题。因此，在发芽试验之前需经破除休眠处理，在附表2中第7栏的"附加说明"中已列出了许多农作物种子破除休眠处理的方法，可以参照进行种子发芽前的处理。

按置床时间可将破除休眠的处理分为3类：①种子置床前先进行破除休眠处理，如去壳、加温、机械破皮、预先洗涤及 $KNO_3$ 浸渍等处理，然后置床发芽。例如花生果先剥壳，预先加温处理；稻属种子经预先加温或 $KNO_3$ 浸渍处理等。②种子置床后进行破除休眠处理，如预先冷冻处理，先将种子置于湿润的发芽床上，按规定条件处理一定时间后再进行发芽试验。例如葱属、芸薹属等的种子，需先冷冻处理。③湿润发芽床处理，如使用 $KNO_3$、$GA_3$ 处理时，可使用 2 g/L $KNO_3$ 溶液或 0.5~1 g/L $GA_3$ 溶液湿润发芽床。主要作物种子休眠的破除方法见表4-1。

表4-1 主要作物种子休眠的破除方法

| 作物 | 休眠破除方法 |
| --- | --- |
| 水稻 | 播前晒种 2~3 d；40~50℃处理 7~10 d；机械去壳；0.1 mol/L $HNO_3$ 浸 16~24 h；3% $H_2O_2$ 浸 24 h；赤霉素处理 |
| 大麦 | 播前晒种 2~3 d；39℃处理 4 d；低温预措（种子置湿润发芽床上，8~10℃保持 3 d，再移至20℃发芽）；针刺胚轴（先撕去胚部稃壳）；1.5% $H_2O_2$ 浸 24 h；赤霉素处理 |

续表

| 作物 | 休眠破除方法 |
|---|---|
| 小麦 | 播前晒种 2~3 d；40~50℃处理数天；低温预措；针刺胚轴；1% $H_2O_2$ 浸 24 h；赤霉素处理 |
| 玉米 | 播前晒种；35℃发芽 |
| 棉花 | 播前晒种 3~5 d；去壳或破损种皮；92.5%工业硫酸脱绒；赤霉素处理 |
| 花生 | 40~50℃处理 3~7 d；乙烯处理 |
| 油菜 | 挑破种皮；低温预措；变温发芽（15~20℃，每昼夜在 15℃保持 16 h，25℃处理 8 h） |
| 各种硬实 | 日晒夜露；通过碾米机，机械擦伤种皮；温汤浸种或开水浸种；切破种皮；浓硫酸处理（如 98% $H_2SO_4$ 处理甘薯 4~8 h；苕子 5~9 min）；红外线处理 |
| 马铃薯（块茎） | 切块或切块后在 0.5%硫脲中浸 4 h；1%氯乙醇中浸 0.5 h；赤霉素处理 |
| 甜菜 | 20~25℃浸种 16 h；25℃浸 3 h 后略使干燥，在潮湿状态下于 25℃中保持 33 h；剥去果帽（果盖） |
| 菠菜 | 1 g/L $KNO_3$ 浸种 24 h；剥去果皮，砂床发芽 |
| 莴苣 | 赤霉素处理；PEG 引发破除热休眠 |

（引自《种子贮藏原理与技术》）

按处理方式不同又可将破除休眠处理分为温度处理、机械损伤处理、化学试剂处理和层积处理等。

（1）温度处理

温度处理主要包括预先冷冻、加热干燥、开水烫种和温水处理 4 类。预先冷冻是在试验前，将各重复种子放在湿润的发芽床上，5~10℃预冷处理数天至数月。如麦类种子在 5~10℃处理 3 d，然后在规定温度下进行发芽。加热干燥是将发芽试验的各重复种子摊成一薄层，放在通气良好的条件下，于 30~40℃干燥数天。开水烫种适用于棉花和豆类种子的硬实，发芽试验前用开水烫种 2 min，再行发芽。一年生豆科植物葫芦巴种子硬实现象严重，种子硬实率可高达约 50%，用 90℃热水浸种 5 min 可有效破除硬实（Pandita 等，1999）。温水处理是除去甜菜、菠菜等种子发芽抑制物质的有效方法，一般甜菜复胚种子用温水洗涤 2 h，遗传单胚种子洗涤 4 h，菠菜种子洗涤 1~2 h，可除去发芽抑制物质。

（2）机械损伤处理

机械损伤处理可以改变种皮结构的状况和消除种皮对萌发的阻碍作用，是破除硬实的有效方法。小心地把种皮刺穿、削破、锉伤或砂皮纸摩擦、切割和去壳等均是行之有效的方法，但不能伤及种胚。将预先浸好的大麦种子剥去胚部种皮，用细针在胚轴处刺入，可以有效破除休眠（葛振声，1994）。牧草种子休眠问题比较严重，据朱宇旌和刘艳（2003）报道，对百脉根种子进行硬实处理，用 80 目纱布作相对旋转运动进行摩擦，结果使发芽势从 25.7% 提高到 89.0%，发芽率从 29.0% 提高到 92.3%。易福华等（1994）应用去壳方法成功解决了棉花种子的休眠问题，发芽率从对照的 17% 提高到 85%。

（3）化学试剂处理

化学试剂处理也是破除种子生理休眠的常用方法。硝酸钾是破除种子休眠最常用的化学试剂，适用于禾谷类、茄科等种子。对大多数物种，常用 2 g/L KNO$_3$ 湿润发芽床，KNO$_3$ 的主要是用于打破休眠，其作用机制在种子生物学中已作过介绍。外源激素，如赤霉素和乙烯等，也是破除种子休眠的常用方法。赤霉素浸种破除作物休眠的使用浓度因种而异（表 4-2）。北美洲官方种子分析者协会（AOSA）仅推荐乙烯作为破除花生种子休眠的方法，0.002 9% 的乙烯利湿润发芽床适合许多物种。此外，硝酸和硫酸也是破除种子休眠的有效方法。用 0.1 mol/L 硝酸溶液浸种 16~24 h 可打破水稻种子休眠。用浓硫酸处理绿肥中的田菁属植物 *Sesbania sesban*、*S. rostrata* 和 *S. virgata* 种子 40 min，是打破其休眠的最佳方法，而且经济安全（Veasey 和 De Freitas，2002）。

表 4-2　赤霉素破除作物种子休眠有效质量浓度

| 作物 | 有效质量浓度 / ( mg·L$^{-1}$ ) | 处理方法 |
| --- | --- | --- |
| 小麦 | 800 | 浸种 24 h |
| 水稻 | 100 | 浸种 24 h |
| 大麦 | 100~200 | 浸种 24 h |
| 马铃薯（块茎） | 0.5 | 切块浸泡 1~2 h |
|  | 1 | 切块浸泡 1 min |
| 萝卜 | 500 | 浸种 |
| 棉 | 500 | 浸种 |
| 向日葵 | 25 | 浸种 |
| 莴苣 | 10~100 | 浸种 |

（引自《种子贮藏原理与技术》）

（4）层积处理

对于要求在低温湿润条件下才能完成胚后熟的种子，常采用低温或湿砂层积低温处理的方法，以打破休眠，促使发芽。所谓层积处理，即用一层湿砂，一薄层种子，再盖一层湿砂，再撒一薄层种子，如此重复层层堆积，置于低温环境中，放置一定时间的方法来处理种子，包括低温层积和变温层积两类。层积时种子必须混合水苔、砂、蛭石和泥炭土等介质，温度以 5~10℃ 为宜。种子低温层积处理所需时间因植物种类而有很大的差异，许多禾谷作物栽培种子仅需 2~3 d 即可，而蔷薇科种子常需 3~4 个月之久。有些植物种子需要较高的温度使胚后熟或胚根长出，然后需要低温打破胚芽生长，因此种子在冷湿处理前还需要先行一段高温吸湿的处理，才能解除休眠，如一些百合和牡丹种子（傅强等，2004）。

当然，破除种子休眠不仅仅使用上述的单一处理方法，有时我们还需将多种处理方法综合使用效果会更好。浦惠明和高建芹（2003）采用机械破皮加赤霉酸处理，能有效打破播娘蒿种子的休眠，发芽率提高到 43.97%。如再进行变温处理，能大幅度提高荠菜种子的发芽率，发芽率可提高到 71.67%。画眉草亚科的一些种子通过切除颖苞和变温处理，可有效解除休眠（李德颖，1995）。

此外，一些植物种子需要光照来打破休眠。光照强度、波长以及光色对许多植物种子（特别是花卉种子）萌发影响很大。对这些种子，每天至少 8 h 光照可破除休眠。当采用变温发芽时，光照应在高温阶段。

2. 样品的准备

试验样品必须从充分混合的净种子中，用数种设备或手工随机数取 400 粒种子。这里特别强调两点：①净种子必须充分混合，可采用机械分样器法或四分法。②其来源应是除去其他植物种子和杂质后的净种子，数量是 400 粒。

为了使幼苗生长有足够的空间，一般小、中粒种子（如水稻、小麦和油菜等）以 100 粒为一重复，试验设 4 个重复；大粒种子（如玉米、大豆和棉花等）以 50 粒为一副重复，试验设 8 个副重复；特大粒种子（如花生和蚕豆等）可以 25 粒为一副重复，试验设 16 个副重复。

3. 发芽床及器皿的准备

发芽床初次加水量应根据发芽床的性质和大小而定。对于纸床，发芽纸吸足水分后，沥去多余水。对于砂床，加水量应为其饱和含水量的 60%~80%，即 100 g 干砂中加入 18~26 mL 的水，切不可出现手指一压即出现水层。细砂加水要多，加湿加透，一次加足，以后发芽期间不再加水，以手握成团，手松开团不散但不粘手为准。粗砂加水至手握成团，手松开砂自然散开。特别值得注意的是，不能将干砂先倒入发芽容器，然后加水拌匀。这种拌砂法往往会造成干湿不均，或是砂中水分多孔隙少，氧气不够，影响正常发芽。发芽器皿事先要洗净、晾干或烘干、消毒。

## 二、种子置床、发芽期间管理

### （一）种子置床的要求与方法

置床要求种子试样均匀分布在发芽床上，每粒种子之间应留有足够的空间，一般保持其 1~5 倍的间距，以防止种子携带的病菌或污染菌的相互感染并保持足够的生长空间。此外，每粒种子均应良好接触水分，使发芽趋于一致。

置床时最好采用合适的真空数种器和活动数粒板，以提高工效和满足发芽要求。小、中粒种子可选用合适的真空数种器数取重复，大粒种子可利用活动数粒板数取重复（或副重复）。如果用手工数种置床，则特别要注意种子在发芽床上的均匀性。

种子置床后，应在发芽皿或其他容器底盘的侧面或内侧贴上标签，注明品种名称、样品编号、重复次数及置床时间等，然后盖好盖子或套上一薄膜塑料袋，移至规定条件下发芽培养。

### （二）发芽期间管理

在种子发芽期间，适当的检查管理是必需的，以保持适宜的发芽条件。最好每天检查水分、温度和霉菌等情况，及时发现并排除问题。

1. 水分管理

水分是影响发芽结果最重要的因素。因此，发芽床必须始终保持湿润，但水分也不能过多，切忌断水，以保持适宜的发芽水分。最好每天检查发芽床是否缺水，注意观察发芽床湿度，落干时要用喷壶适量喷水，注意水量不能过大，以发芽床内不存余水为宜。如使用加湿器，还应注意保证加湿器内始终有水。对于吸水快和吸水量大的种子，如板蓝根和红花种子，必须及时补充水分，有时甚至一天加两次水。供种子发芽用的水分应干净，有机或无机杂质要适量，pH 6.0～7.5。如果水质不好，则要用蒸馏水或去离子水。

2. 温度管理

大量的生化反应发生在种子萌发期间，而温度是影响生化反应效率的重要因素。因此，我们要尽量满足不同物种、不同品种、不同产区甚至不同贮藏年限种子对发芽温度的要求。发芽温度应保持在所需温度的 ±1℃范围内，防止因控温部件失灵、断电、电器损坏等意外事故造成温度失控。如果变温发芽，则应按规定及时变换温度，不能提前或拖后。一般先高温后低温，分别持续 8 h 和 16 h。对于非休眠种子，变温应在 3 h 内完成；但对于休眠种子，尤其是牧草种子，温度变化要短于 1 h，或通过调换发芽箱实现突然变温。在缺乏自动温度控制设备时，变温试验在无人管理情况下，如周末或公共节假日期间应保持在变温里的低温状态。

3. 霉菌管理

发芽试验过程中，经常发现发芽床或种子上滋生霉菌，这些霉菌不外乎两种来源：种子携带或环境霉菌感染所致。如发现霉菌滋生，应及时取出发霉种子，洗净后再将种子放回原处。当发霉种子占比超过 5% 时应及时更换发芽床，以免霉菌继续感染。如发现腐烂死亡种子，则应立即去除并做好记录。

此外，对需光型种子（如芹菜和茼蒿等），必须满足其发芽的光照需求。对大多数种子，最好加光培养，这样有利于正常幼苗鉴定，区分黄化和白化的不正常幼苗，而且有利于抑制发芽过程中霉菌的生长繁殖。定期检查，防止因控光部件失灵、断电、电器损坏等意外事故造成光照失控。

最后，还应注意氧气的供应情况，避免因缺氧而使正常发芽受影响。

（三）**发芽数据记载**

附表 2 的第 5、6 栏中规定了初次计数和末次计数时间。如试验结果只需计算发芽势和发芽率，则只需在国标中规定的初次计数和末次计数时间进行数据记载。如需计算发芽指数，则每天都应对发芽种子数作详细记载。如需计算活力指数，在末次计数时间还需对根长/苗长或根重/苗重（包括鲜重和干重，最好是干重）进行数据测量并记录。

在初次计数时，把发育良好的正常幼苗从发芽床（这里仅指纸床）中拣出，对可疑的或损伤、畸形的幼苗，通常留到末次计数。如果在规定末次计数天数时，只有几粒种子开始发芽，则试验时间可延迟 7 d 或 3～4 d。相反，如果在试验规定末次计数之前可以确定能发芽种子均已发芽，则可提早结束试验。末次计数应按正常幼苗、不正常幼苗、硬实、新鲜不发芽种子和死种子定义进行鉴定、分类、分别计数和记录。

（四）**幼苗鉴定**

当幼苗的主要构造发育到一定时期时必须按国家标准对每株幼苗进行鉴定，可参考 AOSA（1992）的 *Seedling Evaluation Handbook* 或周祥胜等（2003）的《幼苗鉴定实用手册》。根据种的不同，试验中绝大部分幼苗应达到：子叶从种皮中伸出（如莴苣属），初生叶展开（如菜豆属），叶片从胚芽鞘中伸出（如小麦属）。尽管一些种如胡萝卜在试验末期并非幼苗的子叶都从种皮中伸出，但至少在末次计数时可以清楚地看到子叶基部的"颈"。具体鉴定标准已在本章第一节中进行了详细叙述，在此不再赘述。

## 三、结果计算与检验报告

### （一）结果计算

试验结果用正常幼苗数的百分率来表示。计算时，以 100 粒种子为一重复，如采用 50 粒或 25 粒的副重复，则应将相邻的副重复合并成 100 粒的重复。计算 4 次重复的正常幼苗平均发芽率，检查其是否在容许的差距范围内（表 4-3～表 4-5）。若重复间的实际最大差距在平均发芽率对应的最大容许差距范围内，则表明试验结果是可靠的，正常幼苗的平均发芽率即为试验的发芽百分率；如果超过最大容许差距，要进行重新试验，重新试验的结果容许差距见表 4-6～表 4-14。正常幼苗、不正常幼苗、硬实、新鲜不发芽种子和死种子的百分率之和为 100%，各百分率修约至最近似的整数，0.5 修约进入最大值。

表 4-3　同一发芽试验 100 粒 4 次重复间的最大容许差距
（2.5% 显著水平的两尾检验）

| 平均发芽率 | | 最大容许差距 |
|---|---|---|
| 50% 以上 | 50% 以下 | |
| 99 | 2 | 5 |
| 98 | 3 | 6 |
| 97 | 4 | 7 |
| 96 | 5 | 8 |
| 95 | 6 | 9 |
| 93～94 | 7～8 | 10 |
| 91～92 | 9～10 | 11 |
| 89～90 | 11～12 | 12 |
| 87～88 | 13～14 | 13 |
| 84～86 | 15～17 | 14 |
| 81～83 | 18～20 | 15 |
| 78～80 | 21～23 | 16 |
| 73～77 | 24～28 | 17 |
| 67～72 | 29～34 | 18 |
| 56～66 | 35～45 | 19 |
| 51～55 | 46～50 | 20 |

引自《农作物种子检验规程》（GB/T 3543）

表 4-4　同一发芽试验 100 粒 2 次重复间的最大容许差距
（2.5% 显著水平的两尾检验）

| 平均发芽率 | | 最大容许差距 |
| --- | --- | --- |
| 50% 以上 | 50% 以下 | |
| 99 | 2 | 4 |
| 98 | 3 | 5 |
| 96～97 | 4～5 | 6 |
| 95 | 6 | 7 |
| 93～94 | 7～8 | 8 |
| 90～92 | 9～11 | 9 |
| 88～89 | 12～13 | 10 |
| 84～87 | 14～17 | 11 |
| 81～83 | 18～20 | 12 |
| 76～80 | 21～25 | 13 |
| 69～75 | 26～32 | 14 |
| 55～68 | 33～46 | 15 |
| 51～54 | 47～50 | 16 |

（引自《国际种子检验规程》）

表 4-5　同一发芽试验 50 粒 2 次重复间的最大容许差距
（2.5% 显著水平的两尾检验）

| 平均发芽率 | | 最大容许差距 |
| --- | --- | --- |
| 50% 以上 | 50% 以下 | |
| 99 | 2 | 5 |
| 98 | 3 | 7 |
| 97 | 4 | 8 |
| 96 | 5 | 9 |
| 95 | 6 | 10 |
| 94 | 7 | 11 |
| 92～93 | 8～9 | 12 |
| 90～91 | 10～11 | 13 |
| 89 | 12 | 14 |
| 86～88 | 13～15 | 15 |
| 84～85 | 16～17 | 16 |
| 81～83 | 18～20 | 17 |
| 78～80 | 21～23 | 18 |

续表

| 平均发芽率 | | 最大容许差距 |
|---|---|---|
| 50% 以上 | 50% 以下 | |
| 74~77 | 24~27 | 19 |
| 70~73 | 28~31 | 20 |
| 63~69 | 32~38 | 21 |
| 51~62 | 39~50 | 22 |

（引自《国际种子检验规程》）

表 4-6　400 粒 2 次试验间的最大容许差距
（2.5% 显著水平的两尾检验）

| 平均发芽率 | | 最大容许差距 |
|---|---|---|
| 50% 以上 | 50% 以下 | |
| 98~99 | 2~3 | 2 |
| 95~97 | 4~6 | 3 |
| 91~94 | 7~10 | 4 |
| 85~90 | 11~16 | 5 |
| 77~84 | 17~24 | 6 |
| 60~76 | 25~41 | 7 |
| 51~59 | 42~50 | 8 |

（引自《国际种子检验规程》）

表 4-7　200 粒 2 次试验间的最大容许差距
（2.5% 显著水平的两尾检验）

| 平均发芽率 | | 最大容许差距 |
|---|---|---|
| 50% 以上 | 50% 以下 | |
| 99 | 2 | 2 |
| 98 | 3 | 3 |
| 96~97 | 4~5 | 4 |
| 94~95 | 6~7 | 5 |
| 91~93 | 8~10 | 6 |
| 87~90 | 11~14 | 7 |
| 82~86 | 15~19 | 8 |
| 75~81 | 20~26 | 9 |
| 64~74 | 27~37 | 10 |
| 51~63 | 38~50 | 11 |

（引自《国际种子检验规程》）

表 4-8　100 粒 2 次试验间的最大容许差距
（2.5% 显著水平的两尾检验）

| 平均发芽率 | | 最大容许差距 |
| --- | --- | --- |
| 50% 以上 | 50% 以下 | |
| 99 | 2 | 4 |
| 98 | 3 | 5 |
| 96~97 | 4~5 | 6 |
| 95 | 6 | 7 |
| 93~94 | 7~8 | 8 |
| 90~92 | 9~11 | 9 |
| 88~89 | 12~13 | 10 |
| 84~87 | 14~17 | 11 |
| 81~83 | 18~20 | 12 |
| 76~80 | 21~25 | 13 |
| 69~75 | 26~32 | 14 |
| 55~68 | 33~46 | 15 |
| 51~54 | 47~50 | 16 |

（引自《国际种子检验规程》）

表 4-9　400 粒 3 次试验间的最大容许差距
（2.5% 显著水平的两尾检验）

| 平均发芽率 | | 最大容许差距 |
| --- | --- | --- |
| 50% 以上 | 50% 以下 | |
| 99 | 2 | 2 |
| 97~98 | 3~4 | 3 |
| 94~96 | 5~7 | 4 |
| 90~93 | 8~11 | 5 |
| 85~89 | 12~16 | 6 |
| 78~84 | 17~23 | 7 |
| 66~77 | 24~35 | 8 |
| 51~65 | 36~50 | 9 |

（引自《国际种子检验规程》）

表 4-10　200 粒 3 次试验间的最大容许差距
（2.5% 显著水平的两尾检验）

| 平均发芽率 | | 最大容许差距 |
| --- | --- | --- |
| 50% 以上 | 50% 以下 | |
| 99 | 2 | 3 |
| 97 ~ 98 | 3 ~ 4 | 4 |
| 96 | 5 | 5 |
| 94 ~ 95 | 6 ~ 7 | 6 |
| 91 ~ 93 | 8 ~ 10 | 7 |
| 88 ~ 90 | 11 ~ 13 | 8 |
| 84 ~ 87 | 14 ~ 17 | 9 |
| 79 ~ 83 | 18 ~ 22 | 10 |
| 77 ~ 78 | 23 ~ 29 | 11 |
| 60 ~ 71 | 30 ~ 41 | 12 |
| 51 ~ 59 | 42 ~ 50 | 13 |

（引自《国际种子检验规程》）

表 4-11　100 粒 3 次试验间的最大容许差距（2.5% 显著水平的两尾检验）

| 平均发芽率 | | 最大容许差距 |
| --- | --- | --- |
| 50% 以上 | 50% 以下 | |
| 99 | 2 | 4 |
| 98 | 3 | 5 |
| 97 | 4 | 6 |
| 96 | 5 | 7 |
| 95 | 6 | 8 |
| 93 ~ 94 | 7 ~ 8 | 9 |
| 91 ~ 92 | 9 ~ 10 | 10 |
| 89 ~ 90 | 11 ~ 12 | 11 |
| 87 ~ 88 | 13 ~ 14 | 12 |
| 84 ~ 86 | 15 ~ 17 | 13 |
| 81 ~ 83 | 18 ~ 20 | 14 |
| 77 ~ 80 | 21 ~ 24 | 15 |
| 71 ~ 76 | 25 ~ 30 | 16 |
| 64 ~ 70 | 31 ~ 37 | 17 |
| 51 ~ 63 | 38 ~ 50 | 18 |

（引自《国际种子检验规程》）

表 4–12　400 粒 4 次试验间的最大容许差距

| 平均发芽率 | | 最大容许差距 |
| --- | --- | --- |
| 50% 以上 | 50% 以下 | |
| 99 | 2 | 2 |
| 97~98 | 3~4 | 3 |
| 95~96 | 5~6 | 4 |
| 92~94 | 7~9 | 5 |
| 88~91 | 10~13 | 6 |
| 82~87 | 14~19 | 7 |
| 74~81 | 20~27 | 8 |
| 60~73 | 28~41 | 9 |
| 51~59 | 42~50 | 10 |

（引自《国际种子检验规程》）

表 4–13　200 粒 4 次试验间的最大容许差距

| 平均发芽率 | | 最大容许差距 |
| --- | --- | --- |
| 50% 以上 | 50% 以下 | |
| 99 | 2 | 3 |
| 98 | 3 | 4 |
| 97 | 4 | 5 |
| 95~96 | 5~6 | 6 |
| 93~94 | 7~8 | 7 |
| 90~92 | 9~11 | 8 |
| 87~89 | 12~14 | 9 |
| 83~86 | 15~18 | 10 |
| 78~82 | 19~23 | 11 |
| 72~77 | 24~29 | 12 |
| 61~71 | 30~40 | 13 |
| 51~60 | 41~50 | 14 |

（引自《国际种子检验规程》）

表 4–14　100 粒 4 次试验间的最大容许差距

| 平均发芽率 | | 最大容许差距 |
| --- | --- | --- |
| 50% 以上 | 50% 以下 | |
| 99 | 2 | 5 |
| 98 | 3 | 6 |

续表

| 平均发芽率 | | 最大容许差距 |
|---|---|---|
| 50% 以上 | 50% 以下 | |
| 97 | 4 | 7 |
| 96 | 5 | 8 |
| 95 | 6 | 9 |
| 93~94 | 7~8 | 10 |
| 91~92 | 9~10 | 11 |
| 89~90 | 11~12 | 12 |
| 87~88 | 13~14 | 13 |
| 84~86 | 15~17 | 14 |
| 81~83 | 18~20 | 15 |
| 78~80 | 21~23 | 16 |
| 73~77 | 24~28 | 17 |
| 67~72 | 29~34 | 18 |
| 56~66 | 35~45 | 19 |
| 51~55 | 46~50 | 20 |

（引自《国际种子检验规程》）

### （二）结果报告

结果须填报正常幼苗、不正常幼苗、硬实、新鲜不发芽种子和死种子的平均百分率，若其中有任何一项结果为零，则需填入符号"0"。

同时还须填报采用的发芽床、温度、试验持续时间以及种子发芽前的处理方法，以提供评价种子种用价值的全部信息。

同一或不同实验室对来自同一种子批的相同或不同送验样品的发芽试验结果可能不同，为确保检验结果一致，还要进行试验一致性比较。先计算出两次检验的平均百分率，修约为最接近的整数后，查不同实验室对来自相同或不同送验样品间发芽试验的容许差距表（表 4-15），如果两次检验结果间的差距未超过平均百分率对应的最大容许差距，表明这些试验结果是一致的。如果超过最大容许差距，则需再次试验。

发芽试验结果与规定值比较的容许差距见表 4-16。容许差距为规定值与测定值之差。

### （三）重新试验

为确保试验结果的可靠性和正确性，借鉴国内和国际标准，当试验出现以下情况之一时，须进行重新试验。

（1）发现有较多的新鲜不发芽种子，怀疑种子有休眠，种子发芽潜力还未全部发挥出来，则应破除休眠重新试验，将得到的最佳结果填报，并注明所用的方法。

（2）由于真菌或细菌的蔓延而使试验结果不一定可靠时，可采用砂床或土壤进行试验。如有必要，应增加种子之间的距离。

表 4-15　不同实验室来自相同或不同送验样品间发芽试验的容许差距
（2.5% 显著水平的两尾检验）

| 平均发芽率 | | 最大容许差距 |
| --- | --- | --- |
| 50% 以上 | 50% 以下 | |
| 98～99 | 2～3 | 2 |
| 95～97 | 4～6 | 3 |
| 91～94 | 7～10 | 4 |
| 85～90 | 11～16 | 5 |
| 77～84 | 17～24 | 6 |
| 60～76 | 25～41 | 7 |
| 51～59 | 42～50 | 8 |

（引自《农作物种子检验规程（GB/T 3543.4）》）

表 4-16　发芽试验与规定值比较的容许差距
（5% 显著水平的单尾检验）

| 规定发芽率 | | 容许差距 |
| --- | --- | --- |
| 50% 以上 | 50% 以下 | |
| 99 | 2 | 1 |
| 96～98 | 3～5 | 2 |
| 92～95 | 6～9 | 3 |
| 87～91 | 10～14 | 4 |
| 80～86 | 15～21 | 5 |
| 71～79 | 22～30 | 6 |
| 58～70 | 31～43 | 7 |
| 51～57 | 44～50 | 8 |

（引自《农作物种子检验规程（GB/T 3543）》）

（3）当正确鉴定幼苗数有困难时，可采用附表 2 中规定的一种或几种方法在砂床或土壤上进行重新试验。

（4）当发现试验条件、幼苗鉴定或计数有差错时，应采用同样方法进行重新试验。

（5）当发现不正常幼苗因化学处理中化学试剂或其他毒素危害所致，采用砂床或土壤重新试验，将得到的最佳结果填报。

（6）当样品事先有标准发芽率，而试验结果低于该值时，送验者往往要求重新试验。

（7）第一次试验重复是否在容许差距范围内（表 4-3、表 4-4、表 4-5），在允许差距范围内，报告试验结果；如果超出重复间试验误差，重新试验或改变试验方法重新试验。第二次试验结束，两次试验结果平均值按照表 4-6、表 4-7、表 4-8 的容许差距比较，在误差范围内，报告 2 次试验结果的平均值；如果超出重复间试验误差，进行第三次试验或改变试验方法进行第三次试验。第三次试验结束，三次试验结果平均值按照表 4-9 的容许差距比较，在误差范围内，报告 3 次试验结果的平均值；如果三次试验超出表 4-9、表 4-10、表 4-11 重复间试验误差，进一步按照表 4-6、表 4-7、表 4-8 的容许差距，比较第一次试验结果与第二次试验结果或第二次试验结果与第三次试验结果是否在容许差距范围内，在误差范围内，报告符合容许差距要求的 2 次试验结果的平均值；否则进行第四次试验或改变试验方法进行第四次试验。第四次试验结束，四次试验结果平均值按照表表 4-12、表 4-13、表 4-14 的容许差距比较，在误差范围内，报告 4 次试验结果的平均值；如果四次试验超出表 4-12、表 4-13、表 4-14 重复间试验误差，进一步按照表 4-9、表 4-10、表 4-11 的容许差距，比较第 1 次试验、第 2 次试验和第 4 次试验结果是否在容许差距范围内，或第 2 次试验、第 3 次试验和第 4 次试验结果是否在容许差距范围内，或第 1 次试验、第 3 次试验和第 4 次试验结果是否在容许差距范围内，在误差范围内，报告符合容许差距要求的最接近的 3 次试验结果的平均值；否则，进一步按照表 4-6、表 4-7、表 4-8 的容许差距要求，成对比较第 1 次试验和第 4 次试验、第 2 次试验和第 4 次试验、第 3 次试验和第 4 次试验结果是否在容许差距范围内，在误差范围内，报告符合容许误差要求的最接近的 2 次试验结果的平均值；如果成对试验也不在误差范围内，则通知送验者试验变异过大，无法得出稳定的结果。

## 第四节 快速发芽试验方法

当遇到时间紧迫，急需了解种子发芽力的基本情况时，可采用快速发芽试验，但不适于作为正规检验方法。快速发芽试验主要是利用适当的高温高湿，加速种子吸胀，促进种子内部的生理生化代谢，或是除去阻碍种子发芽的因素，从而加速种子发芽。快速发芽试验有物理方法如去壳法、高温盖砂法、剥胚法等，以及化学方法，如使用赤霉酸等。Laufmann 和 Wiesner（1998）通过剥胚、剪去子叶，并将胚置于用 1 mmol/L $GA_3$ 湿润的发芽纸上，可使山茱萸种子的发芽率高达 100%。赤霉酸在加速东方鸭茅状摩擦禾（一种饲用牧草）种子发芽上效果也很显著（Rogis 等，2004）。下面详细介绍常用快速发芽试验方法：玉米切果柄并撕去胚部种皮法，禾谷类、豆类高温盖砂法，棉花硫酸脱绒切割法，水稻去颖法。

### 一、玉米切果柄并撕去胚部种皮法

数取玉米种子 4 份，各 50 粒种子，在 30～35℃水中浸种 3～4 h，取出种子胚朝下用锋利刀片切下胚根尖端果柄，但不能切断下面种皮，用手指捏住果柄撕下胚部外边果种皮，再置于砂床中，35℃下培养 2 d 计算发芽率。

### 二、禾谷类、豆类高温盖砂法

取试样 4 份，禾谷类每份 100 粒种子，豆类每份 50 粒，在 30℃水中浸种 4 h（玉米浸

6 h，水稻浸 24 h），然后取出种子播于砂床，禾谷类种胚朝上，轻压种子使之与砂面平齐，其上盖一层湿纱布，再盖上 0.5～2 cm 湿砂，放在高温条件下发芽（粳稻 32℃，籼稻、玉米 35～37℃，花生 30℃，麦类、豆类 25～28℃），经 2 d（粳稻 4 d），揭去纱布，计算种子发芽率。

### 三、棉花硫酸脱绒切割法

棉花种子须用浓硫酸脱绒，清水冲洗干净，在胚根相对一端切去 1/4 或一小口，切口向下直接播于砂床，其上盖一层湿纱布，再盖上 0.5～2 cm 湿砂，放在 35℃高温条件下发芽培养 2 d，揭去纱布，计算种子发芽率。

### 四、水稻去颖法

水稻种子用出糙机脱去谷壳，取完整米粒 100 粒，2～4 次重复，放在 30℃水中浸泡 3 h，然后置于纸床，30℃下培养。因米粒失去谷壳保护，易发霉，须每天检查，如有发霉及时洗涤，并做好记载。籼稻培养 2 d，粳稻培养 3 d，计算发芽率。

---

**思考题**

1. 种子发芽试验前应做好哪些准备工作？
2. 以大豆和玉米为例，简述双子叶和单子叶幼苗的主要构造与生长习性。
3. 简述正常幼苗、非正常幼苗和不发芽种子的概念及其主要类型。
4. 发芽床主要有哪几种类型？各类型的发芽床有何要求和用途？
5. 分别介绍几种快速发芽方法并举例。
6. 现有一批新收获有休眠的小麦种子，按规程规定说明如何做好发芽试验？

---

**数字课程资源**

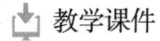 教学课件　　 自测题

# 第五章

# 种子生活力与活力测定

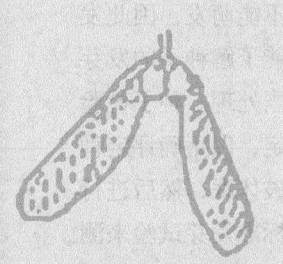

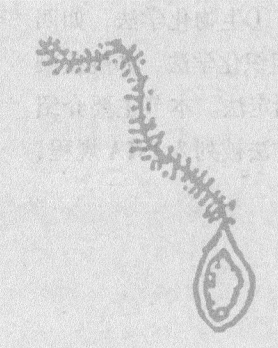

种子生活力与活力都是种子质量的重要指标,尽管两者具有明显区别,但也存在着密切联系。种子生活力是指种子生命的有无,即是否存活,是种子发芽潜力的一个指标。有生活力的休眠种子,在适宜的条件下不一定都能发芽。活力是一个综合性概念,不仅包括发芽力,而且涉及田间成苗、植株生长状况和最终产量。能发芽的种子,活力也有高低之分。掌握种子生活力与活力测定的原理与方法,对从事农业工作特别是种子检验工作十分必要。

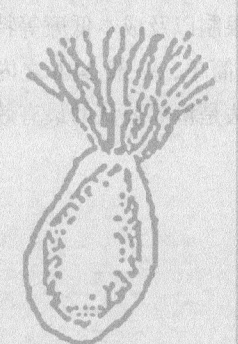

## 第一节　种子生活力测定原理及方法

种子生活力（seed viability）是指种子发芽的潜在能力。种子生活力测定在农业生产上具有重要的意义：①测定休眠种子的生活力。许多植物种子因存在休眠，暂时不能萌发，因此发芽率很低，尤其是新收获的和野生性较强的种子，必须进行生活力测定，才能了解种子的发芽潜力，以便合理利用种子。播种前对发芽率低而生活力高的种子，应进行适当处理。种子检验时，若发芽试验末期有新鲜不发芽种子或硬实种子，也应接着进行生活力测定，以正确评定种子品质。②快速预测种子的发芽力。对于休眠种子可借助于各种处理措施打破休眠，然后进行发芽试验，但所需时间较长。而种子贸易中，有时因时间紧迫，不可采用标准发芽试验来测定发芽力，因为发芽试验所需时间更长，如小麦需 8 d，水稻需 14 d，某些蔬菜和牧草种子需 2~3 周，而多数林木种子则需要更长的时间。在这种情况下，可用生物化学速测法测定种子生活力作为参考。

种子生活力测定方法有 10 多种，根据其测定原理可大致分为 4 类：①生物化学法，如四唑测定法、溴麝香草酚蓝法、甲烯蓝法、中性红法和二硝基苯法等；②组织化学法，如靛蓝染色法、红墨水染色法和软 X 射线造影法等；③荧光分析法；④离体胚测定法。本节主要介绍四唑测定法、离体胚测定法、染料染色法和软 X 射线造影法，前两种方法被列入 ISTA 规程，我国只把四唑测定法列入国家规程。

### 一、四唑测定法

#### （一）概述

1. 发展简史

四唑测定法于 1942 年由德国 H. Lakon 教授发明。ISTA 于 1950 年成立四唑测定技术委员会，1953 年首次将四唑测定列入国际种子检验规程。1974 年，ISTA 四唑测定技术委员会主席美国 R. P. Moor 教授，为发展和推进四唑测定技术的标准化，主持编写《四唑测定手册》，其后经过多次 ISTA 会议讨论修改，于 1984 年正式公布发行。该手册汇集了世界上最先进实用的种子四唑测定技术，以及 650 多个属和种的农作物、蔬菜、林木、牧草、药材和花卉种子的具体测定技术，堪称最具权威性的四唑测定参考书。种子生活力四唑测定技术经过不断研究和完善，目前已在全世界广泛应用。

2. 特点

四唑测定法具有原理可靠、简便快速、结果准确、不受休眠限制以及成本低廉等特点。该法相比染色方法更为可靠，所需仪器设备和物品较少，程序比较简单，一般 24 h 之内即能获得测定结果，不论是休眠种子还是非休眠种子均适用。因此，该法是世界公认的最有效的种子生活力测定方法。

3. 适用范围

根据国际种子检验规程规定，四唑测定法适用于下列范围：

（1）测定休眠种子、收获后需马上播种的种子以及发芽缓慢的种子的发芽潜力。

（2）测定发芽试验末期未发芽种子的生活力，特别是怀疑有休眠时。

（3）测定种子收获或加工过程中的种子损伤（如热伤、机械损伤、化学伤害等）原因。

（4）解决发芽试验中遇到的问题，查明不正常幼苗产生的原因和杀菌剂、种子包衣等处理的伤害。

（5）查明种子贮藏期间劣变衰老程度，按染色图形分级，评定种子生活力水平。

（6）调种时时间紧迫，快速测定种子生活力。

（二）测定原理

有生活力的种子活细胞在呼吸过程中都会发生氧化还原反应。四唑溶液作为一种无色的指示剂，被种子活组织吸收后，参与活细胞的还原反应，从脱氢酶接受氢离子，在活细胞里产生红色、稳定、不扩散、不溶于水的三苯基甲䐶。化学反应式如下：

$$DPNH_2 + TTC \longrightarrow DPN + TTCH + HCl$$

（辅酶 $IH_2$）（四唑）　　（辅酶 I）（甲䐶）（氯化氢）

$$\underset{\text{2,3,5-氯化三苯基四氮唑（无色）}}{\begin{array}{c}N=N-C_6H_5\\ C_6H_5-C\phantom{xxx}|\\ N=N^+-C_6H_5\\ Cl^-\end{array}} \xrightarrow{2H} \underset{\text{三苯基甲䐶（红色）}}{\begin{array}{c}H\\|\\N-N-C_6H_5\\C_6H_5-C\phantom{xxx}\\N=N-C_6H_5\end{array}} + HCl$$

依据四唑染成的颜色和部位，即可区分种子红色的有生活力部分和无色的死亡部分。一般来说，单子叶植物种子的胚和糊粉层、双子叶植物种子的胚和部分双子叶植物的胚乳、裸子植物种子的胚和配子体等属于活组织，含有脱氢酶，四唑渗入后能染成红色，而种皮和禾谷类胚乳等为死组织，不能染色。除完全染色的有生活力种子和完全不染色的无生活力种子外，还可能出现一些部分染色的种子。判断种子有无生活力，主要看胚和（或）胚乳（或配子体）不染色坏死组织的部位及面积大小，而不一定在于颜色的深浅，根据颜色的差异将健全的、衰弱的和死亡的组织区别出来。根据上述原理，鉴定种子胚的死亡部分，还可以查明种子死亡的原因。

四唑染色过程是酶促反应，因此反应不仅受酶活性的影响，还受底物浓度、反应温度、pH 等因素的影响。该酶促反应的适宜 pH 为 6.5～7.5，否则反应不能正常进行，也就无法测定种子活力的高低。因此，对于游离酸含量高的四唑试剂应当用缓冲液配制。反应速率随温度的不同而变化，温度每升高 10℃反应速率提高 1 倍，如 20℃时需要反应时间 4 h，在 30℃时则需要 2 h，但反应最高温度不能超过 45℃。染色时底物的浓度要一致，一般对于染色部位切开的种子，测定时四唑溶液的质量浓度为 1～2 g/L，染色部位完整的种子，质量浓度为 10～20 g/L。种子预措时，采用的方法应根据种子的化学组成和种子结构确定。

（三）应用的化学试剂

1. 四唑

四唑盐类有多种，最常用的是 2,3,5- 氯化（或溴化）三苯基四氮唑，英文名为 2,3,5-triphenyl tetrazolium chloride（or bromide），缩写为 TTC（TTB）或 TZ，分子式为 $C_{19}H_{15}N_4Cl$，相对分子质量 334.8，亦称红四唑，为白色或淡黄色粉剂，溶点 243℃，当达到约 245℃就会分解，易溶于水，具有微毒。试剂在光下会被还原成粉红色，因此需用棕色瓶盛装，且瓶外要裹一层黑纸。同样，配好的四唑溶液也应装入棕色瓶里，存放在暗处，种子染色也需在暗处和弱光处进行。

2020 版《国际种子检验规程》规定，正常使用四唑溶液质量浓度为 1.0%，但有些情况下，可使用较低或较高的浓度。我国 GB/T 3543 规定，四唑染色通常使用质量浓度为 0.1%～1.0% 的四唑溶液，一般来说，切开胚的种子可用 0.1%～0.5% 的四唑溶液；整个胚、整粒种子或斜切、横切或穿刺的种子需用 1.0% 的四唑溶液。

四唑溶液的 pH 要求为 6.5～7.5，若溶液的 pH 不在此范围时，建议采用磷酸缓冲液来配制。其配制方法为称取 1 g（或 0.1 g）四唑粉剂溶解于 100 mL 磷酸缓冲液中，即配成 10 g/L（或 1 g/L）的四唑溶液。当用酸度计测定时，若四唑溶液的 pH 达不到要求，则可用 NaOH 或 $NaHCO_3$ 稀溶液加以调节。配好的四唑溶液应保存在棕色瓶中，一般有效期为几个月，如果存放在冰箱里，则有效期更长。已用过的四唑溶液不能再用。

2. 磷酸缓冲液

为保证配制的四唑溶液 pH 在 6.5～7.5 范围内，通常采用磷酸缓冲液来溶解四唑粉剂。磷酸缓冲液的配制方法有两种。

（1）ISTA 规程法：先准备以下两种溶液。

溶液 I——在 1 000 mL 蒸馏水中溶解 9.078 g $KH_2PO_4$。

溶液 II——在 1 000 mL 蒸馏水中溶解 9.472 g $Na_2HPO_4$ 或 11.876 g $Na_2HPO_4 \cdot 2H_2O$。

然后取溶液 I 2 份和溶液 II 3 份，混合即成。

（2）AOSA 规程法：在 1 000 mL 蒸馏水中溶解 5.45 g $NaH_2PO_4$ 和 3.79 g $Na_2HPO_4$。

3. 乳酸苯酚透明液

用于染色后的小粒豆类和牧草种子，使种皮、稃壳或胚乳变得透明，以便清楚地观察鉴定。其配制方法为：20 mL 乳酸 + 20 mL 苯酚 + 40 mL 甘油 + 20 mL 蒸馏水。

4. $H_2O_2$ 溶液

用于某些牧草种子（如黑麦草、早熟禾、羊茅和鸭茅等）的预湿浸种，以加快吸胀和酶的活化。一般应用 0.3% $H_2O_2$ 溶液。

5. 杀菌剂和抗生素

将微量的杀菌剂和（或）抗生素加入四唑溶液或染色样品中，以延缓衰弱种子的劣变进程。可应用 5 g/L 青霉素等抗生素。

6. 胶液硬化剂

有些种子浸种后，种皮表面出现胶黏物质而变得非常光滑，难以进行样品准备，可用 $AlK(SO_4)_2 \cdot 12H_2O$、$K_2SO_4$、$Al_2(SO_4)_3$ 等硬化剂处理。如将种子浸在 10～20 g/L $AlK(SO_4)_2 \cdot 12H_2O$ 溶液中 5 min，可有效地减少胶黏物质。

## （四）测定程序

参照 2020 版《国际种子检验规程》的规定，介绍四唑测定法的程序。

### 1. 试验样品

从净度分析后并经充分混合的净种子中，随机数取 100 粒种子，4 次重复。如果是测定发芽试验末期休眠种子的生活力，则单用发芽试验末期所发现的休眠种子。

### 2. 染色前的种子准备

（1）种子的预湿

预湿是四唑测定的必要步骤。因为吸胀种子一般比干种子不易破碎并且比较容易切开或刺穿。此外，预湿使活组织酶系统活化，可提高染色的均匀度、深度以及鉴定的可靠性和正确性。有些种子在预湿前还要进行预措处理，以利吸胀，如水稻种子需脱去稃壳，豆科硬实种子需刺破种皮等，但须注意，预措不能损伤种子内部胚的主要构造。如果利用较高或较低温度进行预湿，则相应调整预湿时间，并将所采用的时间和温度填报在种子检验证书上。预湿方法有以下两种：

① 缓慢预湿：按发芽试验所用的方法，将种子放在纸上或纸间吸湿。该法适用于那些直接浸在水中容易破裂和损伤的种子，以及已经劣变的种子或过于干燥的种子。有些种子，缓慢预湿达不到充分吸胀，有必要进一步在水中浸一段时间。

② 水浸预湿：将种子完全浸在水中，让其充分吸胀。如果浸渍时间超过 24 h，则应换水。部分植物种子在 20℃下的预湿方式和最少预湿时间见表 5-1，表 5-2。

（2）染色前的种子处理

许多植物的种类（表 5-1，表 5-2）在染色前需将其胚的主要构造和活的营养组织暴露出来，以利于四唑溶液渗透，便于正确鉴定。可采用下列处理技术刺穿、切开种子或剥去种皮。其刺、切方法见图 5-1。处理后的种子应保持湿润，直到每个重复都完成为止。

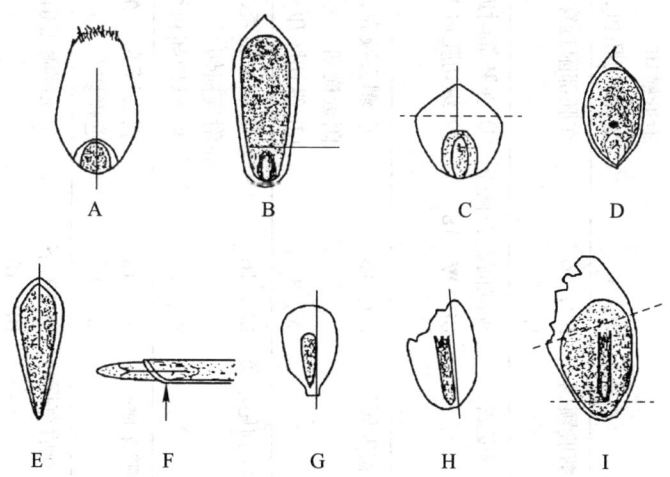

图 5-1 染色前准备中不同刺、切法的部位

A. 禾谷类和禾本科牧草种子通过胚和约在胚乳 3/4 处纵切  B. 燕麦属和禾本科牧草种子靠近胚部横切  C. 禾本科牧草种子通过胚乳末端部分横切和纵切  D. 禾本科牧草种子刺穿胚乳  E. 通过子叶末端 1/2 横切，如莴苣属和菊科中的其他属  F. 纵切面表面像 5 进行纵切时的解剖刀部位  G. 沿胚的旁边（伞形科中的种和其他具有直立胚的种）  H. 针叶树种子沿胚旁边纵切  I. 在两端横切，打开胚腔，并切去小部分胚乳（配子体组织）

表 5-1 部分农作物和牧草种子四唑测定程序（参考 ISTA，2020）

| 种名（学名） | 中文名 | 20℃预湿方式和最少时间 /h | 染色前的准备 | 溶液质量浓度 /(g·L⁻¹) | 30℃染色时间 /h | 鉴定前处理和组织观察 | 鉴定（不染色、较弱或坏死的最大容许面积） | 备注 |
|---|---|---|---|---|---|---|---|---|
| *Agropyron* spp. | 冰草属 | BP, 16 | ① 除去颖壳，在胚部附近横切 | 10 | 18 | ① 观察整个胚表面 | 1/3 胚根 | |
| | | | ② 纵切胚和 3/4 胚乳 | 10 | 2 | ② 观察切面 | | |
| *Agrostis* spp. | 剪股颖属 | BP, 16<br>W, 2 | 在胚部附近切 | 10 | 18 | 除去外稃，使胚露出 | 1/3 胚根 | |
| *Avena* spp. | 燕麦属 | 预湿前剥去颖壳<br>BP, W, 18 | ① 在胚部附近横切 | 10 | 18 | ① 观察整个胚表面 | 除 1 个根原始体以外的胚根；1/3 盾片末端 | 盾片中央的不染色组织表明受热损伤 |
| | | | ② 纵切胚和 3/4 胚乳 | 10 | 2 | ② 观察整个胚表面、切面和盾片表面* | | |
| *Bromus* spp. | 雀麦属 | BP, 16 | ① 剥去颖壳，在胚部附近横切 | 10 | 18 | ① 观察整个胚表面 | 1/3 胚根 | |
| | | W, 3 | ② 纵切胚和 3/4 胚乳 | 10 | 2 | ② 观察切面 | | |
| *Cynosurus* spp. | 洋狗尾草属 | BP, 16 | ① 剥去颖壳，在胚部附近横切 | 10 | 18 | ① 观察整个胚表面 | 1/3 胚根 | |
| | | W, 3 | ② 纵切胚和 3/4 胚乳 | 10 | 2 | ② 观察切面 | | |
| *Dactylis* spp. | 鸭茅属 | BP, 18<br>W, 2 | 剥去颖壳，在胚部附近横切 | 10 | 18 | 观察整个胚表面 | 1/3 胚根 | |
| *Eragrostis* spp. | 画眉草属 | 在 7℃下<br>BP, 18 | 在胚部附近横切 | 10 | 18 | 观察整个胚表面 | 1/3 胚根 | 在 7℃下预湿是防止发芽 |
| *Festuca* spp. | 羊茅属 | BP, 16 | ① 剥去颖壳，在胚部附近横切 | 10 | 18 | ① 观察整个胚表面 | 1/3 胚根 | |
| | | W, 3 | ② 纵切胚和 3/4 胚乳 | 10 | 2 | ② 观察切面 | | |

续表

| 种名（学名） | 中文名 | 20℃预湿方式和最少时间/h | 染色前的准备 | 溶液质量浓度/（g·L⁻¹） | 30℃染色时间/h | 鉴定前处理和组织观察 | 鉴定（不染色、较弱或坏死的最大容许面积） | 备注 |
|---|---|---|---|---|---|---|---|---|
| *Hordeum vulgare* | 大麦 | W, 4 | ① 分离出带盾片的胚 | 10 | 3 | ① 观察整个胚表面和盾片背面* | 1/3 胚根 | *盾片中央的不染色组织表明受热损伤 |
|  |  | W, 18 | ② 纵切胚和 3/4 胚乳 | 10 | 3 | ② 观察整个胚表面、切面和盾片背面 |  |  |
| *Lolium* spp. | 黑麦草属 | BP, 16 | ① 剥去颖壳，在胚部附近横切 | 10 | 18 | ① 观察整个胚表面 | 1/3 胚根 |  |
|  |  | W, 3 | ② 纵切胚和 3/4 胚乳 | 10 | 2 | ② 观察切面 |  |  |
| *Lotus* spp. | 百脉根属 | W, 18 | 种子保持完整 | 10 | 18 | 除去种皮，使胚露出 | 1/3 胚根；1/3 子叶末端，如在表面则为 1/2 | 如测硬实生活力可将子叶末端种皮切开和浸种（W, 4 h） |
| *Medicago* spp. | 苜蓿属 | W, 18 | 种子保持完整 | 10 | 18 | 除去种皮，使胚露出 | 1/3 胚根；1/3 子叶末端，如在表面则为 1/2 | 如测硬实生活力可将子叶末端种皮切开和浸种（W, 4 h） |
| *Ornithopus* spp. | 鸟足豆属 | W, 18 | 种子保持完整 | 10 | 18 | 除去种皮，使胚露出 | 1/3 胚根；1/3 子叶末端，如在表面则为 1/2 | 如测硬实生活力可将子叶末端种皮切开和浸种（W, 4 h） |
| *Oryza sativa* | 稻 | W, 18 | 纵切胚和 3/4 胚乳 | 10 | 2 | 观察切面 | 1/3 胚根 |  |
| *Phleum* spp. | 梯牧草属 | BP, 16<br>W, 2 | 在胚部附近穿刺 | 10 | 18 | 除去或撕开外稃，使胚露出 | 1/3 胚根 | 必要时可除去稃壳 |

续表

| 种名（学名） | 中文名 | 20℃预湿方式和最少时间/h | 染色前的准备 | 溶液质量浓度/(g·L⁻¹) | 30℃染色时间/h | 鉴定前处理和组织观察 | 鉴定（不染色、较弱或坏死的最大容许面积） | 备注 |
|---|---|---|---|---|---|---|---|---|
| *Poa* spp. | 早熟禾属 | BP, 16<br>W, 2 | 在胚部附近穿刺 | 10 | 18 | 除去或撕开外稃，使胚露出 | 1/3 胚根 | |
| *Secale cereale* | 黑麦 | W, 4 | ① 分离出带盾片的胚 | 10 | 3 | ① 观察整个胚表面和盾片背面 | 整个胚面；1/3 盾片 | 盾片中央的不染色组织表明受热损伤 |
| | | W, 18 | ② 纵切胚和 3/4 胚乳 | 10 | 3 | ② 观察整个胚背面、切面和盾片背面 | | |
| *Trifolium* spp. | 三叶草属 | W, 18* | 种子保持完整 | 10 | 18 | 除去种皮，使胚露出 | 1/3 胚根；1/3 子叶末端，如在表面外，则为 1/2 | 如测实变生活力，可将子叶末端种皮切开和浸种（W, 4 h） |
| *Triticum* spp. | 小麦属 | BP, 4 | ① 分离出带盾片的胚 | 10 | 3 | ① 观察整个胚表面和盾片背面 | 1/3 胚根；除 1 个根原始体外的根区；1/3 盾片末端 | 盾片中央的不染色组织表明受热损伤 |
| | | W, 18 | ② 纵切胚和 3/4 胚乳 | 10 | 3 | ② 观察整个胚背面、切面和盾片背面 | | |
| *Zea mays* | 玉米 | W, 18 | 纵切胚和 3/4 胚乳 | 10 | 2 | 观察切面 | 初生根；1/3 盾片末端 | 盾片中央的不染色组织表明受热损伤 |

注：BP 表示纸间；W 表示水中；BP、W 表示缓慢吸湿后，再在水中至少浸渍 2～3 h。

表 5-2 部分林木和果树种子四唑测定程序（ISTA, 2020）

| 种名（学名） | 中文名 | 20℃预湿方式和最少时间/h | 染色前的准备 | 溶液质量浓度/(g·L⁻¹) | 30℃染色时间/h | 鉴定前处理和组织观察 | 鉴定（不染色、较弱或坏死的最大容许面积） | 备注 |
|---|---|---|---|---|---|---|---|---|
| *Abies* spp. | 冷杉属 | W, 18 | ① 切去两端，打开胚腔 | 10 | 18~24 | ① 纵切胚乳，使胚露出，除去种皮，露出胚 | 胚乳末端表面坏死 | 陈的和干的种子若已吸胀 48 h，可获得一致的结果 |
| | | | ② 在胚旁纵切 | 10 | 12~18 | ② 除去种皮，露出胚乳 | 无（包括胚乳） | |
| | | 干种子准备 | ① 横切两端，打开胚腔。在低压下处理四唑吸胀种子* | 10 | 18 | ① 沿胚乳纵切，除去种皮，露出胚 | 无（胚乳外部有少量表面坏死除外，但不在胚腔连接处） | 陈的和干的种子若已吸胀 48 h，可获得一致的结果 *非强制性 |
| | | | ② 在胚旁纵切 | 10 | 12 | ② 除去种皮，露出胚 | | |
| *Acer palmatum* | 鸡爪槭 | W, 18 | 沿三边切开果皮，切去种皮一小块，再浸数小时，剥去种皮 | 10 | 18 | | 胚根尖端；子叶末端小面积坏死 | 预冷有利于陈种子和干种子取得一致性的结果 |
| *Amorpha fruticosa* | 紫穗槐 | W, 24 | 切去种子末端 1/3，保留下部种皮 | 10 | 18 | | 无 | |
| *Calocedrus* spp. | 翠柏属 | W, 18 | ① 横切两端，露出胚腔 | 10 | 18~24 | ① 沿胚乳纵切露出胚，除去种皮 | 无（包括胚乳） | 陈的和干的种子若已吸胀 48 h，可获得一致的结果 |
| | | | ② 沿胚边纵切 | 10 | 12~18 | ② 露出胚，除去种皮 | 无（胚乳外部少量表面坏死除外，但不在胚腔连接处） | |
| | | 干种子准备 | ① 横切两端，打开胚腔。在低压下用四唑处理吸胀种子* | 10 | 18 | ① 沿胚乳纵切，除去种皮露出胚 | | *非强制性 |
| | | | ② 在胚旁纵切 | 10 | 12 | ② 除去种皮露出胚 | | |
| *Cornus* spp. | 山茱萸属 | W, 48 | 横切去种子末端 1/3，再浸水 6 h | 10 | 24~48 | 取出种胚胚乳 | 无（包括胚乳） | |
| | | 干种子准备 | 横切去种子末端 1/4 | 10 | 18 | 取出种胚胚乳 | 无（包括胚乳） | |

续表

| 种名（学名） | 中文名 | 20℃预湿方式和最少小时间/h | 染色前的准备 | 溶液质量浓度/(g·L⁻¹) | 30℃染色时间/h | 鉴定前处理和组织观察 | 鉴定（不染色、较弱或坏死的最大容许面积） | 备注 |
|---|---|---|---|---|---|---|---|---|
| *Corylus* spp. | 榛属 | 打开干坚果 W, 18 | 切去子叶末端 1~2 mm，沿子叶间劈开（不应切开成片） | 10<br>5 | 12~15<br>18~24 | 分开子叶，特别应沿不染色部分切开 | 胚根尖端；子叶末端表面坏死；不大于 1/3 直径的子叶腹面中央 | 如果坚果打开前在 BP 20℃ 预湿，则可出现空心 |
| | | 打开干坚果 W, 18 | 如可能剥去种皮，分开子叶，利用 1 片子叶，并将其切开 | 10 | 18 | 特别应切开不染色的部分 | 胚根尖端；子叶末端表面坏死；不超过腹面中心直径 1/3（空心） | |
| *Crataegus* spp. | 山楂属 | W, 18* | 横切去末端 1/3 | 10 | 20~24 (48) | 取出胚 | 胚根尖端；1/3 子叶末端，如在表面则为 1/2 | *浸种前切开有时可防止准备时受损伤 |
| | | 干种子准备 | 横切去末端 1/3 | 10 | 18 | 取出胚 | 同上 | |
| *Fraxinus* spp. | 木犀属 | 除去果皮 W, 18 | 从两边各切去种皮，使两片胚乳均可见 | 10 | 18~24 | 将胚乳切成两半，使胚露出 | 无（离种胚稍远的胚乳有微小坏死则除外） | 新收获的种子仅需染色 8~10 h |
| | | 除去果皮 W, 18 | 从种子两边纵向切去一小片，打开胚腔 | 10 | 18 | 将胚乳切成两半，使胚露出 | 同上 | 新收获的种子仅需染色 8 h |
| *Ginkgo biloba* | 银杏 | W, 24 | 打开坚果，去种皮，沿子叶纵劈，将带胚轴子叶浸入溶液 | 10 | 24~48 | 露出胚 | 1/3 子叶末端 | |
| | | 打开干种子 | 经胚乳中间纵切，打开胚腔 | 10 | 18 | 打开胚乳，露出胚 | 无（包括胚乳） | |

续表

| 种名（学名） | 中文名 | 20℃预湿方式和最少时间/h | 染色前的准备 | 溶液质量浓度/(g·L⁻¹) | 30℃染色时间/h | 鉴定前处理和组织观察 | 鉴定（不染色、较弱或坏死的最大容许面积） | 备注 |
|---|---|---|---|---|---|---|---|---|
| *Juniperus* spp. | 刺柏属 | 干种子准备 W, 18 | ① 横切去末端1/3，打开胚腔 ② 在胚旁纵切 | 10 10 | 18 18 | ① 沿胚乳纵切，露出胚，剥去种皮 ② 除去种皮，露出胚 | 无（包括胚乳） | |
| *Koelreuteria* spp. | 栾树属 | 从柄基部切开干种子再浸种约3 h, W, 18 | 除去种皮 | 10 | 18 | 除去种皮，露出胚 | 胚根尖端；1/3子叶末端，如在表面则为1/2 | |
| *Ligustrum* spp. | 女贞属 | W, 18 W, 18 | ① 横切去末端1/4 ② 沿两边，各纵切去1片 横切去末端1/4 | 10 10 10 | 20~24 (48) 18~24 18 | ① 沿胚和胚乳纵切 ② 除去种皮，露出胚 纵切胚和胚乳 | 无（包括胚乳） 无（包括胚乳） | |
| *Malus* spp. | 苹果属 | W, 18 W, 18 | 横切去末端1/3 剥去种皮 | 10 10 | 20~24 18 | 取出胚 | 胚根尖端；1/3子叶末端，如在表面则为1/2 同上 | |
| *Pinus* spp. | 松属 | W, 18 | ① 从两端横切，打开胚腔 ② 在胚旁纵切 | 10 10 5 | 18~24* 12~18 15~18 | ① 通过胚乳纵切，使胚露出，除去种皮 ② 暴露出胚，除去种皮 | 无（包括胚乳） | 种胚短于胚腔者，为无生活力 *种子越小，染色时间越短 |
| *Prunus* spp.* | 李属 | 打开核 W, 18如有必要应换水（强烈的杏仁气味） | 剥去种皮** | 10 | 18 | 分开子叶 | 胚根尖端；1/3子叶末端表面积 | *大粒种子需较长的染色时间（24 h） **对于小核如洋李，应小心地分开子叶 |

续表

| 种名（学名） | 中文名 | 20℃预湿方式和最少时间 /h | 染色前的准备 | 溶液质量浓度 /（g·L$^{-1}$） | 30℃染色时间 /h | 鉴定前处理和组织观察 | 鉴定（不染色、较弱或坏死的最大容许面积） | 备注 |
|---|---|---|---|---|---|---|---|---|
| *Pyrus* spp. | 梨属 | W, 18<br>W, 18 | 横切去末端 1/3<br>剥去种皮 | 10<br>10 | 20~24<br>18 | 使胚露出 | 胚根尖端；1/3 子叶末端，如在表面则为 1/2<br>同上 | |
| *Rosa* spp. | 蔷薇属 | W, 18*<br>干种子准备 | 横切去末端 1/3<br>横切去末端 1/3 | 10<br>10 | 20~24<br>18 | 使胚露出<br>取出胚 | 胚根尖端；1/3 子叶末端，如在表面则为 1/2<br>同上 | *浸种前切开，有时可防止准备时的损伤 |
| *Sophora* spp. | 槐树属 | 干种子准备 | 横切去末端一薄片 | 10 | 18 | 除去种皮 | 胚根尖端；1/2 子叶末端 | |
| *Tilia* spp. | 椴属 | 除去果皮<br>W, 18<br>剥去果皮，切去种柄基部<br>W, 18 | 切去黑斑及一薄片胚乳<br>除去种皮 | 10<br>10 | 24~28<br>18 | 沿胚乳纵切开剥开外壳，轻轻挤压种子，使胚露出<br>打开带有一小块胚乳，露出胚 | 无（在胚乳的表面上有微小坏死则除外）<br>同上 | |
| *Viburnum* spp. | 欧洲荚属 | W, 18 | 沿三边切去种皮（两端和纵向），除去种皮 | 10 | 18 | 纵向平切开胚乳，从胚区开始，露出胚 | 无（但胚对面的胚乳有少量坏死则除外） | |

注：BP 表示纸间，W 表示水中。

① 刺穿：对经过预湿的种子或硬实种子，可利用解剖针或解剖刀，刺穿种子的非主要部位。

② 纵切：所有禾谷类和禾本科牧草种子，像羊茅属大小种子或较大的种子，通过胚中轴的中部纵向切开，约达胚乳长度的 3/4；无胚乳而具有直立胚的双子叶植物种子，通过子叶略离中轴的一半纵切，而不伤及胚中轴部分；胚被活的组织包围着的种子，可沿着胚的旁边进行纵切。

③ 横切：用解剖刀、刀片、弯曲剪子或其他适当的方法，沿种子非主要组织横向切断。禾本科牧草种子：紧靠胚的上部横切，并将有胚的一端浸入四唑溶液。

具有直立胚和无胚乳的双子叶植物种子：从子叶末端部分横向切除 1/3 或 2/5。

针叶树类种子：横向切去两端一小部分，以保证能打开胚腔，但不能伤及胚太重。

④ 横剖：横剖可替代横切，是切开但不切断的一种处理方法。适用于小粒禾本科牧草种子（如剪股颖属、梯牧草属和早熟禾属）。

⑤ 胚分离：胚分离可用于大麦、黑麦和小麦。用解剖针在盾片的上部稍偏中心处刺穿胚乳，然后略略扭动，使胚乳纵裂，挑出带有盾片的胚，随即移入四唑溶液。

⑥ 剥去种皮：当切开方法不适合时，必须剥去全部种皮以及其他被覆组织。具有坚硬被覆物的种子，如坚果和核果等，可将种子或预湿后的种子劈开或敲裂，但要注意避免胚部受伤。坚韧的种皮可在预湿后，用解剖刀或解剖针小心地将其撕开剥掉。

**3. 四唑染色**

通过染色反应，能将胚和活的营养组织里的健壮、衰弱和死亡部分的差异正确地显现出来，以便进行鉴别，判断种子的生活力和活力。

将准备好的规定数量种子放入适宜大小的培养皿或烧杯中，特别细小的种子可用滤纸包起来放入容器里，然后加入适宜浓度的四唑溶液，以淹没种子为度，移置一定温度的恒温箱内进行染色反应。恒温箱内要求黑暗或弱光，因为光线可使四唑盐类还原。

染色时间因种子种类、样品准备方法、本身生活力的强弱、四唑溶液浓度、pH 和温度等因素的不同而有差异。其中温度的影响最大，在 20~45℃ 范围内，温度每增加 5℃，其染色时间可缩短 1/2。部分植物种子在 30℃ 下的染色时间见表 5-1、表 5-2。种子染色结束后，倾去溶液，用清水漂洗准备鉴定。规定的最适宜染色时间不是绝对的，可能随着种子条件而发生变化。从已积累的经验来看，也可能在染色的较早或较晚阶段进行鉴定为宜。

如果到达规定时间种子染色仍不够完全，可适当延长染色时间，以便判断染色不够充分是由四唑溶液渗入缓慢引起的，还是由种子本身的缺陷所致。但要注意，染色温度过高或染色时间过长，也会引起种子组织的劣变，这样可能掩盖由于遭受冻害、热伤和本身衰弱而呈现不同颜色或异常的情况。

有些植物种子要求在四唑溶液中加入微量的杀菌剂或抗生素（如 0.01% 115 防护剂或抗生素），以避免在染色过程产生带有黑色沉淀物的多泡沫溶液。

**4. 鉴定前处理**

为确保鉴定结果的正确性，应将已染色的种子样品进行适当的处理，使胚的主要构造和活的营养组织更加明显地暴露出来，以便观察鉴定。目前国际上采用的方法有：

（1）直接观察：适用于染色前已进行样品准备的整个胚、摘出的胚中轴、纵切或横切的胚等样品。

（2）轻压出胚：适用于样品准备时仅切去种子的一部分，胚的大部分仍留在营养组织内的样品。在鉴定前用解剖针在种子上轻压，使胚向切口滑出。

（3）扯开营养组织：适用于样品准备时仅撕去种皮或仅切去部分营养组织的样品。须扯去遮盖住胚的营养组织或去掉切口表面的营养组织，使胚的主要构造完全暴露出来。

（4）切去一层营养组织：适用于样品准备时仅切去或切开种子上半粒或基部的种子样品。须在适当的位置切去一层适宜厚度的营养组织，以便观察胚和活营养组织染色情况。

（5）沿胚中轴纵切：适用于样品未经准备的种子，如有些豆类种子。

（6）沿种子中线纵切：适用于样品准备时，仅除去种子外面构造或仅切去基部的种子，如五加科等种子。

（7）剥去半透明的种皮或种子组织：适用于样品未经处理或仅切去基部的种子。如大豆、豌豆等种子。

（8）切去切面碎片或掰开子叶：适用于切得不好的情况或有些双子叶豆科种子。

（9）剥去种皮和残余营养组织：适用于样品准备时仅切去种子一部分的样品，如红花种子。

（10）乳酸苯酚透明液的应用：在四唑染色达到适宜时间后，小粒种子用载玻片挡住培养皿的一边，留一条狭缝，沥出四唑溶液，注意不能漏出种子。对于更细小的种子（如小糠草）等，则可借助管口比种子小的吸管吸去四唑溶液。然后用厚型吸水纸片吸干残余的溶液，并把种子集中在培养皿中心凹陷处，再加入 2~4 滴乳酸苯酚透明液，适当摇晃，使其与种子充分接触，马上移入 38℃恒温箱保持 30~60 min，经清水漂洗或直接观察。

5. 观察鉴定

四唑测定样品经染色和处理后，进行正确的观察鉴定是非常重要的。测定结果的可靠性取决于检验人员对染色组织和部位的正确识别、工作经验和判断能力等综合运用能力。观察鉴定的主要目的是区别有生活力和无生活力种子。

一般鉴定原则是，凡是胚的主要构造及有关活营养组织染成有光泽的鲜红色，且组织状态正常的，为有生活力种子。凡是胚的主要构造局部不染色或染成异常的颜色，并且活的营养组织不染色部分超过允许范围，以及组织软化的，为不正常种子。凡是完全不染色或染成无光泽的淡红色或灰白色，且组织已软腐或异常、虫蛀、损伤、腐烂的为死种子。不正常种子和死种子均作为无生活力种子。此外，胚或其他主要构造明显发育不正常的种子，无论是否染色，均应作为无生活力的种子。仔细的鉴定工作还可以鉴别出不同类型的有生活力或无生活力的种子。部分植物种子的鉴定标准详见表 5-1，表 5-2。图 5-2 和图 5-3 分别是小麦和大豆种子四唑染色鉴定标准的实例。

鉴定时，可借助于放大器具进行观察。大、中粒种子可直接用肉眼或 5~7 倍放大镜进行观察鉴定，小粒种子最好利用 10~100 倍体视显微镜进行仔细观察鉴定。鉴定时注意判断种子预措时胚部切偏和切面粗糙对观测结果的影响。

6. 结果计算及处理

在测定一个样品时，应统计各个重复中有生活力的种子数，并计算其平均值。4 次重复间最大容许差距不得超过表 5-3 的规定，平均百分率修约至最近似的整数。测定结果按规定格式

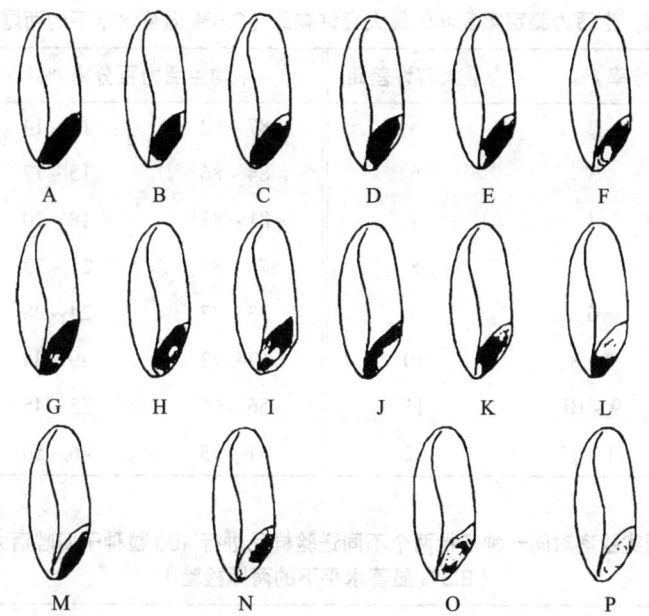

图 5-2　小麦种子四唑测定结果的鉴定标准

（引自 Grabe，1970）

图中黑色部分表示染成红色、有生活力的组织，白色部分表示不染色的死组织

A. 有发芽力，整个胚染成鲜红色　B~E. 有发芽力，盾片末端未染色　F. 有发芽力，胚根尖端及胚根鞘未染色　G. 无发芽力，胚根 3/4 以上未染色　H. 无发芽力，胚芽未染色　I. 无发芽力，盾片中部和盾片节未染色　J. 无发芽力，胚轴未染色　K. 无发芽力，盾片末端和胚芽尖端未染色　L. 无发芽力，胚的上半部未染色　M. 无发芽力，盾片未染色　N. 无发芽力，盾片、胚根和胚根鞘未染色　O.无发芽力，染成模糊的淡红色　P. 无发芽力，整个胚未染色

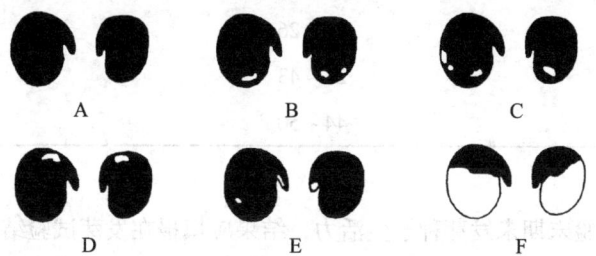

图 5-3　大豆种子四唑测定结果的鉴定标准

（引自 Samuel，1974）

A. 有发芽力，胚全部染成鲜红色　B.有发芽力，仅子叶远离胚芽部分少量未染色　C.有发芽力，仅子叶下部和边缘少许未染色　D.无发芽力，子叶上部重要部分未染色　E.无发芽力，胚根主要部位未染色　F.无发芽力，子叶一半以上未染色，或破裂，或胚根和胚芽已死亡等

填报。对豆科的一些种须增填测定中发现的硬实百分率，硬实百分率应包括在所填报的有生活力的百分率中。不同实验室对分别提交的同一种子批的两个不同送验样品进行四唑活力测定的容许差距见表 5-4。

表 5-3　生活力测定重复间的最大容许差距（2.5% 显著水平下的两尾检验）

| 平均生活力百分率 /% | 最大容许差距 | 平均生活力百分率 /% | 最大容许差距 |
|---|---|---|---|
| 99 | 2 | 5 | 87 ~ 88 | 13 ~ 14 | 13 |
| 98 | 3 | 6 | 84 ~ 86 | 15 ~ 17 | 14 |
| 97 | 4 | 7 | 81 ~ 83 | 18 ~ 20 | 15 |
| 96 | 5 | 8 | 78 ~ 80 | 21 ~ 23 | 16 |
| 95 | 6 | 9 | 73 ~ 77 | 24 ~ 28 | 17 |
| 93 ~ 94 | 7 ~ 8 | 10 | 67 ~ 72 | 29 ~ 34 | 18 |
| 91 ~ 92 | 9 ~ 10 | 11 | 56 ~ 66 | 35 ~ 45 | 19 |
| 89 ~ 90 | 11 ~ 12 | 12 | 51 ~ 55 | 46 ~ 50 | 20 |

表 5-4　同一或不同实验室对同一种子批两个不同送验样品进行 400 粒种子四唑活力测定的容许差距表（2.5% 显著水平下的两尾检验）

| 平均值 /% | | 最大容许差距 |
|---|---|---|
| 1 | 2 | 3 |
| 98 ~ 99 | 2 ~ 3 | 2 |
| 96 ~ 97 | 4 ~ 5 | 3 |
| 93 ~ 95 | 6 ~ 8 | 4 |
| 89 ~ 92 | 9 ~ 12 | 5 |
| 83 ~ 88 | 13 ~ 18 | 6 |
| 75 ~ 82 | 19 ~ 26 | 7 |
| 58 ~ 74 | 27 ~ 43 | 8 |
| 51 ~ 57 | 44 ~ 50 | 9 |

若是测定发芽试验末期未发芽种子生活力，结果应填报在发芽试验结果报告的相应栏中。

不同标准中四唑测定有一些差别。GB/T 3543 农作物种子检验规程对主要农作物及蔬菜种子生活力的四唑染色技术作了详细规定，其中对试验样品数量的规定是至少测定 200 粒种子，即可以用 200 粒、300 粒、400 粒。这与 ISTA 规程规定用 100 粒 4 次重复和《四唑测定手册》认为可以用 200 粒，均有所不同。GB/T 3543 规定四唑测定时，种子预湿温度为 30℃或 20 ~ 30℃，四唑溶液质量浓度在 1 ~ 10 g/L，染色温度为 35℃。而 ISTA 规程中，预湿温度为 20℃，四唑溶液质量浓度大多数种子采用 10 g/L，少数为 5 g/L，染色温度为 30℃。GB/T 2930.5-2001《牧草种子检验规程》，对牧草种子、草坪草种子和饲料作物种子生活力的四唑测定方法作了详细介绍，其测定程序基本与国际规程相同，但所列牧草种子的种类比国际规程更为全面。

## 二、离体胚测定法

### （一）概述

自 1904 年 Hänning 成功地培养了胡萝卜和辣根菜的离体胚以来，离体胚组织培养已有百年的历史。该技术在植物育种中主要用于解决远缘杂种败育、种子休眠期过长以及快速繁殖等问题。Tukey 1944 年研究桃种子发现，未通过后熟种子和已通过后熟种子的胚在离体培养下生长速率一致，因此，认为胚胎培养法可用于快速测定这类种子的生活力。离体胚培养法已被列入国际种子检验规程，广泛应用于木本植物种子的生活力测定。离体胚测定的目的是快速测定某些发芽缓慢或休眠期较长的植物种的种子生活力。

1. 适用范围

2020 版《国际种子检验规程》规定，离体胚测定只适用于下列已规定具体方法的植物种：

（1）槭属（*Acer* spp.）[复叶槭（*A. negundo*）和鸡爪槭（*A. palmatum*）除外]。

（2）卫矛属（*Euonymus* spp.）。

（3）木岑属（*Fraxinus* spp.）。

（4）苹果属（*Malus* spp.）和梨属（*Pyrus* spp.）。

（5）加州山松（*Pinus monticola*）、扫帚松（*P. Peuce*）和北美乔松（*P. strobus*）。

（6）瑞士石松（*P. cembra*）、大果松（*P. coulteri*）、巴尔干松（*P. heldreichii*）、黑材松（*P. jeffreyi*）、红松（*P. koraiensis*）和日本五针松（*P. parviflora*）。

（7）李属（*Prunus* spp.）：欧洲甜樱桃（*P. avium*）、比西氏樱桃（*P. bessey*）、黄果酸樱桃（*P. mahaleb*）、稠李（*P. padus*）、柳栎野黑樱（*P. serotina*）、美国稠李（*P. virginiana*）、杏（*P. armeniaca*）和桃（*P. persica*）等。

（8）花楸属（*Sorbus* spp.）。

（9）椴属（*Tilia* spp.）。

对于原先已发过芽的种子和发过芽又失水干燥的种子，不适合采用此法。

2. 原理

将离体胚在规定的条件下培养 5 ~ 14 d。有生活力的胚仍然保持坚硬新鲜的状态，或者吸水膨胀、子叶展开转绿，或者胚根和侧根伸长、长出上胚轴和第 1 叶；而无生活力的胚，则呈现腐烂的症状。

### （二）测定方法

1. 试验样品

此法需用 400 粒种子。由于在胚分离过程中可能有损伤的种胚，所以至少应从经净度分析后的净种子中随机取 425 ~ 450 粒种子。根据胚的大小和放置容器的容量设定重复次数（如 4 × 100 或 8 × 50）。

2. 浸种前处理

某些需要机械划破或化学腐蚀种皮的植物种子，必须在浸种前进行适当处理。一些果实外部的坚硬果皮也需去除。

3. 清水浸种

按种子吸水速率不同，将种子放在自来水中浸泡 24~96 h。水温保持在 25℃以下，每天换水 2 次，以延缓真菌或细菌的生长以及种子渗出物的积累。

4. 胚的分离

用解剖刀或刀片从吸胀种子中分离出胚，操作过程中应保持湿润。为使胚处于无菌状态，可用 70% 乙醇擦净器具和台面。分离时受损伤的种胚应去掉，并用试验样品中的多余种子替代。属于下列类型之一的种子，在计算生活力百分率时，应计入总数中：①空瘪果实或无胚种子；②胚部遭虫害或在加工过程中受到严重损伤的果实或种子；③胚已严重变色、腐烂或死亡的果实或种子；④胚中子叶严重畸形的果实或种子。

5. 置床培养

将胚放在培养皿或发芽盒中的湿润滤纸或发芽纸上，置于 20~25℃ 恒温下，每天至少光照 8 h，培养至 14 d。每天应拣出腐烂的胚或明显带有真菌菌丝体的胚。

如被霉菌严重感染，则须重新进行试验，并在胚分离前，先将果实或种子用 5% 次氯酸钠溶液浸 15 min，然后用水充分洗涤。

6. 观察鉴定

经培养 24 h 后，根据局部组织变色，将因分离受到机械损伤的胚与无生活力的胚区别开来。若胚因分离造成损伤而难以鉴定时，则须进一步练习分离技术后，重新进行试验。

（1）有生活力的胚　①保持坚硬，体积稍稍增大，因种不同，呈现白色（如大部分种）、绿色（如假挪威槭）或黄色的胚；②呈现生长或变绿的一片子叶或几片子叶的胚；③正在发育的胚（有可能长成幼苗）；④下胚轴呈弯曲状的针叶树球果类的胚；⑤因分离造成的损伤组织表现局部变色的胚。

（2）无生活力的胚　①很快被霉菌严重感染、劣变或腐烂的胚；②呈深褐色或变黑色、暗淡的灰色或白色水肿状的胚。

7. 结果计算

根据供检果实或种子总数计算生活力百分率，而不是根据分离胚的数目计算。最后的生活力百分率是有生活力的总胚数占供检种子总数的百分率。

## 三、染料染色法

（一）测定原理

有生活力的种子，其活细胞原生质膜具有选择透过性，当种子浸入染料后，染料大分子不能进入活细胞内，所以胚部等活组织不能被染料染色，而死的种胚细胞因原生质膜丧失选择吸收能力，故可被染料染色。由于染色法染色结果不稳定，没有列入 ISTA 和国家规程，但实际工作中仍可以应用。

（二）测定方法

1. 靛蓝染色法

此法适用于豆类、谷类、棉花、瓜类和林木等大粒种子的生活力测定。所用试剂为靛蓝（或称靛蓝洋红），分子式为 $C_{18}H_8O_2N_2(SO_5Na)_2$，为蓝色粉剂，能缓慢溶于水。测定方法如下：

（1）种子预处理

将种子浸入30℃水中，水稻、向日葵、蓖麻、花生和棉籽等种子须先去壳再浸种，浸种时间因种子不同而异，小麦、大麦、大豆、豌豆和向日葵等为3 h，燕麦、芝麻等4 h，油菜、花生、棉籽等6 h，蓖麻、红麻、大麻等7 h，黍8 h，水稻12 h，玉米20 h。将充分吸胀的种子（100粒2次重复）沿胚中线纵切（如禾谷类）或剥去种皮（如双子叶种子），以备染色用。

（2）靛蓝染色

将处理好的种子置于培养皿或小烧杯内，加入靛蓝溶液淹没种子，纵切种子用1 g/L溶液，剥去种皮种子用2 g/L溶液。染色时间禾谷类为15 min，油菜、芝麻、红麻和大麻为30 min，大豆、亚麻、向日葵、蓖麻、花生和棉籽为60 min，豌豆为180 min。

（3）观察鉴定

取出染色后的种子，用清水冲洗后立即进行观察鉴定。凡种胚不染色或染成浅蓝色的、胚根尖端或少部分子叶染色的，为有生活力种子；凡种胚全部染成蓝色的，或胚根、胚轴、胚芽、子叶等大部分染成蓝色的，为无生活力种子。

2. 红墨水染色法

其测定原理、种子预处理方法以及染色时间等与靛蓝染色法基本相同，只是所染成的颜色不同，死胚染成红色，活种子胚不染色。测定时用刚开封的红墨水，加水稀释后使用，红墨水与水的比例，小麦、玉米、大豆和棉花为1∶60，大麦以1∶120为宜。到达规定染色时间后取出种子，用清水冲洗并立即观察鉴定。

### 四、软X射线造影法

X射线是电磁能的一种形式，波长在0.000 1~0.12 nm，能够穿透各种吸收和反射可见光的材料，按波长和穿透力不同可分为硬X射线和软X射线。硬X射线波长较短，为0.005~0.01 nm，穿透力强；软X射线波长较长，为0.01~0.05 nm，穿透力弱。软X射线造影法（衬比法）测定种子生活力，由瑞典的Simak和Kanar于1963年首先应用。

（一）测定原理

活细胞的原生质膜具有选择吸收能力，当种子浸入重金属盐溶液中，凡有生活力的细胞、组织或种子，不吸收或很少吸收重金属离子，无生活力的则相反。软X射线造影时，由于重金属离子能强烈吸收X射线，因而死组织呈现不透明的阴影，活组织则较透明，经显影定影后，在底片上死组织较为透明，而活组织则较为黑暗。印成相片后，死组织较为黑暗，活组织较为白亮，从而形成明暗衬比。根据明暗强弱、面积大小及其部位，判定种子有无生活力。

（二）测定方法

1. 种子预湿

从净度分析后的净种子中随机取50~100粒种子，4次重复。将种子在清水中浸泡2~16 h，对直接浸水容易造成吸胀损伤的一些种，可先进行缓慢预湿后再浸泡16 h。

2. 造影剂处理

目前最常用的造影剂是$BaCl_2$。将预湿好的种子放入100~200 g/L的$BaCl_2$溶液中，处理时间一般为1~2 h。取出种子用自来水冲洗，再用吸水纸吸干种子表面浮水，或将种子于

60~70℃下干燥 1.5~2 h。

3. 软 X 射线摄影

首先要选好胶片。国外有专用 X 射线胶片，我国主要采用 SDIN 文献反拍黑白片，也有用照相纸直接造影。将处理和干燥的种子放在合适的样品托盘上，再将其放在感光胶片的暗袋上，然后放入 X 射线仪工作室内曝光造影，其曝光造影技术条件因 X 射线仪的种类而不同。目前我国主要应用 Hy-35 型农用 X 射线机。

4. 影像鉴定

在胶片上，凡种胚透明的，为无生活力种子；凡种胚呈黑色的，为有生活力种子。在照片上，凡种胚呈黑色的，为无生活力种子；凡种胚呈白色的，为有生活力种子。软 X 射线测定是一种非破坏性的快速测定方法，它所拍摄的 X 射线照片可提供形态学特征以及可区分饱满、空瘪、虫蛀及物理损伤等种子的永久性图像记录。

## 第二节　种子活力测定原理及方法

1957 年 Isely 首次提出了种子活力的概念，其内容是：在不良的田间条件下，有利于成苗的一切种子特性的总和，其本身涉及两方面：一是种子发芽及幼苗生长的速度，二是对不良环境条件的忍受力。Woodstock（1966）则认为，活力系健壮种子播种后可在较广的环境因子范围内迅速萌发，并出苗整齐。长期以来，对种子活力的定义难以统一，直到 1977 年 ISTA 才确定了种子活力的定义："种子活力是决定种子或种子批在发芽和出苗期间的活性水平和行为的那些种子特性的综合表现。表现好的为高活力种子，表现差的为低活力种子"（Perry，1978）。AOSA 于 1980 年采用了较为简单直接的定义："种子活力是指在广泛的田间条件下，决定种子迅速整齐出苗和长成正常幼苗潜在能力的总称"（McDonald，1980）。以上两个定义的基本内容是很相似的。简单概括地说，"种子活力是指种子的健壮度，包括迅速整齐萌发的发芽潜力、生长潜力和生产潜力"（郑光华，1980）。

种子活力是种子质量的重要指标，高活力种子具有明显的生长优势和生产潜力。种子活力测定在农业生产上具有重要意义：播种前进行种子活力测定，以便选用高活力种子，确保田间苗全苗齐苗壮，防止采用发芽率高而活力低的种子给生产带来损失；在种子干燥、清选、贮藏和处理等过程中，不适宜的条件可能使种子遭受机械损伤和生理劣变，降低种子活力，及时进行活力测定可以及时改善种子加工贮藏和处理条件，保证和提高种子质量；活力测定还有助于育种工作者选育抗寒、抗病、抗逆、早熟、丰产的植物新品种。

种子活力测定方法有 30 种以上，方法的分类也有多种，一般分为直接法和间接法两类。直接法是在实验室条件下模拟田间不良条件测定出苗率或幼苗生长速度和健壮度，如低温处理试验、希尔特纳试验（砖砾试验）等。间接法是在实验室内测定某些与种子活力相关的生理生化指标和物理特性，如酶活性、浸泡液电导率、呼吸强度、加速老化试验、负电性和软 X 射线影像等。ISTA 活力测定委员会编写的《活力测定方法手册》（第 3 版，1995）列入两类种子活力测定方法，第一类是推荐的两种种子活力测定方法，即电导率测定和加速老化试验；第二类是建议的 7 种种子活力测定方法：低温处理试验、低温发芽试验、控制劣变试验、复合逆境测定、希尔特纳试验、幼苗生长测定和四唑测定。

另一种分类方法是将种子活力测定方法分成 3 种类型。一是基于发芽行为的单项测定，如发芽速率、幼苗生长和评定、低温处理试验、低温发芽试验、希尔特纳试验、加速老化试验和控制劣变试验等；二是生理生化测定，如电导率、四唑染色、呼吸强度、ATP 含量和谷氨酸脱羧酶活性等测定；三是多重测定，如加速老化与低温处理结合而成的复合逆境测定、冷浸和低温处理结合而成的饱和抗冷测定等。AOSA（2000）颁布的《活力测定手册》则将种子活力测定方法分为逆境测定、幼苗生长和评定试验、生化测定 3 种类型。该分类体系被广泛接受。

在采用一种活力测定方法时，应考虑作物种类和当地气候条件。一个较为实用的测定方法应当具备简单易行、快速省时、节约费用、结果准确和重演性好等特点。ISTA 测定验证，电导率测定适用于鹰嘴豆、大豆、菜豆、豌豆（仅限菜用豌豆，不包括小豌豆品种）、萝卜。加速老化试验适用于大豆。控制劣变试验适用于芸薹属。胚根计数试验适用于玉米、油菜、萝卜、小麦。四唑测试适用于大豆。除这些适用的作物外，其他作物种子也可试验。现将常用的种子活力测定方法分类介绍如下。

## 一、发芽测定法

### （一）标准发芽试验法测定

该法是一种普遍采用的简单方法，适用于各种作物种子的活力测定，通过测定种子的发芽速度和幼苗生长势来判断种子活力高低，通常测定的指标有发芽势、发芽指数、芽长或根长、干重或鲜重、活力指数、简化活力指数、平均发芽日数、高峰值和日平均发芽率等。其中活力指数既能反映种子的发芽速度，又能反映幼苗的生长势，因而被广泛应用。高活力种子平均发芽日数较少，其余指标值均较高。

具体方法是采用标准发芽试验，逐日记载正常发芽种子数（发芽缓慢的牧草、林木等种子，可隔一日或数日记载），发芽试验结束时（或在初次计数日）测定正常幼苗长度或质量。然后按公式计算各种活力指标，比较各样品种子活力的高低。

1. 发芽势（%）

$$发芽势（\%）= \frac{初次计数正常幼苗数目}{供发芽的种子数目} \times 100\%$$

2. 发芽指数（$GI$）

$$GI = \sum \frac{Gt}{Dt}$$

式中：$Dt$ 为发芽日数；$Gt$ 为与 $Dt$ 相对应的每天发芽种子数。

3. 活力指数（$VI$）

$$VI = GI \times S$$

式中：$S$ 为一定时期内正常幼苗长度（cm）或质量（g）。

4. 简化活力指数（$SVI$）

$$SVI = G \times S$$

式中，$G$ 为发芽率。简化活力指数测定适用于油菜、红麻等发芽速度较快的种子。

5. 平均发芽日数（$MLIT$）

$$MLIT = \sum \frac{Gt \times Dt}{G}$$

平均发芽日数常用来表示发芽速率，平均发芽日数越少，发芽速度越快。

6. 其他发芽指标

（1）高峰值（$PV$）$= \dfrac{达到峰值的累计发芽率}{达到峰值的天数}$

（2）日平均发芽率（$MDG$）= （总发芽率 / 发芽结束时的天数）

（3）发芽值（$GV$）= $PV \times MDG$

此3个指标均表示种子的相对发芽速率，其测定适用于发芽缓慢的林木或牧草种子。

## （二）幼苗生长测定

幼苗生长测定适用于具有直立胚芽或胚根的禾谷类和蔬菜类种子。Germ（1949）首次提出以测定胚芽长度作为禾谷类和甜菜种子的活力测定方法，Perry（1977）将此法进一步完善用于大麦和小麦，Smith 等（1973）将此法用于莴苣根长的测量并获得成功。

其测定方法是取4份试样，每份25粒。取发芽纸（30 cm×45 cm）3张，在其中1张纸的长轴中心画1条横线，距顶端15 cm，并在中心线的上、下每隔1 cm画一条平行线。在中心线上每隔1 cm标1个点，共标25个点，在每点上放1粒种子（最好用无毒胶水将种子粘在点上），胚根端朝向纸卷底部，再盖2层湿润发芽纸，纸的基部向上折叠2 cm，将纸松卷成直径4 cm的圆筒状，两端用橡皮筋扎住，将纸卷竖放在容器内，上用塑料袋覆盖（或将纸卷直立于底部有水的烧杯中），置于规定温度的恒温箱内黑暗下培养7 d，然后统计苗长：计算每对平行线之间的胚芽或胚根尖端的数目，各对平行线之间的中点至中心线的距离依次为 0.5 cm、1.5 cm、2.5 cm、3.5 cm、4.5 cm、5.5 cm 等，按下列公式求出幼苗平均长度。

$$L = \frac{n_1 x_1 + n_2 x_2 + n_3 x_3 + \cdots + n_{15} x_{15}}{N}$$

式中：$L$ 为正常幼苗胚芽的平均长度（cm）；$n$ 为每对平行线间的胚芽尖端数；$x$ 为每对平行线之间的中点至中心线的距离（cm）；$N$ 为正常幼苗总数。

在实际应用中，也可不画线，而在发芽试验结束时，直接用直尺测量每株幼苗的胚芽或胚根的长度，最后求平均值。

由于幼苗生长速度在不同基因型间存在遗传差异，因而此法测定结果的比较应在基因型内进行。为防止杀虫剂和杀菌剂处理对种子在纸上萌发生长产生不利影响，测定前种子应尽可能不作任何处理。由于种子发芽速率受到原始水分的影响，因此测定前应将过湿或过干的种子平衡至相近的含水量。此外，使用此法测定种子活力必须严格控制环境条件的一致性。

直根作物（如莴苣）种子可用直立玻板法测定其幼根长度，其方法是：各重复取滤纸2张，其中1张画一条中心线，用水湿润贴在玻璃板上，将预先吸胀的25粒种子等距排在中心线上，盖上一张湿润滤纸，将玻板与水平呈70°角斜放在水盘中，于25℃黑暗条件下培养3 d，然后测量根的长度，计算平均值。据报道，莴苣种子用此法所测的根长与田间出苗率密切相关。此法还适用于胡萝卜、萝卜、甜菜等小粒根菜类种子。

## （三）幼苗评定试验

对大粒豆类种子，因其细弱苗可达到相当的长度，不能用幼苗长度表示活力，可采用幼苗评定试验。此法是采用标准发芽试验方法，幼苗评定时分成不同等级。豌豆种子试验方法为：取4份试样，每份50粒，种子置于砂床中，深度3 cm，于20℃、相对湿度95%~98%、光照12 h、光强12 000 lx的条件下培养6 d，取出幼苗洗净进行幼苗评定，先将种子分成发芽和未发芽两类，再将幼苗分成3级：①健壮幼苗。胚芽健壮，深绿色，初生根健壮或初生根少但有大量次生根。②细弱幼苗。胚芽短或细长，初生根少或细弱。③不正常幼苗。根或芽残缺或根芽破裂，苗色褪绿等。第1级为高活力种子，第2级为低活力但具有发芽力的种子，1、2级相加即为种子发芽率，活力测定结果以健壮幼苗百分率表示。

## （四）胚根计数法测定

发芽慢是种子老化的早期生理表现，是种子活力降低的主要特征。Stan Matthews 和 Alison Powell（2012）研究发现，在发芽温度低的情况下，胚根出现的快慢更能反映种子活力的高低。发芽早期胚根出现数目越高表明种子活力越高，反之亦然。油菜、萝卜、小麦和玉米，经过验证早期胚根出现的百分数，准确地反映种子活力，胚根计数试验的具体条件见表5-5。除此之外，棉花（18℃、3 d）、西瓜（25℃、68 h）、黄瓜（25℃、48 h）种子也可采用该方法。在一次胚根计数试验中两次重复容许差距见表5-6。

表 5-5　胚根计数试验的具体条件

| 作物 | 发芽床 | 重复 | 发芽温度/℃ | 胚根出现的标准 | 胚根计数的时间 |
| --- | --- | --- | --- | --- | --- |
| 油菜 | 折褶纸 | 100粒2次重复 | 20±1℃ | 胚根突破种皮，并出现 | 30 h ± 15 min |
| 萝卜 | 纸上 | 50粒4次重复 | 20±1℃ | 胚根出现 2 mm | 48 h ± 15 min |
| 小麦 | 纸间 | 50粒4次重复 | 15±1℃ | 胚根出现 2 mm | 48 h ± 15 min |
| 玉米 | 纸卷 | 25粒8次重复 | 20±1℃ | 胚根出现 2 mm | 66 h ± 15 min |
|  |  |  | 13±1℃ |  | 144 h ± 15 min |

表 5-6　在一次胚根计数试验中（100粒种子）两次重复容许差距（2.5%显著水平下的两尾检验）

| 胚根呈现数目占比 /% | | 容许差距 |
| --- | --- | --- |
| 51~100 | 0~50 | |
| 99 | 2 | 4 |
| 98 | 3 | 5 |
| 96~97 | 4~5 | 6 |
| 95 | 6 | 7 |
| 93~94 | 7~8 | 8 |
| 90~92 | 9~11 | 9 |
| 88~89 | 12~13 | 10 |
| 84~87 | 14~17 | 11 |
| 81~83 | 18~20 | 12 |

续表

| 胚根呈现数目占比 /% | | 容许差距 |
| --- | --- | --- |
| 51~100 | 0~50 | |
| 76~80 | 21~25 | 13 |
| 69~75 | 26~32 | 14 |
| 55~68 | 33~46 | 15 |
| 51~54 | 47~50 | 16 |

## 二、逆境试验测定

逆境试验是将种子置于不同的逆境条件下处理，由于高活力种子抗逆能力强，经逆境处理仍能保持较高发芽力，幼苗生长正常，而低活力种子则相反，借以鉴定种子活力水平，测定结果与田间出苗率关系较为密切。常用的方法有以下几种：

### （一）冷处理试验

1. 测定原理

冷处理试验（cold test）亦称抗冷测定或冷冻试验，主要适用于春播喜温作物，如玉米、棉花、大豆和豌豆等。该法是将种子置于低温潮湿的土壤中处理一定时间后，移至适宜温度下生长，模拟早春田间逆境条件，观察种子发芽成苗的能力。高活力种子经低温处理后仍能形成正常幼苗，而低活力种子则不能形成正常幼苗。

2. 测定方法

冷处理试验通常采用土壤卷法和土壤盒法，其中土壤盒法操作较为简单。这里介绍土壤盒法：取种子50粒，4次重复，播于装有3~4 cm深潮湿土壤的盒内，覆土2 cm（土壤最好取自所测定作物的田块），于10℃低温黑暗条件下处理7 d，然后转入适宜温度下光照和黑暗交替处理（12 h光照，12 h黑暗）：玉米、水稻于30℃经3 d，大豆、豌豆于25℃经4 d，计算发芽率，凡能形成正常幼苗的为高活力种子。冷处理试验发芽床也有采用砂或土壤掺砂。

### （二）低温发芽试验

1. 测定原理

低温发芽试验（cool germination test）主要适用于棉花，也可用于高粱、黄瓜、水稻等。棉花早春播种常遇低温，会引起胚根损伤，下胚轴生长速率降低。棉花发芽最低温度一般为15℃，本法采用18℃低温模拟田间低温条件。

2. 测定方法

试验方法与标准发芽试验基本相同。种子置于砂床或纸卷床后，于18℃黑暗条件下发芽6 d（硫酸脱绒）或7 d（未脱绒），检查幼苗生长情况，凡苗高（根尖至子叶着生点的距离）达4 cm以上的即为高活力种子。

### （三）加速老化试验

加速老化试验（accelerated aging test）简称AA测定。该法最早是由Delouche（1965）创立的，用来预测种子的相对耐藏性。经过多年的发展，目前加速老化试验主要用于两方面，一是预测田间出苗率，二是预测种子耐藏性。

1. 测定原理

采用高温（40~50℃）、高湿（相对湿度100%）处理种子，加速种子老化，其劣变程度在几天内相当于数月或数年之久。高活力种子经老化处理后仍能正常发芽，低活力种子则产生不正常幼苗或全部死亡。

2. 测定方法

以大豆种子为例。将200多粒种子置于老化盒（内箱）内的支架网上铺平，箱内加水，水面距支架6~8 cm，然后加盖密封，置于41℃的水浴恒温箱（外箱）内，关闭外箱保持密闭，经72 h取出种子用风扇吹干，进行发芽试验。取试样50粒，4次重复，按标准发芽试验方法进行发芽，将长出正常幼苗种子作为高活力种子。此法还适用于其他作物种子，不同作物种子老化温度和时间见表5-7。加速老化发芽试验的最大容许差距见表5-8、表5-9。此外，新的《活力测定方法手册》（ISTA，1995）对老化后种子水分也有所限制。

表5-7 不同作物种子加速老化试验的温度和时间（ISTA，1995）

| 作物 | 温度/℃ | 时间/h |
| --- | --- | --- |
| 推荐：大豆 | 41 | 72 |
| 建议：苜蓿、菜豆、油菜、甜玉米、莴苣、洋葱 | 41 | 72 |
| 胡椒、红三叶、高羊茅、番茄、小麦 | 41 | 72 |
| 黑麦草 | 41 | 48 |
| 高粱、烟草 | 43 | 72 |
| 法国菜豆 | 45 | 48 |
| 玉米 | 45 | 72 |
| 绿豆 | 45 | 96 |

表5-8 100粒2次重复加速老化发芽试验最大容许差距（2.5%显著水平下的两尾检验）

| 平均发芽百分率/% | | 最大容许差距 |
| --- | --- | --- |
| 1 | 2 | 3 |
| 99 | 2 | — |
| 98 | 3 | — |
| 96~97 | 4~5 | 6 |
| 95 | 6 | 7 |
| 93~94 | 7~8 | 8 |
| 90~92 | 9~11 | 9 |
| 88~89 | 12~13 | 10 |
| 84~87 | 14~17 | 11 |
| 80~83 | 18~21 | 12 |
| 76~79 | 22~25 | 13 |

续表

| 平均发芽百分率 /% | | 最大容许差距 |
|---|---|---|
| 1 | 2 | 3 |
| 69～75 | 26～32 | 14 |
| 55～68 | 33～46 | 15 |
| 51～54 | 47～50 | 16 |

-表示无法测试。

表 5-9　两次加速老化（200 粒）发芽试验最大容许差距（5% 显著水平下的两尾检验）

| 平均发芽百分率 /% | | 最大容许差距 |
|---|---|---|
| 1 | 2 | 3 |
| 99 | 2 | - |
| 98 | 3 | - |
| 97 | 4 | 6 |
| 96 | 5 | 7 |
| 95 | 6 | 8 |
| 93～94 | 7～8 | 9 |
| 91～92 | 9～10 | 10 |
| 89～90 | 11～12 | 11 |
| 86～88 | 13～15 | 12 |
| 83～85 | 16～18 | 13 |
| 79～82 | 19～22 | 14 |
| 74～78 | 23～27 | 15 |
| 68～73 | 28～33 | 16 |

-表示无法测试。

### （四）控制劣变试验

控制劣变试验（controlled deterioration test）的原理与加速老化试验相似，但对种子水分及老化温度的要求更加严格。该方法适用于十字花科种子。调整种子水分含量，将种子混匀，并随机抽取至少 100 粒种子 4 次重复。将每个重复称重至小数点后四位。将每个重复的种子水分含量调整到 20%。具体方法为：首先测定种子水分。取 400 多粒种子样品称重后置于湿润的培养皿内，让其吸湿至规定的水分（用称重法计算种子水分）：白菜、胡萝卜、糖用甜菜为 24%，羽衣甘蓝为 21%，甘蓝、芜菁、花椰菜、萝卜和莴苣为 20%，洋葱为 19%，红三叶为 18%。将调整好水分的种子分别放入铝箔袋中密封，将密封袋置于 7±2℃下 24 h。然后，放入 45℃的水浴中 24 h ± 15 min，将密封袋取出放在自来水中冷却 5 min。老化后的种子按照发芽试验测定，种子胚根露出即视为发芽。发芽率高的种子活力亦高。此法试验结果与田间出苗率显著相关，且重演性好。

在此水分含量下的种子质量计算如下：

20% 水分种子质量 = 初始种子质量 ×（100- 种子初始水分含量）/80

使用的设备包括：水浴或培养箱，控制 45℃并精确到 ±0.5℃；分析天平，称量精确到 0.000 1 g；铝箔包，适合单层装 100 粒种子，密封后种子上方至少留出 3 cm 的空间，5 ~ 6 cm 深和 7 ~ 10 cm 宽的包裹是合适的，可用 8 μm 铝箔和 40 μm 聚乙烯薄膜复合纸；冰箱或冷藏培养箱，能够维持 7±2℃条件；封包机或任何能够对箔封包产生防水密封的仪器。

### （五）希尔特纳试验

**1. 测定原理**

希尔特纳试验（Hiltner test）又称砖砾试验（brick grit test），此法是由 Hiltner 和 Ihssen（1911）创立，主要适用于谷类作物种子。模拟黏土或板结土壤的机械压力，受损伤、带病等低活力种子，芽鞘顶出砖砾能力弱；高活力种子顶出砖砾能力强。

**2. 测定方法**

大麦、小麦砖砾试验方法如下：先将砖块压碎磨成颗粒直径为 2 ~ 3 mm 的砖砾（或用 2 ~ 3 mm 的粗砂代替），清洗、烘干消毒后加水使砖砾湿润，每 1 100 g 砖砾加水 250 mL，搅匀放置 1 h，然后放入大小为 10 cm × 10 cm × 8.5 cm 的聚乙烯盒内，厚度 3 cm。取种子 100 粒，2 ~ 4 次重复，均匀排放在砖砾上，并覆盖 3 ~ 4 cm 厚的湿砖砾，加盖，于 20℃黑暗条件下培养 10 ~ 14 d，统计顶出砖砾的正常幼苗数，并计算活力百分率。必要时可将顶出砖砾正常幼苗（%）、未顶出砖砾正常幼苗（%）、不正常幼苗（%）和感染真菌幼苗（%）分开计算。此法在检测因微生物等因素造成的低活力种子样品时，结果要比发芽试验更为可靠，但因砖砾供应较困难、操作麻烦和重演性不够好等原因，应用有一定的局限性。

### （六）冷浸试验

**1. 测定原理**

冷浸试验（cool soaking test）是将种子浸泡在低温水中，使种子受到冷害、快速吸胀伤害以及缺氧伤害，低活力种子经过一定时间的冷浸处理后，就会失去发芽能力，而高活力种子由于抗逆性强仍能保持发芽力。冷浸处理后所测得的一些发芽指标能较好地反映种子活力水平。冷浸的温度一般较发芽的最低温度低 3 ~ 6℃（郑光华等，1981；张春庆等，1987）。

**2. 测定方法**

取试样 50 或 100 粒，4 次重复，用纱布松松包好，挂上标签，浸入冷水中，花生 8 ~ 10℃浸 2 d，小麦 2 ~ 4℃、玉米 6℃浸 3 d，然后取出种子按标准发芽试验法测定种子活力，计算发芽势、发芽率、发芽指数和活力指数等指标。

### （七）复合逆境测定

复合逆境测定（complex stressing test）是将种子进行 1 种以上的逆境胁迫处理，然后转入适宜条件下进行发芽。此类方法评定活力的指标基于 1 种以上的活力测定原理，因而能更准确地反映种子活力水平，试验结果与田间出苗率相关极显著，且重演性较好。目前，此法主要用于玉米、小麦种子，如将加速老化处理的种子再进行低温处理，然后进行适温发芽，统计正常幼苗占比，即加速老化试验与低温处理试验相结合测定种子活力。玉米种子的水分饱和抗冷测定，是将种子置于水分饱和的土壤床中进行低温处理试验，属于冷浸试验和低温处理试验两种原理相结合的复合逆境测定。

## 三、生理生化测定

### (一) 电导率测定

电导率测定 (electrical conductivity test) 最早由 Hibbard 等 (1928) 在几种作物种子上开始使用,后来由 Matthews 等 (1967) 发展为豌豆种子活力测定的常规方法。此法也可用于大豆、菜豆、玉米、棉花、番茄和洋葱等种子。现在欧洲、澳大利亚、新西兰和北美已得到广泛使用。电导率测定也是目前唯一被列入 ISTA 规程的种子活力测定方法。

1. 测定原理

种子吸胀初期,细胞膜重建和修复能力影响电解质(如氨基酸、有机酸、糖类及其他离子)渗出程度,膜完整性修复速度越快,渗出物越少。高活力种子能够更加快速地重建细胞膜,且最大限度修复任何损伤,而低活力种子则差。因此,高活力种子浸泡液的电导率低于低活力种子。电导率与田间出苗率呈负相关。电导率测定还受种子水分老化方法等因素影响。

2. 测定方法

(1) 仪器准备

电导率仪:具有电极常数为 1.0,在 20~25℃的温度范围内,测量范围 0~1 999 $\mu S \cdot cm^{-1}$、至少 0.1 $\mu S \cdot cm^{-1}$ 的分辨率、±1% 的精度。容器(锥形瓶或烧杯):容量应为 400~500 mL,底部直径为 80 mm (±5 mm),以提供足够的水深来浸没所有种子和电极池。使用前用去离子水或蒸馏水冲洗两次。水:应使用去离子水或蒸馏水,并且水的电导率在 20℃时不得超过 5 $\mu S \cdot cm^{-1}$,用于测试的水在使用前必须达到 20±2℃。

电导仪校准,未校准的电导仪不得用于电导率测试。至少应使用两种溶液,一种电导率小于 100 $\mu S \cdot cm^{-1}$,另一种电导率为 1 000~1 500 $\mu S \cdot cm^{-1}$。请注意,使用这些溶液校准仪表是在 25℃下进行,如果读数不正确,则必须重复校准,必要时调整或修理仪表。

也可用 KCl 溶液校准电导仪。将 0.745 g 干燥的分析纯级 KCl(在 150℃下干燥 1 h,称重前在干燥器中冷却)溶解在去离子水中,制成 1 L 的 0.01 mol/L KCl 溶液。仪表应读数在 20℃时应为 1 273~1 278 $\mu S \cdot cm^{-1}$。如果读数超出范围,应重复校准测试,必要时调整或修理仪表。

检查容器的清洁度:

测试前,每个容器加入 250 mL 已知电导率并保持在 20±2℃的去离子水或蒸馏水,读取电导率。如果容器中水的电导率高于 5 $\mu S \cdot cm^{-1}$,则重新清洗使用的所有容器。

(2) 样品的准备

根据水分测定结果,将样品水分调整到 10%~14%。在水分含量低于 10% 的情况下,可以将样品放在湿布(纸巾)之间来提高水分含量。在水分含量高于 14% 的情况下,将称重的子样品放入 30℃的烘箱中,降低水分含量,直到样品水分含量在 10%~14%。然后将样品密封在防潮容器中,在 5~10℃保持 12~18 h,使整个种子样品的水分含量平衡。

样品的质量 =(初始质量)×(100- 初始水分含量)/(100 - 期望种子水分含量)

随机数取水分含量 10%~14% 种子 50 粒,4 次重复,并称重精确到小数点两位(0.01 g)。

（3）测试

对于每个要测试的样品，准备 4 个容器，加入 $20 \pm 2$℃、$250 \pm 5$ mL 水。每次测试设置两个对照。将每个称重的样品放入准备好的容器中。轻轻旋转每个容器以确保所有种子都完全浸没。用铝箔或保鲜膜等盖好，在 $20 \pm 2$℃下放置 24 h。测定尽可能在 15 min 内完成，通常为 10~12 个容器。测定前向容器内加入 400~600 mL 蒸馏水或去离子水，摇匀或用玻璃棒搅匀。

电导率（$\mu S \cdot cm^{-1} \cdot g^{-1}$）=［电导率读数（$\mu S \cdot cm^{-1}$）－背景读数（$\mu S \cdot cm^{-1}$）］/ 样品质量（g）

（4）结果计算

如果重复间差值超过表 5-10 时，应重做试验，在容许差距范围内取其平均值。同一试验室 2 次试验结果的容许差距见表 5-11。

表 5-10　四次重复电导率最大容许差距（5% 显著水平）　　　　单位：（$\mu S \cdot cm^{-1} \cdot g^{-1}$）

| 平均电导率范围 | | 最大容许误差 | 平均电导率范围 | | 最大容许误差 |
|---|---|---|---|---|---|
| 10 | 10.9 | 3.1 | 32 | 32.9 | 8.5 |
| 11 | 11.9 | 3.3 | 33 | 33.9 | 8.8 |
| 12 | 12.9 | 3.6 | 34 | 34.9 | 9.0 |
| 13 | 13.9 | 3.8 | 35 | 35.9 | 9.3 |
| 14 | 14.9 | 4.1 | 36 | 36.9 | 9.5 |
| 15 | 15.9 | 4.3 | 37 | 37.9 | 9.8 |
| 16 | 16.9 | 4.6 | 38 | 38.9 | 10.0 |
| 17 | 17.9 | 4.8 | 39 | 39.9 | 10.3 |
| 18 | 18.9 | 5.1 | 40 | 40.9 | 10.5 |
| 19 | 19.9 | 5.3 | 41 | 41.9 | 10.8 |
| 20 | 20.9 | 5.5 | 42 | 42.9 | 11.0 |
| 21 | 21.9 | 5.8 | 43 | 43.9 | 11.3 |
| 22 | 22.9 | 6.0 | 44 | 44.9 | 11.5 |
| 23 | 23.9 | 6.3 | 45 | 45.9 | 11.8 |
| 24 | 24.9 | 6.5 | 46 | 46.9 | 12.0 |
| 25 | 25.9 | 6.8 | 47 | 47.9 | 12.3 |
| 26 | 26.9 | 7.0 | 48 | 48.9 | 12.5 |
| 27 | 27.9 | 7.3 | 49 | 49.9 | 12.8 |
| 28 | 28.9 | 7.5 | 50 | 50.9 | 13.0 |
| 29 | 29.9 | 7.8 | 51 | 51.9 | 13.3 |
| 30 | 30.9 | 8.0 | 52 | 52.9 | 13.5 |
| 31 | 31.9 | 8.3 | 53 | 53.9 | 13.8 |

表 5–11　同一试验室 2 次电导率试验最大容许差距
（5% 显著水平下的两尾检验）　　　　　　　单位：($\mu S \cdot cm^{-1} \cdot g^{-1}$)

| 平均电导率范围 | | 最大容许差距 | 平均电导率范围 | | 最大容许差距 |
|---|---|---|---|---|---|
| 10 | 10.9 | 2.0 | 16 | 16.9 | 2.8 |
| 11 | 11.9 | 2.1 | 17 | 17.9 | 3.0 |
| 12 | 12.9 | 2.3 | 18 | 18.9 | 3.1 |
| 13 | 13.9 | 2.4 | 19 | 19.9 | 3.2 |
| 14 | 14.9 | 2.5 | 20 | 20.9 | 3.4 |
| 15 | 15.9 | 2.7 | 21 | 21.9 | 3.5 |
| 22 | 22.9 | 3.7 | 38 | 38.9 | 5.9 |
| 23 | 23.9 | 3.8 | 39 | 39.9 | 6.1 |
| 24 | 24.9 | 4.0 | 40 | 40.9 | 6.2 |
| 25 | 25.9 | 4.1 | 41 | 41.9 | 6.4 |
| 26 | 26.9 | 4.2 | 42 | 42.9 | 6.5 |
| 27 | 27.9 | 4.4 | 43 | 43.9 | 6.6 |
| 28 | 28.9 | 4.5 | 44 | 44.9 | 6.8 |
| 29 | 29.9 | 4.7 | 45 | 45.9 | 6.9 |
| 30 | 30.9 | 4.8 | 46 | 46.9 | 7.1 |
| 31 | 31.9 | 4.9 | 47 | 47.9 | 7.2 |
| 32 | 32.9 | 5.1 | 48 | 48.9 | 7.3 |
| 33 | 33.9 | 5.2 | 49 | 49.9 | 7.5 |
| 34 | 34.9 | 5.4 | 50 | 50.9 | 7.6 |
| 35 | 35.9 | 5.5 | 51 | 51.9 | 7.8 |
| 36 | 36.9 | 5.6 | 52 | 52.9 | 7.9 |
| 37 | 37.9 | 5.8 | 53 | 53.9 | 8.0 |

控制劣变后的电导率测定：如果变异系数不超过 10.0，则重复是可以接受的。如果变异系数大于 10.0，则必须重复测试。在不同的实验室进行两项测试时：两个测试结果的最大容许差距值 = 平均电导率读数 × 0.332 6。

（5）结果报告

使用电导率测试方法的种子活力测试结果如下所示：

结果必须以 $\mu S \cdot cm^{-1} \cdot g^{-1}$ 表示，精确到小数点后一位。

必须报告测试前的种子水分含量。如果测试验前水分含量已经调整，则必须报告初始水分含量和调整后水分含量。

结果必须附有测试中使用的浸泡时间和温度。以豌豆种子为例。取 50 粒种子称重（精确至 2 位小数），4 个重复。取直径为 80 mm 左右的烧杯 5 个，用热水和去离子水洗净。将种子放入烧杯中,加入 250 mL 去离子水,另一烧杯内加去离子水作对照。烧杯须用铝箔或薄膜盖盖好,以减少水分蒸发和被灰尘污染。所有烧杯于 20℃条件下放置 24 h,然后用电导仪测定浸泡液和对照的电导率。也可先将种子与浸泡液分离,然后再测定。将各重复样品电导率减去对照电导率,按以下公式求出 4 个重复的平均电导率:

$$电导率(\mu S \cdot cm^{-1} \cdot g^{-1}) = \left(\frac{重复1电导率}{重复1种子质量} + \frac{重复2电导率}{重复2种子质量} + \frac{重复3电导率}{重复3种子质量} + \frac{重复4电导率}{重复4种子质量}\right) \div 4$$

3. 注意事项

电导率结果受许多因素,如种子大小及完整性、种子水分、浸泡温度及时间、容器大小、溶液体积等影响,应予注意。测定最好使用去离子水(20℃下电导率不超过 2 μS/cm),也可用蒸馏水(20℃下电导率不超过 5 μS/cm),使用前水温应保持在 20℃。所有电导率都应在 20℃条件下测定,因为微小的温度变化会导致电导率发生很大差异。

(二)四唑测定法

1. 定量测定原理

TTC 定量法测定种子活力的原理与测定种子生活力的原理相同。种子经 TTC 染色后,用丙酮或乙醇将红色的三苯基甲䐞(TTCH)提取出来,然后用分光光度计测定提取液的光密度值,或从标准曲线查出 TTCH 含量(μg/mL),以定量计算脱氢酶的活性,光密度值高或 TTCH 含量高,表明种子活力强。

2. 标准曲线的制作

取 5 mL 容量瓶 5 个,加入极少量 $Na_2S_2O_4$,再用微量注射器分别加入 1 mg/mL TTC 溶液 25 μL、50 μL、75 μL、100 μL、150 μL,并加水定容,摇匀,配制成 5 mg/mL、10 mg/mL、15 mg/mL、20 mg/mL、30 μg/mL 的 TTCH 标准溶液,在分光光度计上于 490 nm 处分别测定其吸光度,并以吸光度为横坐标,TTCH 浓度为纵坐标绘制标准曲线。

3. TTCH 含量测定

将待测种子浸泡至充分吸胀,除去种皮,剥出种胚(大粒种子)或整粒种子(中、小粒种子),每个样品数取相同粒数(种子大小均匀的可称重),3 次重复。将样品放进具塞试管中,加入 10 mL 1 mg/mL TTC 溶液,于 38℃左右的恒温水浴中黑暗条件下染色 1~3 h(时间随种子的种类而异)。倾出 TTC 溶液,用水冲洗样品 2~3 次,用滤纸吸干浮水,观察样品染色部位及程度,并按图形法记录。然后将样品全部倒入研钵,加少许石英砂及丙酮,充分研磨,将研磨液全部倒入容量瓶中,用丙酮冲洗研钵 2~3 次,并倒入容量瓶,定容并摇匀。再将部分提取液倾入 10 mL 离心管中,于 3 000 r/min 离心 5 min,吸出一定量的红色上清液供比色用。若上清液浑浊,可加入数滴 10 g/L NaCl 溶液(以溶液达清亮为度)。最后用分光光度计于 490 nm 处测定吸光度值,再从标准曲线上查得相应的 TTCH 含量。为了简化测定,也可不制作标准曲线,直接比较吸光度值(徐本美等,1982)。

4. 四唑染色图形分析测定

其原理与四唑法生活力相同,适用于大豆活力分析。

让种子在 20±2℃的滤纸卷之间过夜吸水 16~18 h,并将其放置在密封塑料袋中,以避免蒸发。如果吸水不完全,种子应再在 20±2℃水中吸水 30~60 min,以充分吸水。如果遇到硬种子,在胚芽对面的子叶区域切开,在 20±2℃的滤纸卷之间将硬种子吸水 16~18 h。

将吸水后的种子置于 TTC 溶液中,在 35±2℃下黑暗中放置 3 h。

根据种子上受损区域的颜色、吸胀程度和位置将其分为有活力的种子(图 5-4A~4C)和无活力种子(图 5-4D)。

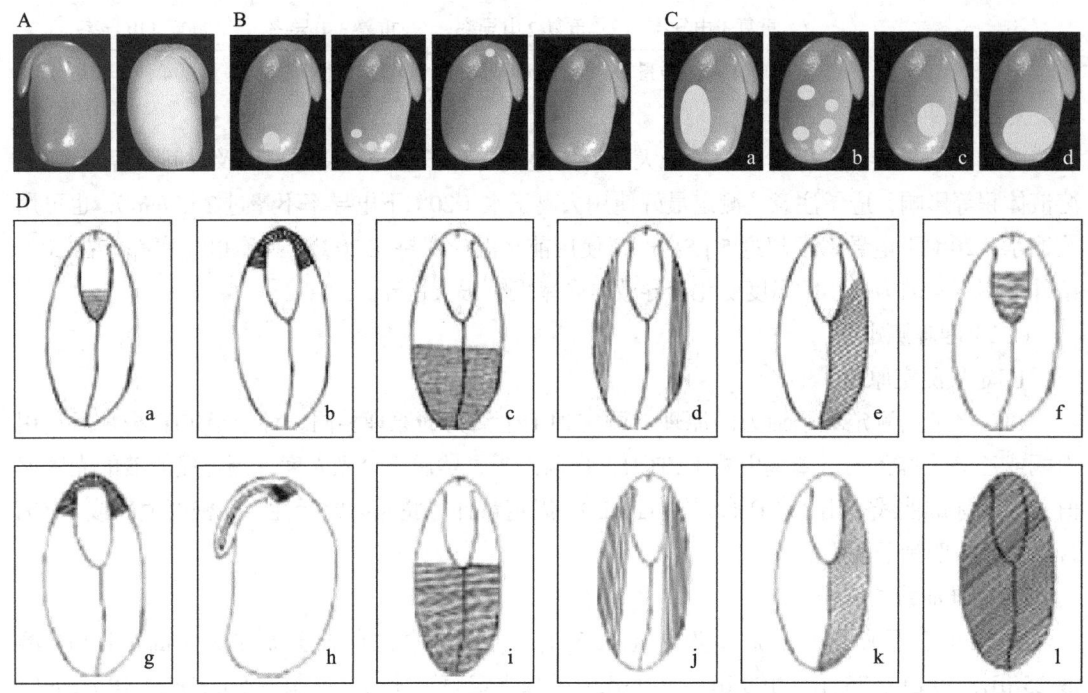

图 5-4  有活力种子和无活力种子示意图(引自 ISTA 规程,2020)彩

A. 完全膨胀和染色的正常粉红色种子,内部视图显示被粉红色区域包围的亮白色  B. 子叶的大部分是粉红色的。主要染色成红色,有未染色、松弛或坏死组织的小区域,其延伸和浅表深度有限  C. 子叶以粉红色为主,有未染色、松弛或坏死组织,从 1/3 延伸到子叶远端的整个子叶区域  D. 无活力种子。a. 1/3 的胚根退化、未染色或丢失  b. 胚轴和子叶之间的连接区域不染色  c. 大于 1/2 的子叶不染色或丢失  d. 宽度达 1/4 的子叶未染色  e. 高达 3/4 的子叶不染色  f. 胚根有超过 1/3 的未染色或丢失  g. 接合区胚轴子叶未染色  h. 胚轴变质或丢失  i. 超过 1/2 的子叶未染色或丢失  j. 超过 1/4 宽度组织未染色  k. 子叶具有超过 3/4 不染色  l. 整个种子未染色

### (三)ATP 含量测定

ATP(腺苷三磷酸)是种子生命活动中的高能量物质。1973 年 Te May Ching 首先提出 ATP 测定法,并证明吸胀种子中 ATP 含量与种子活力呈显著正相关,因此认为测定 ATP 含量是种子活力测定较为理想的方法。

**1. 测定原理**

$$ATP + 荧光素 \xrightarrow[\text{Mg}^{2+},\text{砷酸}]{\text{荧光素酶}} PPi + AMP + 氧化荧光素 + 光$$

根据上述反应式,当底物和酶均足量时,光产量与 ATP 含量成正比。因此,可用荧光光度计测得的发光强度计算出 ATP 含量。

2. 测定方法

（1）标准曲线的制作

称取 3 mg ATP 标准样品，溶于 1 mL 0.02 mol/L Tris（三羟甲基氨基甲烷）溶液中，配制成 5 μmol/L（$5 \times 10^{-6}$ mol/L）ATP 母液，再稀释成 $5 \times 10^{-7}$ mol/L、$5 \times 10^{-8}$ mol/L、$5 \times 10^{-9}$ mol/L、$5 \times 10^{-10}$ mol/L、$5 \times 10^{-11}$ mol/L、$5 \times 10^{-12}$ mol/L、$5 \times 10^{-13}$ mol/L 系列浓度 ATP 溶液。

分别取 0.2 mL ATP 溶液注入 5 mm 比色杯中，移入荧光光度计暗室。在测定时再分别加入 1 mL 荧光素酶，并立即记录光产量最高峰读数。然后绘制 ATP 标准曲线。

0.02 mol/L Tris 溶液的配制：称取 0.606 g Tris，溶于蒸馏水，加 1 mol/L HCl 4 mL，再用水稀释至 250 mL，即成为 pH 7.4～7.8 的 0.02 mol/L Tris 溶液。

（2）荧光素酶液的配制

称取 40 mg 荧光素酶粉剂，放入玻璃匀浆容器内，加入 15 mL 含有牛血清蛋白的 0.05 mol/L 甘氨酰甘氨酸缓冲液，研磨后离心，取上清液备用。酶液在 4℃下保存 2 d，在冰箱内速冻则可保存数天。

0.05 mol/L 甘氨酰甘氨酸缓冲液的配制：称取 $MgSO_4 \cdot 7H_2O$ 0.247 g、EDTA 0.037 2 g，甘氨酰甘氨酸 0.660 g，分别溶解后，用 0.5 mol/L KOH 溶液调节 pH 至 7.4～7.8，然后定容至 100 mL。配制酶液时，每 1 mL 加 1 mg 的比例现加牛血清蛋白，以保持酶的稳定。

（3）种子提取液测定

小粒种子称取一定质量，大粒种子数取一定粒数，重复 3 次，浸泡 1～24 h。大粒种子取胚，小粒种子用整粒，放入具塞试管或小瓶中，加入 5 mL 蒸馏水，置于沸水中或蒸汽上加热 5～10 min，立即冷却，然后吸取 0.2 mL 提取液注入 5 mm 比色杯中，置于荧光光度计暗盒内，再注入 1 mL 酶液，立即记录每个试样的光产量最高峰读数。从标准曲线上查出 ATP 的浓度，再换算成每克或每一定粒数种子的 ATP 含量。

1983 年顾增辉等提出改进的方法，可先用丙酮或乙醇浸没种子，加热数分钟后，倒去丙酮或乙醇，加 5 mL 水，再加热 5 min 提取，冷却后取样测定。

（四）无损检测技术

种子活力的无损检测技术对于育种和种质保存评价具有很好的应用价值。种子活力的无损伤测定主要集中在近红外光谱技术、高光谱技术和电子鼻技术 3 个方面。机器视觉技术在种子净度分析、籽粒形态特征、种苗评价、种子分类等方面广泛应用，在种子活力无损检测方面应用较少。

1. 近红外光谱技术

近红外光（NIR）是一种介于可见光（VIS）和中红外光（MIR）的电磁波，波长为 780～2 526 nm。近红外光谱区与有机分子含氢基团（OH、NH、CH）振动的合频和各级倍频的吸收区一致，在近红外光谱区具有较强的吸收，可利用光谱吸收信息来反映种子组成成分信息，进而可以分析种子的化学组成和活力状况。禾谷类种子蛋白质、淀粉和纤维素等主要有机物，在 1 150～1 220 nm 处的波谷是甲基与亚甲基中—CH 二级倍频和组合频振动吸收，在 1 410～1 450 nm 处的波谷是甲基与亚甲基中—CH 及蛋白质中的羟基 OH 的组合频振动吸收，在 1 510～1 540 nm 处的波谷是氨基酸和蛋白质等物质中所含的氨基—NH 的一级倍频振动吸收，在 1 660～1 800 nm 处的波谷是脂肪族—$CH_3$ 及—$CH_2$—的一级倍频吸收，在 1 910～

1 950 nm 处的波谷是脂类、纤维素等多糖物质所含的—$\overset{\overset{O}{\|}}{C}$—二级倍频吸收振动及淀粉与纤维素中—OH 伸缩和—OH 变形振动的组合频吸收，在 2 100 nm 处的波谷则对应于—$\overset{\overset{O}{\|}}{C}$—NH 的组合频、二级倍频吸收及淀粉中 O-H 的组合频吸收。

近红外光已经在农业、食品、化工等领域得到了广泛应用。早在 20 世纪 60 年代，K. H. Norris 就首次应用近红外光谱技术分析谷物和种子的水分含量。随着分析仪器的发明、统计方法的改进和计算机软件技术的发展，红外光谱技术对粮食和种子的分析日趋成熟。Soltani 等（2003）利用近红外光谱技术对单粒山毛榉坚果有无活力进行鉴别，精确度达到 100%。

随着图像处理技术的发展，将图像处理、图像分析和图像理解的各种技术集成一个整体，形成图像的人工智能分析，实现种子质量的快速自动检测，是近红外光谱技术测定种子活力主要研究目的。在实际研究中，图像信息的噪声干扰、种子黏附等给图像处理带来了许多困难。因此，种子图像处理算法中最困难的任务是去除图像噪声和分割种子黏附物。利用主成分分析（PCA）和支持向量机（SVM）结合的方法建立判别模型，是红外光谱技术测定种子活力经常应用的思路。许多研究发现对光谱原始光谱数据进行一阶导数转换，建立预测模型会提高预测精度。Min 等（2008）利用正常玉米种子和人工老化玉米种子的近红外光谱，分析并建立原始光谱、一阶导数转换光谱模型，对种子活力的预测准确率分别为 88%、100%。

2. 高光谱技术

高光谱技术与近红外光谱技术不同之处在于，近红外光谱只能获取待检测物体的光谱信息，不能获得其空间信息。高光谱技术融合了图像技术和光谱技术，不仅能够获取其反应内部成分的光谱信息，而且能够获取待测物体的空间信息。高光谱图像光源的波谱范围可以在紫外波段（200～400 nm）、可见光波段（400～760 nm）、近红外波段（760～2 560 nm）以及波长大于 2 560 nm 的波段获取大量窄波段连续光谱图像数据，为每个像素提供一条完整并连续的光谱曲线。高光谱波段范围广，种子信息获取更加全面，作为一项高效、无损的检测技术，已经成为种子活力无损检测的有力工具。

高光谱技术与红外光谱技术一样，关键是建立预测模型。高光谱图像中光谱数据维度较高，含有大量的冗余信息和干扰信息，将其直接用于建模会导致建模时间长和模型准确率低等问题。采用小波阈值去噪（wavelet threshold denoising，WTD）结合一阶导数（FD）转换的方法（WTD-FD）对原始光谱进行预处理，使用堆叠自动编码器（stacked auto-encoder，SAE）从预处理光谱中提取特征变量构建支持向量机（support vector machine，SVM）模型，建立预测模型，最后使用灰狼优化算法（grey wolf optimizer，GWO）对选择的模型进行参数优化。这一解决思路是一条种子活力高光谱图像建模的有效途径。孙俊等（2021）利用水稻种子研究显示 WTD-FD 对原始光谱的预处理是有效的，使用从预处理光谱中提取的 SAE 非线性深层特征，相比于主成分分析（principal component analysis，PCA）线性特征更具有代表性，基于其建立的 SAE-SVM 模型的准确率达到 96.47%。SAE-SVM 模型经过 GWO 优化之后，模型准确率提高到 98.75%。

WTD 是一种可以准确去除光谱中高频噪声的方法，先将光谱信号分解为高频细节部分和低频近似部分，然后对高频信号系数进行阈值处理，最终重构去除噪声的信号。FD 转换可以有效降低光谱曲线的基线漂移效应，消除重叠峰并且提高光谱分辨率，在进行小波阈值去噪基础上再进行一阶导数转换处理，可以提高数据的可靠性。SAE 拥有良好的特征提取能力，能准确获取数据中的高阶非线性特征。自动编码器（AE）是一种典型的三层神经网络结构，包含输入层、隐含层和输出层。AE 的输入层和隐含层构成编码部分，隐含层和输出层构成解码部分。单个 AE 难以提取到数据中深层特征，可以考虑将多个 AE 逐层堆叠，形成一个多层编解码结构的神经网络模型，即 SAE。SVM 是一种经典的机器学习方法，可以解决小样本规模的分类问题。SVM 是基于统计学原理且遵循结构风险最小化为目标而设计的，通过对样本进行监督学习从而达到模式识别的作用。

3. 电子鼻技术

电子鼻是 20 世纪 90 年代发展起来的一种快速无损的气味检测仪器，具有能够无损、快速、准确感知和识别气体成分的特点。在种子检测领域，电子鼻通过采集种子生理生化变化过程中产生的挥发性物质（如醇类物质、醛类物质和酸、酮等小分子羰基化合物，以及烷烃类挥发物质），进而分析种子的生理状态，并对种子的霉变、贮藏年限、种子活力状况等作出判断。电子鼻技术的准确度决定于探头检测物质的种类、灵敏度，以及判别模型的建立。许多研究者对此进行过研究。程绍明等利用电子鼻很好地区分了不同年份的番茄种子。张婷婷等（2017）利用电子鼻获取不同活力甜玉米种子的气味信息，结合支持向量机分别建立甜玉米种子活力的分析模型，支持向量机建立的模型判别效果较好，预测集准确率可达 96.67%。

---

**思考题**

1. 种子生活力与种子活力有何区别和联系？
2. 种子生活力测定的常用方法有哪些？分别说明其测定原理。
3. 试述四唑法测定种子生活力的程序。
4. 种子活力测定的常用方法有哪些？举例说明其测定原理和方法。

---

**数字课程资源**

教学课件　　自测题

# 第六章

# 品种鉴定和转基因检测

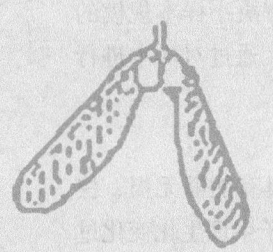

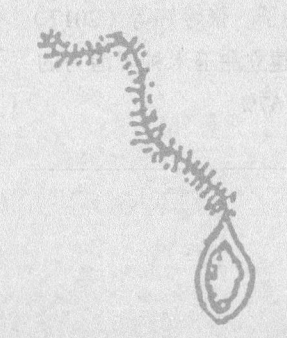

品种鉴定应包括两方面内容，即品种真实性鉴定和种子的纯度测定。品种真实性（cultivar genuineness）和品种纯度（varietal purity）是构成种子品质的两个重要指标，是种子质量评价的重要依据。这两个指标都与品种的遗传基础有关，因此都属于品种的遗传品质。品种纯度检验可分为田间检验、室内检验和小区种植检验三大部分。本章主要介绍与遗传有关的质量性状，包括品种真实性、品种纯度室内测定常用的方法，以及转基因品种的检测。

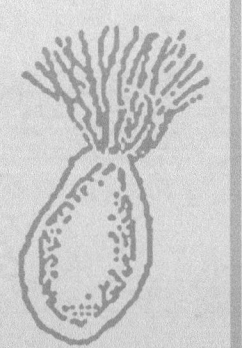

## 第一节　品种鉴定概述

### 一、品种鉴定的含义及意义

#### （一）品种鉴定的含义

品种鉴定应包括两方面内容，即品种真实性鉴定和种子的纯度测定。种子的真实性是指一批种子所属品种、种或属与文件描述是否相符。如果种子真实性有问题，品种纯度检验就毫无意义了。品种纯度是指品种个体与个体之间在特征特性方面典型一致的程度，用本品种的种子数（或株、穗数）占供检验本作物样品数的百分率表示。在纯度检验时主要鉴别与本品种不同的异型株（off-type plant）。异型株是指一个或多个性状（特征、特性）与原品种的性状明显不同的植株。《国际种子检验规程》中明确指出，品种纯度测定适用的范围是：只有当送验者对报检的种或品种已有说明，并且具有一个可供比较的、可靠的标准样品时，鉴定才是有效的。品种纯度检验的对象可以是种子、幼苗或较成熟的植株。

#### （二）品种鉴定的意义

品种真实性和品质纯度是保证良种优良遗传特性充分发挥的前提，是正确评定种子等级的重要指标。因此品种真实性和品种纯度检验在种子生产、加工、贮藏及经营贸易中具有重要意义和应用价值。研究表明，玉米种子纯度每降低1%，造成的减产幅度就会接近1%。在杂交稻种子生产中，亲本纯度每降低1%，制种田纯度就会下降6%~7%，粮食生产中就会减产10%左右。在农业生产中，除种子纯度影响外，假种子的影响更大，甚至会造成绝产。

品种真实性和品种纯度检验除在农业生产和种子生产中具有重要应用价值外，在品种登记管理，品种产权保护，品种亲缘关系研究以及遗传多样性研究中都有很高的应用价值。

### 二、品种鉴定的方法分类

品种纯度检验的方法很多，根据其所依据的原理不同主要可分为形态鉴定（morphological identification）、物理化学法（physical and chemical method）、生理生化法（phsiological and biochemical method）、细胞学方法（cytological methed）、分子生物学方法（molecular biology method）。根据检验方法的原理分类是品种纯度检验中较为公认的分类体系。除此之外，还可依据检验的对象分为种子纯度测定、幼苗纯度测定、植株纯度测定；根据检验的场所分为田间纯度检验、室内纯度检验和田间小区种植检验等。无论哪一种分类方法，在实际应用中，理想的测定方法要达到4个要求（Payne，1986）：测定结果在不同实验室或同一实验室能重演；方法应简单易行；省时快速；成本低廉。总之，要求测定方法准确可靠，简单易行。

依据测定原理区分的五大类方法中，第一大类形态鉴定又分为籽粒形态测定、种苗形态测定和植株形态测定。籽粒形态测定虽简单快速，但仅适合于籽粒较大、形态性状丰富的作物，如玉米种子，测定结果受主观影响较大。种苗形态测定，适合于幼苗形态性状丰富的作物，如十字花科、豆科等双子叶植物，种苗测定一般需要 7~30 d，因苗期所依据的性状有限，所以测定结果不太准确。植株形态测定依据的性状较多，测定结果较准确，如田间纯度检验和田间小区种植鉴定都属于植株形态测定，均被列入国际标准和国家标准，但植株形态测定需要时间较长，难以满足在调种过程中快速测定的需要。

第二大类物理化学法鉴定，又分为物理方法和化学方法。物理方法如荧光鉴定法、煮沸法等，这些方法区别品种的种类较少，难以满足品种纯度准确测定的要求。化学方法主要依据化学反应所产生的颜色的差异区分不同品种，如苯酚染色法、碘化钾染色法等。同物理法一样，化学方法区别品种的种类较少，也难以对品种纯度准确测定，但这类方法测定速度快，在实际中有一定的参考价值，在目前的国际规程和国家规程均不包括这些方法。

第三大类生理生化法鉴定，是利用生理生化反应和生理生化技术进行品种纯度测定。这类方法中包括的技术较多，以生理生化反应为基础的有愈伤木酚染色法、光周期反应鉴定法、除草剂敏感性鉴定法等。这些方法鉴别品种的能力较低，因此，测定结果不太准确。以生理生化技术为基础的方法有电泳法（electrophoresis method）、色谱法（chromatographic method）、免疫技术（immunology method）等。色谱法技术含量较高，免疫技术需要大量技术开发研究，目前两者难以在生产实际广泛应用。电泳法相对技术较为简单，依据蛋白质或同工酶电泳，可以相对较准确地测定品种纯度，是目前品种纯度测定中较为快速准确的方法。国际规程和国家规程均把蛋白质电泳技术作为重要方法加以介绍。

第四大类细胞学方法鉴定。细胞学方法主要依据染色体数量和结构变异、染色体带型差异以及细胞形态的差异区分种及品种，在品种纯度测定中应用价值不大。

第五大类分子生物学方法鉴定。分子生物学方法种类非常多，它是在 DNA 和 RNA 等分子水平上鉴别不同品种。在 DNA 水平上根据国际植物遗传资源研究所 Karp 等人（1997）分类方法，将目前应用的 DNA 分子技术分为三大类：非 PCR 技术、随机或半随机引物 PCR 技术、特异 PCR（目标位点 PCR）技术。在 RNA 水平上可分为 RT-PCR 技术、DDRT-PCR 技术等。目前在品种检测中最常用的分子技术主要有 SSR（simple sequence repeat，又称为 microsatellite DNA）技术、RAPD（random amplified polymorphic DNA）技术、AFLP（amplified fragment length polymorphism）技术以及 RFLP（restriction fragment length polymorphism）技术。特别是 SSR 技术在品种鉴定和品种纯度测定方面广泛应用，是国际规程和国家规程的重要技术。近几年分子检测技术发展较快，特别是高通量快速检测技术，如多重 PCR 技术、多重 PCR+测序技术等，已经成为品种真实性和纯度检测的重要手段。

综上所述，品种真实性和品种纯度测定的方法非常多，但在生产实际中真正能广泛应用的方法较少，特别是作为国际标准和国家标准颁布的方法就更少。本章主要以国家标准和国际标准为依据，介绍在品种真实性和种子纯度检验中有着广泛应用价值的方法，部分植株形态测定的方法在第七章介绍。

### 三、品种鉴定的有关概念

自交株（inbred plant），指一个或多个性状（特征特性）与原品种育成者所描述的母本或父本性状明显相同的植株。

育种家种子（breeder seed），育种家育成的遗传性状稳定的品种或亲本种子的最初一批种子，用于进一步繁殖原种种子。

淘汰值（reject number），是指在考虑种子生产者利益和有较少可能判定失误的基础上，根据样本测定结果，作出有风险接受或淘汰种子批的变异株数。

标准样品（standard sample），指能够充分代表种或品种特征特性的种子样品，或具备指定特征、特性的样品。

参照样品（reference sample），指对于田间种植鉴定方法，参照样品指描述一些性状特性的种和品种。

DNA指纹技术（DNA fingerprinting technology），由于不同品种间遗传物质DNA的碱基组分、排列顺序不同，具有高度的特异性，将能够可视化识别遗传物质DNA的碱基组分、排列顺序差异而区分不同品种的技术称为DNA指纹技术。

简单重复序列（simple sequence repeat，SSR），一类由几个核苷酸（一般为2~5个）为重复单位组成的简单串联重复序列。根据其保守的边界序列设计引物，可通过PCR、电泳技术分析重复序列的重复次数变异。

单核苷酸多态性（single nucleotide polymorphism，SNP），指在基因组水平上由单个核苷酸的变异所引起的DNA序列多态性。

插入缺失多态性（Insert and Delete polymorphism，InDel），基因组中由核苷酸插入或缺失引起的DNA序列多态性。

核心位点（core site），指品种DNA指纹鉴定优先选用的一套SSR引物，具有多态性高、重复性好等综合特性，作为统一用于品种DNA指纹数据采集和品种鉴定的引物，以保证不同实验室数据具有可比性。

聚合酶链式反应（polymerase chain reaction，PCR），模板DNA经高温变性为单链，在DNA聚合酶和适宜温度下，引物与模板DNA退火互补，并在DNA聚合酶的催化下合成DNA的过程。

实质性派生品种（essential derived variety），由原始品种派生或者由原始品种的实质性派生品种再次派生，且保留了原始品种的基因型或基因型组合产生的基本特性，但与原始品种存在明显差别的品种。

## 第二节 种子纯度的快速测定

种子纯度检验的送验样品数量见第二章中表2-1。种子纯度的形态测定和苯酚染色法等快速测定方法已不再列入国家规程，但在国际规程中仍然应用。这些简便测定方法可以在实际工作中运用。

种子纯度的形态测定是纯度测定中最基本的方法，又可分为籽粒形态测定、种苗形态测定和植株形态测定。因其依据的形态性状的多少、差异大小和可靠性，而影响测定结果的可靠性。在形态测定时主要从被检品种的器官或部位的颜色、形状、多少、大小等进行区别。检验中所采用的性状根据其明显程度、稳定情况等分为主要性状、细微性状、特有性状和易变性状。植株形态测定将在第七章介绍。

## 一、籽粒形态测定

籽粒形态测定特别适合于籽粒形态性状丰富、籽粒较大的作物。在测定时特别应注意因环境影响易引起变异的籽粒性状，同时该方法易受主观因素的影响。这一技术可以与计算机识别相结合对品种真实性和纯度进行快速测定，消除主观影响（Chuang 等，1990）。

### （一）测定方法

随机从送验样品中数取 400 粒种子，鉴定时需设重复，每个重复不超过 100 粒种子。根据种子的形态特征，逐粒观察区别本品种、异品种、计数，并按下列公式计算样品纯度。也可借助放大镜，立体解剖镜等，须备有标准样品或鉴定图片和有关资料。鉴定时所依据的籽粒形态性状将在下面介绍。

$$样品纯度 = \frac{供检种子数 - 异品种种子数}{供检种子数} \times 100\%$$

测定的结果（$x$）是否符合国家种子质量标准值或合同、标签值（$a$）要求可利用表 6-1 判别，如果 $|a-x| \geq$ 容许差距，则说明不符合国家种子质量标准值或合同、标签值要求。表中的容许差距，可以通过下列公式计算：

$$T = 1.65 \sqrt{p \times q/n}$$

式中：$T$ 为容许差距；$p$ 为标准或合同、标签值；$q$ 为 $100-p$；$n$ 为样品的粒数或株数。

表 6-1　品种纯度的容许差距（5% 显著水平的单尾检验）

| 标准规定值 | | 样本株数、苗数或种子粒数 | | | | | | | |
|---|---|---|---|---|---|---|---|---|---|
| 50% 以上 | 50% 以下 | 50 | 75 | 100 | 150 | 200 | 400 | 600 | 1 000 |
| 100 | 0 | 0 | 0 | 0 | 0 | 0 | 0 | 0 | 0 |
| 99 | 1 | 2.3 | 1.9 | 1.6 | 1.3 | 1.2 | 0.8 | 0.7 | 0.5 |
| 98 | 2 | 3.3 | 2.7 | 2.3 | 1.9 | 1.6 | 1.2 | 0.9 | 0.7 |
| 97 | 3 | 4.0 | 3.3 | 2.8 | 2.3 | 2.0 | 1.4 | 1.2 | 0.9 |
| 96 | 4 | 4.6 | 3.7 | 3.2 | 2.6 | 2.3 | 1.6 | 1.3 | 1.0 |
| 95 | 5 | 5.1 | 4.2 | 3.6 | 2.9 | 2.5 | 1.8 | 1.5 | 1.1 |
| 94 | 6 | 5.5 | 4.5 | 3.9 | 3.2 | 2.8 | 2.0 | 1.6 | 1.2 |
| 93 | 7 | 6.0 | 4.9 | 4.2 | 3.4 | 3.0 | 2.1 | 1.7 | 1.3 |
| 92 | 8 | 6.3 | 5.2 | 4.5 | 3.7 | 3.2 | 2.2 | 1.8 | 1.4 |
| 91 | 9 | 6.7 | 5.5 | 4.7 | 3.9 | 3.3 | 2.4 | 1.9 | 1.5 |
| 90 | 10 | 7.0 | 5.7 | 5.0 | 4.0 | 3.5 | 2.5 | 2.0 | 1.6 |

续表

| 标准规定值 | | 样本株数、苗数或种子粒数 | | | | | | | |
|---|---|---|---|---|---|---|---|---|---|
| 50% 以上 | 50% 以下 | 50 | 75 | 100 | 150 | 200 | 400 | 600 | 1 000 |
| 89 | 11 | 7.3 | 6.0 | 5.2 | 4.2 | 3.7 | 2.6 | 2.1 | 1.6 |
| 88 | 12 | 7.6 | 6.2 | 5.4 | 4.4 | 3.8 | 2.7 | 2.2 | 1.7 |
| 87 | 13 | 7.9 | 6.4 | 5.5 | 4.5 | 3.9 | 2.8 | 2.3 | 1.8 |
| 86 | 14 | 8.1 | 6.6 | 5.7 | 4.7 | 4.0 | 2.9 | 2.3 | 1.8 |
| 85 | 15 | 8.3 | 6.8 | 5.9 | 4.8 | 4.2 | 3.0 | 2.4 | 1.9 |
| 84 | 16 | 8.6 | 7.0 | 6.1 | 4.9 | 4.3 | 3.0 | 2.5 | 1.9 |
| 83 | 17 | 8.8 | 7.2 | 6.2 | 5.1 | 4.4 | 3.1 | 2.5 | 2.0 |
| 82 | 18 | 9.0 | 7.3 | 6.3 | 5.2 | 4.5 | 3.2 | 2.6 | 2.0 |
| 81 | 19 | 9.2 | 7.5 | 6.5 | 5.3 | 4.6 | 3.2 | 2.6 | 2.1 |
| 80 | 20 | 9.3 | 7.6 | 6.6 | 5.4 | 4.7 | 3.3 | 2.7 | 2.1 |
| 79 | 21 | 9.5 | 7.8 | 6.7 | 5.5 | 4.8 | 3.4 | 2.7 | 2.1 |
| 78 | 22 | 9.7 | 7.9 | 6.8 | 5.6 | 4.8 | 3.4 | 2.8 | 2.2 |
| 77 | 23 | 9.8 | 8.0 | 7.0 | 5.7 | 4.9 | 3.5 | 2.8 | 2.2 |
| 76 | 24 | 10.0 | 8.1 | 7.1 | 5.8 | 5.0 | 3.5 | 2.9 | 2.2 |
| 75 | 25 | 10.1 | 8.3 | 7.1 | 5.8 | 5.1 | 3.6 | 2.9 | 2.3 |
| 74 | 26 | 10.2 | 8.4 | 7.2 | 5.9 | 5.1 | 3.6 | 3.0 | 2.3 |
| 73 | 27 | 10.4 | 8.5 | 7.3 | 6.0 | 5.2 | 3.7 | 3.0 | 2.3 |
| 72 | 28 | 10.5 | 8.6 | 7.4 | 6.1 | 5.2 | 3.7 | 3.0 | 2.3 |
| 71 | 29 | 10.6 | 8.7 | 7.5 | 6.1 | 5.3 | 3.8 | 3.1 | 2.4 |
| 70 | 30 | 10.7 | 8.7 | 7.6 | 6.2 | 5.4 | 3.8 | 3.1 | 2.4 |
| 69 | 31 | 10.8 | 8.8 | 7.6 | 6.2 | 5.4 | 3.8 | 3.1 | 2.4 |
| 68 | 32 | 10.9 | 8.9 | 7.7 | 6.3 | 5.5 | 3.8 | 3.2 | 2.4 |
| 67 | 33 | 11.0 | 9.0 | 7.8 | 6.3 | 5.5 | 3.9 | 3.2 | 2.5 |
| 66 | 34 | 11.1 | 9.0 | 7.8 | 6.4 | 5.5 | 3.9 | 3.2 | 2.5 |
| 65 | 35 | 11.1 | 9.1 | 7.9 | 6.4 | 5.6 | 3.9 | 3.2 | 2.5 |
| 64 | 36 | 11.2 | 9.1 | 7.9 | 6.5 | 5.6 | 4.0 | 3.2 | 2.5 |
| 63 | 37 | 11.3 | 9.2 | 8.0 | 6.5 | 5.6 | 4.0 | 3.3 | 2.5 |
| 62 | 38 | 11.3 | 9.2 | 8.0 | 6.5 | 5.7 | 4.0 | 3.3 | 2.5 |
| 61 | 39 | 11.4 | 9.3 | 8.1 | 6.6 | 5.7 | 4.0 | 3.3 | 2.5 |
| 60 | 40 | 11.4 | 9.3 | 8.1 | 6.6 | 5.7 | 4.0 | 3.3 | 2.6 |
| 59 | 41 | 11.5 | 9.4 | 8.1 | 6.6 | 5.7 | 4.1 | 3.3 | 2.6 |
| 58 | 42 | 11.5 | 9.4 | 8.2 | 6.7 | 5.8 | 4.1 | 3.3 | 2.6 |

续表

| 标准规定值 | | 样本株数、苗数或种子粒数 | | | | | | | |
|---|---|---|---|---|---|---|---|---|---|
| 50% 以上 | 50% 以下 | 50 | 75 | 100 | 150 | 200 | 400 | 600 | 1 000 |
| 57 | 43 | 11.6 | 9.4 | 8.2 | 6.7 | 5.8 | 4.1 | 3.3 | 2.6 |
| 56 | 44 | 11.6 | 9.5 | 8.2 | 6.7 | 5.8 | 4.1 | 3.4 | 2.6 |
| 55 | 45 | 11.6 | 9.5 | 8.2 | 6.7 | 5.8 | 4.1 | 3.4 | 2.6 |
| 54 | 46 | 11.6 | 9.5 | 8.2 | 6.7 | 5.8 | 4.1 | 3.4 | 2.6 |
| 53 | 47 | 11.6 | 9.5 | 8.2 | 6.7 | 5.8 | 4.1 | 3.4 | 2.6 |
| 52 | 48 | 11.7 | 9.5 | 8.3 | 6.7 | 5.8 | 4.1 | 3.4 | 2.6 |
| 51 | 49 | 11.7 | 9.5 | 8.3 | 6.7 | 5.8 | 4.1 | 3.4 | 2.6 |
| 50 | | 11.7 | 9.5 | 8.3 | 6.7 | 5.8 | 4.1 | 3.4 | 2.6 |

### （二）测定所依的性状

水稻种子根据谷粒的形状、长宽比、大小、稃壳和稃尖色、稃毛长短、稀密、柱头夹持率等性状进行鉴定。

玉米种子根据粒形（马齿型、半马齿型、硬粒型）、粒色（白色、黄色、红色、紫色）深浅、粒顶部形状、顶部颜色及粉质多少、胚的大小、形状、胚部皱褶的有无、多少、花丝遗迹的位置与明显程度、稃色（白色、浅红、紫红）深浅、籽粒上棱角的有无及明显程度等进行区别。在区别自交粒和杂交种时，主要依据粒色及籽粒顶部颜色。一般可按以下规律区分：粒色和顶部颜色为深色的母本与粒色和顶部颜色为浅色的父本杂交，杂交种子粒色和顶部颜色变浅，如'鲁单981'正交（'齐319'×'9801'）（图6-1A）；相反，粒色和顶部颜色为浅色的母本与粒色和顶部颜色为深色的父本杂交，杂交种子顶部颜色和粒色变深，如'农大108'反交（'178'×'黄C'）（图6-1B）。如果是父母本粒色及顶部颜色相同，其杂交种与自交系之间很难通过粒色及顶部颜色区分。除粒色和顶部颜色外，杂交种子的粒形、稃色、棱角、花丝遗迹、胚部性状等均由母本基因控制，与自交粒没有区别。

小麦种子（图6-2）根据粒色（白、红）深浅、粒形（短柱形、卵圆形、椭圆形、线形）、质地（角质、粉质）、种子背部性状（宽窄、光滑与否）、腹沟（宽窄、深浅）、茸毛（长短、多少）、胚的大小、突出与否、籽粒横切面的模式、籽粒的大小等性状进行鉴定。

大麦种子（图6-3）根据籽粒形状（长宽比）、粒色、腹沟展开程度（宽、中、紧）、浆片长短及茸毛长短、腹沟基刺长度及其茸毛长度、外稃侧背脉纹齿状物及脉色、芒的光滑与否、外稃基部皱褶形状等进行鉴定。

大豆种子可根据种子大小、形状（球形、扁球形、扁椭球形等）、颜色（黄、青、红、褐、黑）深浅、光泽、脐色（黄、青、淡褐、褐、深褐、黑）、脐形状（圆、椭圆、倒卵圆、肾形）等性状。

十字花科根据种子大小、形状（球形、椭球形等）、颜色（白色、黄色、黄褐色、红褐色、黑褐色）、胚根轴隆起的程度、种脐形状、种子表面附属物有无多少及表面（网纹、网脊、网眼等）特性进行鉴定。

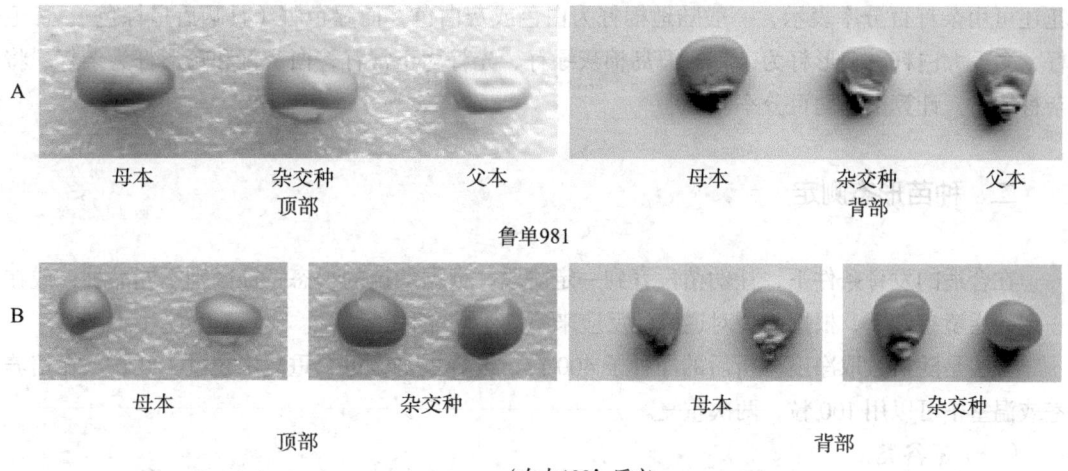

图 6-1 玉米自交粒与杂交种的区别类型

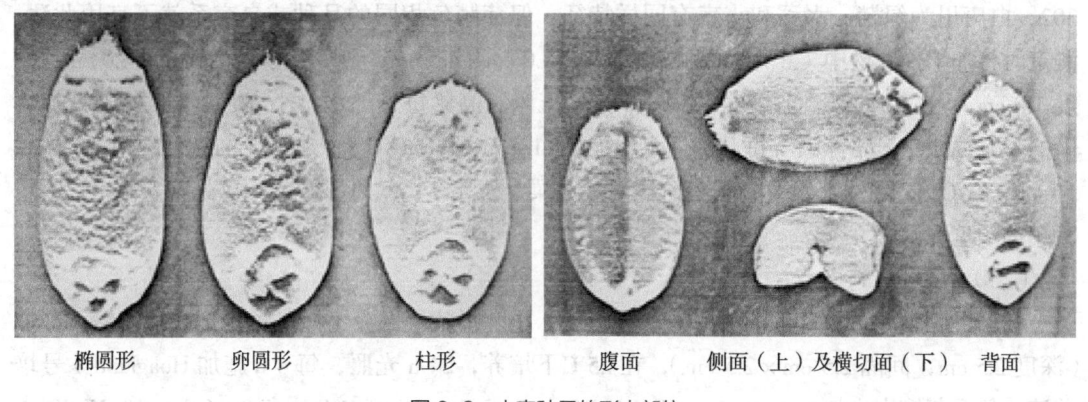

图 6-2 小麦种子的形态部位

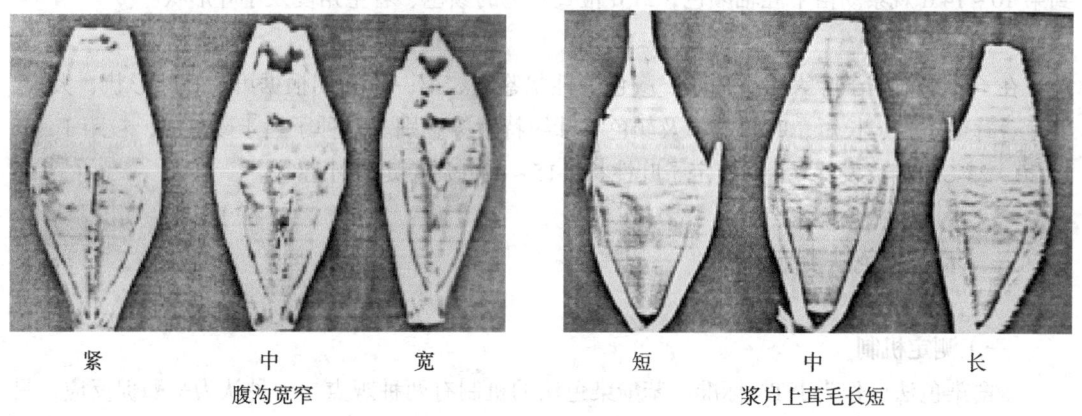

图 6-3 大麦种子的形态部位

棉花可用分梳法测定棉纤维的长度，计算纤维整齐度。纤维整齐度用纤维平均长度 2 mm 以内的棉籽数占总粒数的百分数表示。凡纤维整齐度在 90% 以上的，为纤维整齐、纯度高；80%~90% 为纤维较整齐、纯度较高；纤维整齐度在 80% 以下为不整齐、纯度较差。此外棉花还可用杂籽百分率表示，一般陆地棉籽为白色或灰白色，而绿色籽（日晒后呈棕色）、稀毛籽、多毛大白籽、畸形籽为杂籽。海岛棉灰绿籽、光籽为正常籽，白灰籽和畸形籽为杂籽。将杂籽拣出，计算杂籽的百分率。

## 二、种苗形态测定

在合适的发育条件下，让幼苗发育到一定阶段，根据幼苗的形态特征区别不同品种；或在一定的逆境条件下，根据品种对逆境的反应来鉴别不同品种。

方法是随机数取净度分析后的净种子 400 粒，设置重复，每个重复不超过 100 粒。在培养室或温室中可以用 100 粒，两次重复。

### （一）禾谷类

禾谷类作物芽鞘的颜色是受遗传基因控制的，可分为绿和紫两大类，紫色的深浅亦不同，可根据这一特征，区别不同品种。如玉米自交系 107、515、478、黄早 4、获白为紫鞘，齐 302、白唐川为绿鞘。水稻和小麦有同样特征，但芽鞘色相同的品种或自交系就不宜用此法。测定时将种子播在砂中（玉米、高粱种子间隔 1.0 cm×4.5 cm，燕麦、小麦 2.0 cm×4.0 cm，深度 1.0 cm），在 25℃ 恒温下培养，24 h 照光，玉米、高粱每天加水，小麦、燕麦每隔 4 d 加缺磷的 Hoagland 1 号培养液 [每升蒸馏水中加 4 mL 1 mol/L $Ca(NO_3)_2$，2 mL 1 mol/L $MgSO_4$ 和 6 mL 1 mol/L $KNO_3$]，到幼苗发育到适宜阶段时，高粱、玉米 14 d，小麦 7 d，燕麦 10~14 d，鉴定芽鞘的颜色。

### （二）大豆

根据下胚轴颜色、茸毛的颜色及着生角度、小叶形状等区分不同品种。把大豆种播于砂中（深度 2.5 cm，间隔 2.5 cm×2.5 cm），在 25℃ 下培养，24 h 光照，每 4 d 施加 Hoagland 1 号培养液 [每升蒸馏水中加入 1 mL 1 mol/L $KH_2PO_4$，5 mL 1 mol/L $Ca(NO_3)_2$ 和 2 mL 1 mol/L $MgSO_4$]，到第 10~14 d 观察幼苗下胚轴颜色，21 d 检查茸毛的颜色、着生角度及小叶形状。

### （三）十字花科

在子叶期根据子叶大小、形状、颜色等性状鉴定。第一真叶期根据第一真叶形状、大小、颜色、茸毛多少、长短、叶脉宽窄及颜色、叶缘特性等鉴别。将种子播于砂盘内，粒距 1 cm，于 20~25℃ 培养。发芽 7 d 后鉴定子叶性状，15~20 d 后鉴定真叶性状。

## 三、苯酚染色法测定

### （一）测定机制

苯酚染色法已作为 ISTA 标准。苯酚染色法的机制有两种观点，一种认为是酶促反应，另一种认为是化学反应。Maguire 等（1979）和陶嘉龄（1981）都认为苯酚染色是酚类氧化酶引起。Joshi 等（1969）认为是酪氨酸酶作用的结果。菲尔索娃（1956）和 Elekes（1975）等都认为苯酚染色是一种化学反应。

该反应受 $Fe^{2+}$、$Cu^{2+}$ 等双价离子催化，可加速反应进行。$Na^+$（NaOH、$Na_2CO_3$）等对该反应有抑制作用（Chandra，1977；Jaiswal 和 Agrawal，1995）。其反应可用下式表示：

$$\text{C}_6\text{H}_5\text{OH} \xrightarrow[\text{Cu}^{2+},\ \text{Fe}^{2+}]{[O]} \text{O=C}_6\text{H}_4\text{=O}$$

## （二）测定方法

### 1. 麦类

**（1）国际标准法**

数取净种子 400 粒，每重复 100 粒。按以下方法测定。将小麦、大麦、燕麦种子浸水 18～24 h，用滤纸吸干表面水分，放入垫有 1% 苯酚溶液湿润滤纸的培养皿内（腹沟朝下），室温下小麦保持 4 h，燕麦 2 h，大麦 24 h 后即可鉴定染色深浅。小麦观察颖果颜色，大麦、燕麦观察内外稃的颜色，一般染后的颜色可分为不染色、淡褐色、褐色、深褐色、黑色 5 种，将与基本颜色不同的种子取出作为异品种。

**（2）快速法**

将小麦种子用 10 g/L 的苯酚浸 15 min，取出放在铺有 10 g/L 苯酚湿润过的滤纸的培养皿中（腹沟朝下），并盖上贴有同样滤纸的培养皿盖。置 30～40℃恒温箱内，染色 0.5～1 h，观察染色结果，区分本品种与异品种。

应注意：①某些小麦品种利用标准法染色后，颜色相同无法区别。可采用加速或延缓剂处理后再染色鉴定。对染色很深的种子，用 3 g/L $Na_2CO_3$ 溶液浸种 18 h（室温）；对染色很浅的种子要利用 0.1 g/L $CuSO_4$ 硫酸铜溶液浸种 18 h，然后置培养皿内染色。②在应用此法测定麦类品种纯度时，最好用固定程序测定现有品种的染色情况，供测定时参考。

### 2. 水稻

将种子浸水 6 h，取出放入 10 g/L 苯酚溶液中，室温下 12 h，然后取出用清水洗涤，放在湿润的滤纸上 24 h，观察谷粒或米粒染色程度。谷粒染色分为不染色、淡茶褐色、茶褐色、黑褐色和黑色五级，米粒染色分为不染色、淡茶褐色、褐色三级。

## 第三节 种子纯度的电泳测定

### 一、种子纯度电泳测定的发展

电泳是指溶液中的带电粒子在电场中移动的现象。这一现象在 19 世纪就已发现，并用于胶体化学的研究中。直到 1937 年 Tiselius 开发了蛋白质泳技术，关成功地用这种方法分离了血清蛋白之后，才使这一技术在生物研究中得到广泛的应用。电泳的种类繁多，有不用支持物电泳和用支持物的电泳两大类，在生物研究中，支持物电泳用得最多，特别是聚丙烯酰胺凝胶电泳（PAGE）因其凝胶透明度高、弹性好、无吸附性、深度易控制，应用最为广泛。聚丙烯酰胺凝胶电泳又分为圆盘电泳和平板电泳两种，在品种纯度测定中主要应用平板电泳。

应用电泳技术进行品种鉴定至今已有 60 多年的历史，早在 1961 年德国的 Stegemann 博士就利用聚丙烯酰胺凝胶电泳技术对马铃薯块茎组织蛋白质谱带类型进行了研究。随后，Cook 等人（1983）利用电泳技术对燕麦、大麦品种鉴定进行研究；Burbidge 利用不同凝胶成分和 pH 进行大麦品种鉴定的研究；Nilson 等（1966）利用蛋白质和同工酶淀粉凝胶电泳对 12 个春性大麦变种进行了鉴定研究；Jones 利用同工酶电泳对牧草品种的鉴定进行了研究；Pietsch 利用等电聚焦电泳对菜豆蛋白质谱带类型进行了研究；Hughes（1992）利用纤维素乙酸电泳分析区分向日葵和高粱的栽培品种；Renzo（1992）用种子同工酶电泳测定弯叶画眉草品种；Chevre（1991）利用同工酶电泳进行油菜品种鉴定；Odoardi（1991）利用蛋白质电泳区分白三叶草种群；Tobolski（1992）利用同工酶分析鉴定红槭品种；Koranyi（1989）利用玉米胚部蛋白 SDS- 梯度聚丙烯酰胺凝胶电泳的方法对玉米品种进行鉴定；Smith（1984）利用同工酶电泳对玉米品种进行了研究；Wilson（1984）利用等电聚集技术对玉米醇溶蛋白进行了分析。Orman（1991）也用同工酶电泳评价玉米自交系的遗传纯度。

我国学者颜启传等（1979）利用电泳鉴定水稻杂交种及其三系种子真实性和品种纯度的研究；黄亚军等（1983）利用等电聚焦电泳进行芸薹属品种鉴定的研究；山东农业大学（1985）利用过氧化物同工酶电泳鉴定玉米自交系及杂交种纯度；张春庆等（1992）利用玉米种子蛋白电泳分析玉米自交系及杂交种的纯度，建立了 NAU-PAGE 和 AU-PAGE 快速测定技术，已在国内广泛采用；张兴平等（1989）利用同工酶电泳分析西瓜杂交种及亲本的鉴定。张春庆等（1998）建立了棉花种子纯度的电泳检测技术。

总之，利用电泳技术鉴定品种纯度的研究较多，至今已对马铃薯、豌豆、菜豆、芸薹、甜菜、玉米、小麦、大麦、水稻、燕麦、黑麦、大豆及部分牧草和林木种子进行过研究。如：燕麦可用醇溶蛋白、酯酶或过氧化物酶进行鉴定；大麦、小麦用醇溶蛋白进行鉴定；大豆用过氧化物酶或水溶蛋白进行鉴定；黑麦草用种子蛋白进行鉴定；芸薹属用酯酶同工酶或水溶蛋白进行鉴定；玉米用种子蛋白或过氧化物酶同工酶进行鉴定；高粱用醇溶谷蛋白进行鉴定；水稻可用酯酶同工酶或盐溶蛋白进行鉴定。但到 1986 年国际种子检验协会才将蛋白（醇溶蛋白）电泳法鉴定大、小麦品种列入国际种子检验规程。后来玉米、豌豆、燕麦、向日葵等蛋白电泳鉴定方法技术陆续列入 ISTA 规程。新的国际种子检验规程已经逐步把分子检测技术作为重点。

## 二、电泳法测定种子纯度的原理

### （一）电泳法测定种子纯度的遗传基础

电泳法测定种子纯度主要利用电泳技术对品种的同工酶及蛋白质的组分进行分析，找出品种间差异的生化指标，以此区分不同品种。目前品种鉴定主要以同工酶和蛋白质为电泳对象。同工酶是指同一生物体或同一组织中催化相同化学反应，结构不同的一类酶。从遗传法则可知，蛋白质或酶组分的差异最终是由于品种遗传基础的差异造成的，因此分析酶及蛋白质的差异从本质上说是分析遗传的差异，即品种差异，利用先进的电泳技术可非常准确地分析种子蛋白质或同工酶的差异，进而区分不同品种，测定种子纯度。

种子内的蛋白质或同工酶是在种子发育过程中形成的，它只反映了种子形成过程中的遗传差异。因此，有些作物种子中的贮藏蛋白或同工酶有时品种之间没有差异，这就需要研究哪一类蛋白质（或同工酶）在品种之间存在差异，以此作为该作物纯度电泳的对象——生化指标。

应该指出的是同工酶往往具有组织或器官特异性，即同一时期不同器官内同工酶的数目不同。如过氧化物酶同工酶在玉米幼苗中有 5 种，叶片中有 5~6 种，干种子内有 2 种。此外同工酶在不同发育时期，数目也不同。Scandalios（1974）曾列出过 46 种同工酶系，它们的酶谱皆随发育阶段或营养状况而改变。

由于某些同工酶在种子贮藏和萌发过程中，种类数目易随生活力和发育进程的变化而变化，加之种子萌发速度不一致，所以对种子纯度鉴定不利，要利用同工酶只能对种子内的同工酶进行研究。此外，酶的提取和电泳条件较蛋白质要求严格，需在低温下进行。因此，在纯度鉴定的研究中，应以蛋白质为主。

### （二）聚丙烯酰胺凝胶电泳的原理

聚丙烯酰胺是通过交联剂（甲叉双丙烯酰胺，Bis）在催化剂的作用下聚合而成的高分子胶状聚合物。其凝胶透明，有弹性，机械强度高，可操作性强；化学稳定性好，对 pH、温度变化稳定；该凝胶属非离子型，没有吸附和电渗现象；并通过改变丙烯酰胺和交联剂的浓度可有效控制凝胶孔径的大小。因此，在种子纯度电泳分析中广泛应用。

蛋白质（或酶）为两性电解质，在不同 pH 条件下所带电荷多少不同。不同的蛋白质（或酶）由于氨基酸的组成不同，其等电点 pI 也不同，在同一 pH 条件下所带电荷也就不同。因此，在电场中受到的作用力大小也就有差异。聚丙烯酰胺凝胶电泳主要依据分子筛效应和电荷效应对蛋白质（酶）进行分离。分子筛效应是指由于蛋白质分子的大小、形状不同在电场作用下通过一定孔径的凝胶时，受到的阻力大小不同，小分子较易通过，大分子较难通。随丙烯酰胺和交联剂浓度的增加，凝胶孔径变小，反之孔径变大。小孔径凝胶适于小分子蛋白质（或酶）的分离，大孔径凝胶适于大分子量蛋白质（或酶）的分离。一般分子量 1 万~10 万的蛋白质可用 15%~20% 的凝胶；10 万~100 万的蛋白质用 10% 左右的凝胶；大于 100 万的可用小于 5% 的凝胶。电荷效应是指由于蛋白质带的电荷多少不同，受电场的作用力不同，电荷多受到的作用力大移动较快，反之较慢。溶液的 pH 与蛋白质的 pI 相差越大，蛋白质带电荷越多。蛋白质在凝胶中的运动速度与荷质比有着密切关系。经过一定时间的电泳，性质相同的蛋白质就运动在一起，性质不同的蛋白质就得到了分离。

描述蛋白质泳动速度一般用迁移率 $m$ 或相对迁移率 $Rf$ 值表示：

$$m = \frac{dl}{vt}$$

式中：$m$ 为迁移率 $[cm^2/(V \cdot s)]$；$d$ 为蛋白质谱带移动的距离（cm）；$l$ 为凝胶的有效长度（cm）；$V$ 为电压（V）；$t$ 为电泳时间（s）。

$$Rf = \frac{谱带的迁移距离}{前沿指示剂的迁移距离}$$

## 三、种子纯度电泳检测的一般过程

### （一）电泳过程

电泳的方法很多，不同方法其具体操作过程也有差异。在种子纯度电泳测定时一般包括样品的提取、凝胶的制备、上样电泳、染色观察等步骤。

1. 样品的提取

不同电泳方法所使用的提取液和提取的程度不同，应按具体方法，配制提取液和操作。

（1）蛋白质

根据 Osborne（1907）的划分，清蛋白能很好地溶于水、稀酸、碱、盐溶液中；球蛋白难溶于水，但能很好地溶于稀盐、稀酸和稀碱溶液中；醇溶蛋白不溶于水，但能很好地溶于 70%~80% 乙醇中；谷蛋白不溶于水、醇，可溶于稀酸、稀碱中。因此可依次用水，10% NaCl，70%~80% 乙醇，2 g/L 碱液提取。种子所有贮藏蛋白可用 Mereditch 和 Wren（1996）的 AUC 提取液，含 0.1 mol/L 乙酸、3 mol/L 尿素、0.01 mol/L CTAB。小麦中的谷蛋白的提取液含 20 g/L SDS、8 g/L Tris、50 g/L β-巯基乙醇、10% 甘油，用 HCl 溶液调 pH 到 6.8。

（2）同工酶

不同同工酶的提取方法不同，多数同工酶需在低温下操作较好。酯酶用 0.05 mol/L Tris-HCl（pH 8.0）缓冲液，或用含 10 g/L SDS 的 0.2 mol/L 乙酸钠缓冲液（pH 8.0）提取。淀粉酶用 0.1 mol/L 柠檬酸缓冲液（pH 5.6）或 0.05 mol/L Tris-HCl（pH 7.0）缓冲液提取。苹果酸脱氢酶、尿素酶和谷氨酸脱氢酶用蒸馏水提取。乙醇脱氢酶用 0.05 mol/L Tris-HCl 缓冲液（pH 8.0），或含 1 g/L SDS 的 0.2 mol/L 乙酸钠缓冲液（pH 8.0）提取。

2. 凝胶的制备

连续电泳只有分离胶，不连续电泳有分离胶和浓缩状，不同方法凝胶浓度、缓冲系统、pH、离子强度等都不一样，使用的催化系统也不同，此外，由于使用的仪器设备不同，特别是电泳槽不同，凝胶制备的方法不同，试剂配制也不同。以 TEMED 为催化剂的凝胶系统，温度低于 20℃时，聚合变慢，可将密封好的玻板适当预热至 30~35℃。样品梳取出后，适当调整样品槽，使之大小一致，并将槽内残余的溶液用针管吸出。

3. 上样电泳

上样量应根据提取液中蛋白质（或酶）的含量确定，一般为 10~30 μL。电泳时一般采用稳压或稳流两种，电压的高低根据电泳的具体方法和使用的电泳仪种类及凝胶板的长度及厚度等确定，一般以凝胶板在电泳时不过热为准。对同工酶电泳在上样前最好进行一段时间的预电泳，电泳最好在低温下进行。

电泳时为了指示电泳的过程，可加入指示剂，对阴离子电泳系统可采溴酚蓝作示踪指示剂，点样端接负极，另一端接正极。对阳离子电泳系统可采用亚甲基绿作为示踪染料，点样端接正极，另一端接负极。根据指示剂移动的速度确定电泳时间。

4. 染色

电泳的对象不同，染色的方法也不同。蛋白质目前用得较多的染色液是 100 g/L 三氯乙酸 + 0.5~1 g/L 考马斯亮蓝 R-250，该染色液染色后一般不需要脱色。此外银染和铜染比考马斯亮蓝更灵敏，但技术不易掌握。

不同的同工酶染色的原理和方法不同，常见的两种同工酶的染色方法如下：

（1）酯酶染色

称取 30 mg α-乙酸萘酯和 30 mg β-乙酸萘酯溶于 3 mL 丙酮-水（1:1）中，再加入 60 mg 坚牢蓝 B 或 RR 盐，然后用 0.1 mol/L、pH 6.5 磷酸盐缓冲液稀释到 90 mL，用作染色液。

将取下的凝胶板放入 37℃的上述配制好的染色液中 40 min。至酶带呈现桃红色,取出,用蒸馏水漂洗,放入 7% 乙酸中固定脱色,直至各条酶带清楚、背景清晰为止。

(2)过氧化物酶染色

经试验,以联苯胺-乙酸-过氧化氢染色液染色效果较好。其方法是预先配制 1 号联苯胺-乙酸溶液:称取 2 g 联苯胺溶解于 18 mL 无水乙酸,再加入 72 mL 的去离子水。再配制好 2 号 3% 过氧化氢溶液。

当电泳快结束时,取 1 号液 4 mL 和 2 号液 1.6 mL,再加 76 mL 去离子水,即配制成一块胶板的染色液。将电泳结束后的胶板剥下,用去离子水冲洗清洁,浸入染色液。在室温下待深蓝色谱带清晰为止。随着染色时间的延长,过氧化物酶谱带将变为深棕色至褐棕色。然后用水冲洗清洁,可用清水或乙酸暂时保存。

5. 谱带分析

谱带分析主要依据由于遗传基础的差异所造成的蛋白组分的差异来区别本品种和异品种(图 6-4)。鉴定品种和自交系纯度时,根据醇溶蛋白谱带的组成及带型的一致性,区分本品种和异品种。利用 AU-PAGE 技术分析所得的蛋白质谱带,在杂种 $F_1$ 代表现为双亲共显性,即在父母本中所具有的蛋白质谱带,在 $F_1$ 代种子内共同出现,没有新的谱带产生。双亲中有差异的蛋白谱带,同时在 $F_1$ 代同时显现,这种谱带称为互补带。根据互补带的有无区分自交粒和杂交种。

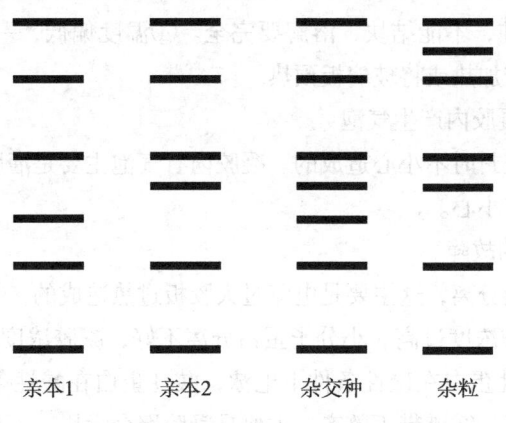

图 6-4 亲本、杂交种和杂粒模式图

在互补带存在的条件下,如果同时出现了父母本所没有的谱带,可判为亲本不纯引起的谱带差异。如果互补带的两条有其中之一缺少,则为自交粒。如果整个带型与本品种有较大差异,则为杂粒。

6. 结果计算

品种纯度以正常种子、种苗的百分率表示,保留一位小数。如果设置重复,重复之间检测结果在容许差距范围之内,则可以计算重复间的平均数。如果重复间检测结果超出容许差距范围,再做第 3 个重复,然后比较与前两个结果之间的差异,取在容许差距范围内的结果平均。在 95% 的概率保证下,误差的计算方法可用下列公式,重复之间的差距应小于 T。测定结果与标签值之间的比较容许差距见表 6-1。

$$T = 1.96\sqrt{p \times q(1/n_1 + 1/n_2)}$$

式中：$T$ 为容许差距；$p$ 为重复结果的平均值；$q$ 为 $100-p$；$n_1$、$n_2$ 为重复样品的粒数或株数。

应注意的是，电泳测定时，在不同混杂率的情况下，保证测定结果的可靠性所需要的样本粒数不同，可参考表 6–2。

表 6–2 电泳所需样本粒数

| 概率水平 | 不同混杂率下所需样本粒数 | | | | | | | | |
|---|---|---|---|---|---|---|---|---|---|
| | 0.1 | 1 | 5 | 10 | 15 | 20 | 25 | 30 | 35 |
| 0.99 | 4 600 | 458 | 90 | 44 | 28 | 21 | 16 | 13 | 11 |
| 0.95 | 3 000 | 298 | 58 | 28 | 18 | 13 | 10 | 8 | 7 |
| 0.90 | 2 300 | 228 | 45 | 22 | 14 | 10 | 8 | 6 | 5 |

（二）电泳中易出现的问题

1. 凝胶不聚合

一般凝胶贮备液按比例混合好后，在 30~40 min 内可以聚合，当 1 h 以上不聚合时，可能由以下原因所致：①试剂配比不对，应严格按配方进行。②凝胶贮备液放置时间过长，一般贮备液放在棕色瓶内在低温下 4℃ 左右保存，但过硫酸铵需现配现用。③试剂不纯，特别是甲叉双丙烯酰胺，应为化学纯，不能结块，溶解要完全。④温度偏低，一般温度低于 15℃ 时凝胶聚合变慢，可适当将凝胶加热或将玻璃板预热。

2. 分离胶面不平或凝胶内产生气泡

这是在灌胶后加水盖封时不小心造成的。凝胶内有气泡主要是灌胶速度太快造成的。因此在灌胶和加水盖封时都应小心。

3. 电泳过程中出现的故障

①凝胶龟裂或与玻板分离，这主要是电流过大胶板过热造成的。②谱带分离效果不好，大分子蛋白分离不好，凝胶浓度过高。小分子蛋白分离不好，凝胶浓度过低。缓冲系统 pH 与蛋白质特性不合适，如碱性蛋白在碱性条件下电泳，酸性蛋白在酸性条件下电泳。电泳时间太短，蛋白质不能很好分离。③谱带不整齐，主要是凝胶聚合太快，不均一，分离胶面不平或凝胶内有气泡造成的。④谱带太宽或拖尾，太宽是浓缩效果不好造成的，拖尾是样品在电泳过程中分解或变性造成的，应改变样品处理方法。

用于小麦、大麦、玉米种子纯度测定的 ISTA 标准方法，也作为我国 GB/T 3543-2024 的标准方法。玉米种子纯度电泳测定的方法有许多种。如玉米醇溶蛋白的等电聚焦电泳（IEF）方法（ISTA，1992），AU-PAGE（张春庆等，1998），NAU-PAGE（张春庆等，1995），PAGE 技术（Wang 等，1994）。但这些方法目前均未列入国际标准。1999 年山东省颁布了"玉米自交系及单交种真实性和品种纯度电泳鉴定方法"（DB37/T273-1999），采用了山东农业大学张春庆等（1998）的 AU-PAGE 方法，该方法比 ISTA 的小麦醇溶蛋白电泳方法更易操作。2001 年农业部颁布了"玉米种子纯度盐溶蛋白电泳鉴定方法"（NY/T449-2001），该方法所分析的蛋白谱带以水溶蛋白为主，部分为盐溶蛋白，因此有些杂交组合难以区分杂交种及自交粒。

## 第四节　品种纯度的分子检测

20 世纪 90 年代分子标记技术发展迅速，不同学者依据分子标记技术的原理将其分成不同种类，大体上可分为以 DNA 为基础的分子标记和以 RNA 为基础的分子标记。目前应用在纯度检测中的主要是 SSR 技术。

### 一、PCR 的原理

通过 DNA 提取和 PCR 扩增，扩增产物通过检测，根据等位基因（DNA 指纹）的差异区分不同的品种。不同品种的简单序列重复（SSR）和 SNP 具有丰富的多态性，是用于品种和杂交种纯度检测主要的分子标记。虽然可以提供推荐的操作程序，只要操作程序满足结果准确的要求，每一个步骤都可以调整，但依据的 SSR 引物或 SNP 位点是确定的。在某些情况下，推荐的 SSR 引物或 SNP 位点不能区分所有的品种，此时可以采用推荐的附加引物或增加适宜的位点进一步分析。

普通 PCR 的原理如图 6-5。

PCR 技术，即聚合酶链式反应是由美国 PE Cetus 公司的 Kary Mullis 在 1983 年建立的。PCR 的基本原理与细胞内 DNA 复制相似，由变性、退火、延伸 3 个基本反应步骤构成：①模板 DNA 的变性：加热至 94 ℃左右一定时间后，模板 DNA 双链或经 PCR 扩增形成的双链 DNA 解离，成为单链，以便与引物结合；②模板 DNA 与引物的退火（复性）：模板 DNA 经加热变性成单链后，温度降至 $T_m$ 值左右，引物与模板 DNA 单链的互补序列配对结合；③引物的延伸：DNA 模板与引物结合物在 Taq 酶的作用下，以 dNTP 为反应原料，靶序列为模板，按碱基配对与半保留复制原理，合成一条新的与模板 DNA 链互补的半保留复制链。重复循环变性、退火、延伸过程，就可获得更多的半保留复制链，而且这种新链又可成为下次循环的模板。每完成一个循环需 2~4 min，2~3 h 就能将目的基因扩增放大几百万倍。

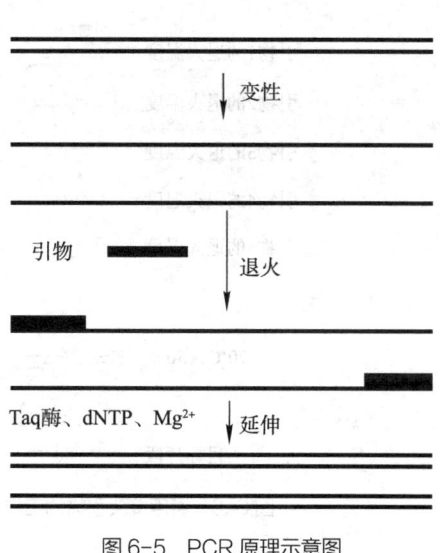

图 6-5　PCR 原理示意图

通用多重 PCR（universal multiplex PCR，UM-PCR）的原理，山东农业大学 2012 年发明了通用多重 PCR 技术，可以一次使用多对（3~7 对）引物同时扩增，极大地提高了 PCR 的检测效率。该技术首先在 SSR 上下游引物的 5′ 端分别加上了通用接头 -F（5′-CTCGTAGACTGCGTACCA-3′）和通用接头 -R（5′-TACTCAGGACTCATCGTC-3′），引物加上接头后命名为通用接头引物（U-primer）。然后，建立了一种新的 PCR 扩增程序，命名为"两段循环模式" PCR 扩增程序。

通用接头引物的工作原理和"两段循环模式"PCR扩增程序的工作原理如图6-6所示。第一段循环（命名为"逐一退火循环"）在退火阶段按照未加接头的SSR引物的退火温度从高到低的顺序逐一进行退火，通过这种方式可以使正确配对的引物占大多数，且能保证每对引物都能进行正常扩增，减少非特异扩增。第一段循环的前两个循环，接头引物的SSR引物部分与目标模板结合进行PCR扩增，此时通用接头序列没有目标模板；从第一段循环的第2个循环开始，通用接头引物的通用接头序列的模板开始合成；从第一段循环的第3个循环开始，通用接头引物的SSR引物部分和通用接头序列共同与模板结合进行PCR扩增。第二段循环（命名为"通用退火循环"）将退火和延伸过程合并，退火温度提升为70℃（接头引物的$T_m$值在70℃左右），这将提高正确配对引物的数量，进一步减少非特异扩增产物。

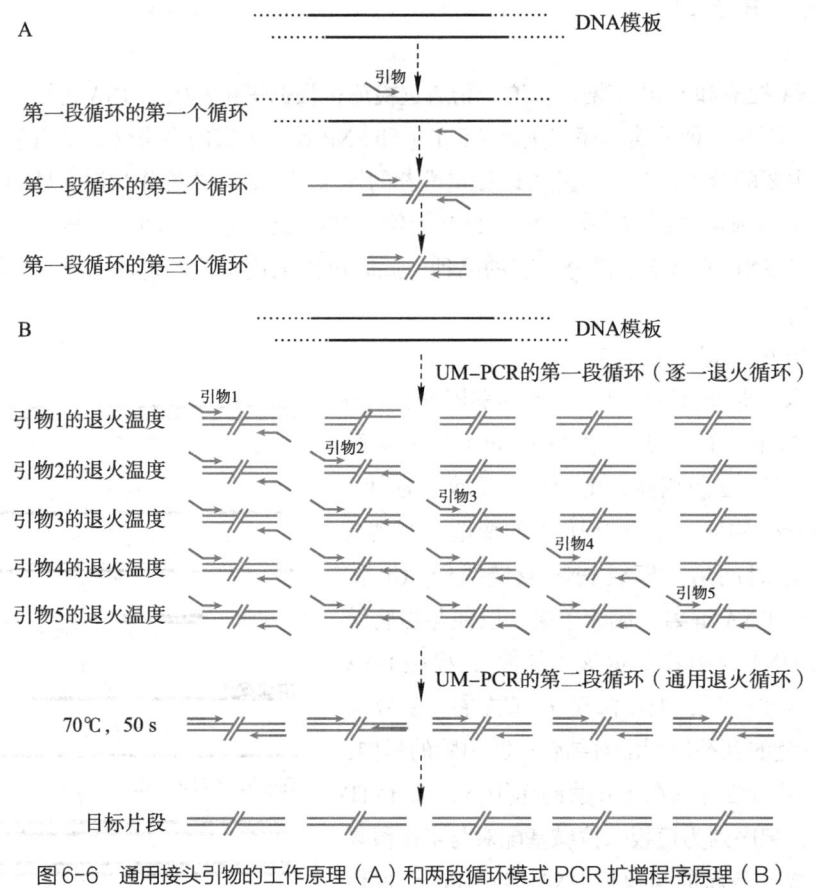

图6-6　通用接头引物的工作原理（A）和两段循环模式PCR扩增程序原理（B）

## 二、试验样品

试验样品的数量和重复要根据检验的目的、送验者要求的方法和准确度确定，当杂粒为1/N时，试验样品原则上应大于4 N。为了提高结果的可靠性，技术上可能的条件下，应当设置重复。试验样品和重复的准备按照扦样部分样品分取的要求。

一般每个样品测定100粒种子，若更准确地估测品种纯度，则需更多的种子。如果分析结果要与某一纯度标准值比较，可采用顺次测定法（sequential testing）来确定，即50粒作为一组，必要时可连续测定数组，以减少工作量。对于 DNA 分子检测，也可采用混样鉴定。

## 三、DNA 提取

### (一) SDS 提取法

种子样品可单粒研磨或粉碎，按体积比 1：(6~7) 加入 SDS 提取缓冲液，65℃ 水浴中 1~2 h。4 000~5 000 $g$ 离心 3~5 min，取上清液，与等体积酚氯仿混匀，5 000 $g$ 离心 10 min，与等体积氯仿混匀，5 000 $g$ 离心 10 min，取上清液，加入 0.6 倍体积异丙醇混匀，10 000 $g$ 离心 5 min 去上清液，70% 乙醇冲洗沉淀 2~3 次，风干，加入适量 1×TE 溶解，检测 DNA 浓度，稀释至 150 ng/μL 备用，-20℃ 保存。

用种苗提取 DNA 时，取幼嫩叶片或组织 2~3 cm，放入 1.5 mL 离心管，加入预热至 70℃ 的 SDS 提取缓冲液 400 μL，65℃ 水浴 1~2 h，与等体积酚氯仿混匀，5 000 $g$ 离心 10 min，取上清液，加入等体积氯仿混匀，5 000 $g$ 离心 10 min 取上清液，加入 0.6 倍体积异丙醇混匀，10 000 $g$ 离心 5 min，去上清液，用 70% 乙醇冲洗沉淀 2~3 次，风干，加入适量 1×TE 溶解，检测 DNA 浓度，稀释至 150 ng/μL 备用，-20℃ 保存。

### (二) KOH 提取法

该法适于种胚较大的种子，玉米种子沿胚纵切，取一半（必须含有胚）放入 1.5 mL 离心管中，加入 500~600 μL 0.04 mol/L KOH 溶液，种子混匀提取 5~10 min，取上清液，该 DNA 样品可以用于 PCR 扩增。DNA 模板量以 2 μL 为宜。

提取液浓度和体积参数（温大兴，2013）：对于琼脂糖凝胶电泳检测 DNA 完整性，提取液（KOH 溶液或 NaOH 溶液）的最适浓度为 0.02~0.05 mol/L，最适体积为 200~500 μL；对于 PAGE 检测 PCR 扩增产物，提取液的最适浓度为 0.03~0.2 mol/L，0.03~0.1 mol/L（不同的 PCR 扩增体系，提取液最适浓度会有略微的变化），提取液体积对 PCR 扩增产物的影响不明显，200~1 000 μL 都可以。提取时间 1 min~2 d 都可以满足要求，到达提取时间后混匀提取液，混匀后的提取液即为 DNA 样品，用于 PCR 扩增时 DNA 样品模板量为 0.5~5 μL 均可，通常取 2 μL 作为 DNA 模板。

### (三) CTAB 法

CTAB 法用于种苗 DNA 提取。取幼嫩叶片或组织 2~3 cm，放入 1.5 mL 的离心管，加入预热到 70℃ 的 CTAB 提取液 500 μL，65℃ 提取 1 h，加入等体积氯仿混匀，5 000 $g$ 离心 10 min，取上清液加入等体积异丙醇混匀，10 000 $g$ 离心 5 min，去上清液，用 70% 乙醇冲洗沉淀 2~3 次，风干，加入适量 1×TE 溶解，检测 DNA 浓度，稀释至 150 ng/μL 备用，-20℃ 保存。

也可采用商业试剂盒提取，使用前经过试验能满足 PCR 扩增要求即可。

## 四、扩增程序

### (一) 普通 PCR 反应程序

1. 引物选择

品种纯度鉴定时，应从推荐的引物（附表 4）中选用具有多态性的 3 对以上核心引物检测。

采用荧光标记检测时，正向引物的 5′ 端加上 M13 引物的序列 5′-CACGACGTTCTAAAACGAC-3′（Oetting 等，1995），同时对 M13 引物荧光标记。

2. 反应体系

每个反应体系为 20 μL，各成分组成见表 6-3，采用荧光标记引物时各成分见表 6-4。如果 PCR 过程不采用热盖程序，每个反应需加 15 μL 矿物油，以防止扩增过程中的水分蒸发。

表 6-3 聚丙烯酰胺凝胶检测 PCR 反应体系

| PCR 反应成分 | 每个反应用量 /μL | 最终浓度 |
| --- | --- | --- |
| DNA 模板（50~100 ng/μL） | 1 | |
| Buffer（10×，pH 8.9） | 2 | 1× |
| $MgCl_2$（25 mmol/L） | 1.6 | 2 mmol/L |
| dNTPmix（2.5 mmol/L dNTP） | 1.6 | 0.2 mmol/L |
| Taq 酶（5 U/μL） | 0.2 | 0.05 U/μL |
| 正向引物（10 μmol/L） | 0.5 | 0.25 μmol/L |
| 反向引物（10 μmol/L） | 0.5 | 0.25 μmol/L |
| 超纯水 | 12.6 | |

表 6-4 荧光标记检测 PCR 反应体系

| PCR 反应成分 | 每个反应用量 /μL | 最终浓度 |
| --- | --- | --- |
| DNA 模板（50~100 ng/μL） | 1 | |
| Buffer（10×，pH 8.9） | 2 | 1× |
| $MgCl_2$（25 mmol/L） | 1.6 | 2 mmol/L |
| dNTPmix（2.5 mmol/L dNTP） | 1.6 | 0.2 mmol/L |
| Taq 酶（5 U/μL） | 0.2 | 0.05 U/μL |
| 正向引物（10 μmol/L） | 0.5 | 0.25 μmol/L |
| 反向引物（10 μmol/L） | 0.5 | 0.25 μmol/L |
| 荧光标记的 M13 引物 | 0.5 | 0.05 μmol/L |
| 超纯水 | 12.1 | |

3. 反应程序

94℃预变性 5 min；94℃变性 30 s，50~60℃（根据引物 $T_m$ 值选择）退火 30 s，72℃延伸 30 s（根据 PCR 产物长度调整至合适的延伸时间），35 个循环；72℃终延伸 10 min，4℃保存。

（二）通用多重 PCR 扩增程序

1. 引物选择与合成

通用多重 PCR 一次可扩增多个目的片段，而且能显著降低非特异性扩增。品种纯度鉴定时，应从推荐的引物（附表 4）中选用具有多态性的 3~5 对以上核心引物。每对引物的 PCR

扩增产物之间最好间隔 20 bp 左右，如果间隔距离过小，可能会影响结果判断。在上游引物和下游引物的 5′ 端分别加上通用接头 –F（5′–CTCGTAGACTGCGTACCA–3′）和通用接头 –R（5′–TACTCAGGACTCATCGTC–3′）。

2. 反应体系

通用多重 PCR 扩增采用 20 μL 体系，由于选择的引物对数不同，超纯水最后的用量不同，最终用超纯水补足 20 μL。具体见表 6-5。

表 6-5　通用多重 PCR 扩增体系

| PCR 反应成分 | 每个反应用量 /μL | 最终浓度 |
| --- | --- | --- |
| DNA 模板（50~100 ng/μL） | 2 | |
| Buffer（10×，pH 8.9） | 2 | 1× |
| MgCl$_2$（25 mmol/L） | 1.6 | 2 mmol/L |
| dNTPmix（2.5 mmol/L/dNTP） | 1.6 | 0.2 mmol/L |
| Taq 酶（5 U/μL） | 0.2 | 0.05 U/μL |
| 正向引物（10 μmol/L） | 0.5 | 0.25 μmol/L |
| 反向引物（10 μmol/L） | 0.5 | 0.25 μmol/L |
| 超纯水 | 补足 20 | |

3. 反应程序

采用两段循环模式进行 PCR 扩增：① 94℃预变性 5 min。② 第一段循环（各 3 个循环）为"逐一退火循环"：94℃变性 40 s；按照未加通用接头前的每对引物的退火温度从高到低的顺序逐一分别退火，每个退火温度的退火时间为 20 s；72℃延伸 30 s。③ 第二段循环阶段，30 个循环：94℃变性 40 s；将退火和延伸过程合并（70℃，50 s）。④ 72℃终延伸 10 min。通用多重 PCR 扩增程序见表 6-6。

表 6-6　通用多重 PCR 程序（两段循环模式）

| 循环数 | 温度 /℃ | 时间 |
| --- | --- | --- |
| | 94 | 5 min |
| ×3 | 94 | 40 s |
| | 引物 1 的退火温度 | 20 s |
| | 引物 2 的退火温度 | 20 s |
| | 引物 3 的退火温度 | 20 s |
| | 引物 4 的退火温度 | 20 s |
| | 引物 5 的退火温度 | 20 s |
| | 72 | 30 s |
| ×30 | 94 | 40 s |
| | 70 | 50 s |
| | 72 | 10 min |

## 五、扩增产物检测

### （一）PAGE 检测

1. 凝胶的准备

将玻璃制胶板（平板和凹板）用洗涤剂清洗干净后用清水冲洗，再用蒸馏水冲洗，然后晾干。将晾干后的玻璃制胶平板水平放在支架上，在其两侧放上 0.5 mm 制胶条，把玻璃制胶凹板放在上面，使玻璃制胶平板和凹板对齐，用夹子将两块板夹紧。

（1）凝胶溶液的配制

100 mL 凝胶溶液的组成：蒸馏水 50 mL，5×TBE 电泳缓冲液 20 mL，30% Acr-Bis 30 mL，10% 过硫酸

铵 750 μL，TEMED 75 μL。

（2）制胶

把凝胶溶液沿玻璃制胶板凹槽一侧缓慢灌入，灌满胶后观察凝胶溶液内是否有气泡产生，若有气泡产生，用注射器将气泡从凝胶溶液内排出，然后沿玻璃制胶板凹槽一侧插入梳子。待凝胶溶液凝固后拔出梳子，用力甩出点样孔内的残留的液体。待点样孔干燥后，将玻璃制胶板组合到电泳槽上，向电泳槽的上下槽内各注入 600 mL 1×TBE 电泳缓冲液。

2. 样品制备

在 20 μL PCR 产物中加入 4 μL 6× 加样缓冲液，混匀，95℃变性 5 min，然后迅速置于冰上（如果使用的 Mix 中自带染料，PCR 结束后直接点样。）。

3. 上样电泳

用移液器吸取 2~5 μL 样品，加入点样孔内。注意加入参照品种。150 V 稳压电泳至前沿指示剂接近凝胶底部。

4. 固定染色

电泳结束后，将凝胶从玻璃制胶板中取出，在含有 500 mL 去离子水的塑料盆中漂洗 1 min，倒掉去离子水；加入 500 mL 2 g/L $AgNO_3$ 溶液，将塑料盒置于摇床上轻轻摇晃，染色 3 min；倒掉 $AgNO_3$ 溶液，加入 500 mL 去离子水，漂洗 1 min；加入 500 mL 显影液（20 g/L NaOH 溶液，0.1% 甲醛），将塑料盒置于摇床上轻轻摇晃，直至条带清晰为止；加入 500 mL 去离子水，漂洗 1 min；将凝胶置于胶片观察灯上并照相。

5. 谱带分析

根据不同品种的等位变异，检测品种纯度。杂交种根据等位变异的互补带的有无区分亲本、杂交种和杂粒。

（二）毛细管电泳荧光检测

1. 样品的准备

分别取等体积的稀释后的不同荧光标记的扩增产物溶液混合，从混合液中吸取 1 μL 加入 DNA 分析仪专用的 96 孔板中，同时每孔加入 0.1 μL 的分子内标和 8.9 μL 去离子甲酰胺，将样品在 PCR 仪上 95℃变性 5 min，取出并迅速置冰上，冷却 10 min，离心后置 DNA 分析仪上分析。

2. 检测

按照仪器的操作手册，分析比较样品的一致性。

## 六、结果计算和表示

（一）种子、种苗或植株的个体鉴定

在种子、种苗鉴定时，品种纯度以本品种种子、种苗的百分率表示，保留一位小数。如果送检者有特殊要求，可以按送检者要求另加说明。

$$品种纯度（\%）= \frac{本作物的总粒（株）数 - 变异粒（株）数}{本作物的总粒（株）数} \times 100$$

如果设置重复，重复之间检测结果在容许差距范围之内，则可以计算重复间的平均数。如果重复间检测结果超出容许差距范围,再做第 3 个重复,然后比较与前两个结果之间的差异,取在容许差距范围内的结果平均。在 95% 的概率保证下,误差的计算方法见蛋白质电泳测定部分,重复之间的差距应小于 $T$。测定结果与标签值之间的比较容许差距见表 6-1。

(二) DNA 混样鉴定

当采用 DNA 分子技术进行混样鉴定时,可按下列公式计算本品种种子粒数百分率。

$$GP = \left(1 - \frac{d}{n}\right)^{1/m} \times 100$$

式中:$GP\%$ 为正常种子粒数百分率;$d$ 为检出为杂带的种子份数;$n$ 为检测的种子份数;$m$ 为每份种子的粒数(取整数)。

## 第五节 品种真实性分子鉴定

真实性分子鉴定是通过与标准样品进行遗传特性的比较,对品种真实性进行验证或者身份鉴定。DNA 指纹检测方法依据遗传特性进行比较检测,因为不同品种的基因组 DNA 存在核苷酸序列差异,这种差异可采用 PCR 扩增及电泳、测序、荧光扫描、质谱分析等手段获得的 DNA 指纹加以区分,从而对不同品种进行鉴定。田间小区种植鉴定依据相同条件下待测样品和标准样品的形态性状差异加以区分,从而对不同品种进行鉴定。该部分内容将在第七章介绍。

真实性分子鉴定由于方法各异,所需的适宜仪器、检测平台和参照样品也随之有所不同,其中 DNA 指纹检测方法对检验员要求较高,应在有利于检测正确实施的控制条件下进行,应充分考虑下列条件:①种子检验员具备熟悉所使用检测技术的知识和技能;②所有仪器与使用的技术相适应,并已经过定期维护、验证和校准;③使用适当等级的试剂和灭菌处理的耗材;④使用校准影响检测结果评定的适宜参照样品。

### 一、检测方法的选择

进行品种真实性鉴定时,可优先采用简单可靠的 DNA 指纹检测方法。在新修订的国家标准中,主要推荐 SSR、SNP 标记作为当前各作物种子真实性鉴定的主要标记方法。根据不同物种的技术发展情况,其他标记方法经过方法比较确认后也可以选择使用。DNA 指纹技术选择的基本原则:①标记多态性丰富;②实验重复性好、技术成熟;③数据易于标准;④标记位点分布情况清楚;⑤标记为共显性。虽然可以提供推荐的操作程序,根据半基准方法(semi-performance-based approach,SPBA)原则,只要操作程序满足目的要求,最终结果符合 ISTA 标准,每一个步骤都可以调整,但依据的一组 SSR 核心引物是确定的。在某些情况下,推荐的 SSR 引物不能区分所有的品种,此时下可以采用推荐的附加引物或增加适宜的引物进一步分析。

SPBA 是指在检测时,只要满足检测目的要求,检测结果与标准方法一致,实验室可以选择规定标准方法的部分技术进行测定的方法。由于分子技术在不断发展，各种仪器和程序不断产生。因此，为了建立一种统一的方法，既可以为实验室提供指导，又可以促进实验室寻求此类测试认证的流程，制定了 SPBA。规定了特定的分子标记，但这些标记的分析程序由各个实验室自行决定，只要这些程序已被评估为适合目的，并且最终结果符合 ISTA 设定的可接受标准。

## 二、核心位点的基本要求

1. 一套核心位点组合的选择标准

①依据不同作物物种的染色体数目多少、基因组大小、位点多态性水平、品种数量及品种间差异情况，兼顾检测平台的位点通量特点，确定合适的位点数量。②入选位点在染色体上尽量均匀分布，以减少位点间的遗传连锁；位点组合的累计识别能力较高，至少可以区分 95% 的已知品种。③位点组合易于实现高通量检测。④位点组合的累计识别能力较高，至少可以区分 95% 的已知品种。

2. 单个核心位点的选择标准

①在所研究作物物种的不同品种间多态性高；②能够准确区分不同等位基因及基因型，数据容易统计；③多态区域两侧序列突变率低，易于设计鉴定标记；④染色体分布情况清楚；⑤结果稳定，重复性好；⑥兼顾不同检测平台的兼容性。

3. 核心位点的筛选评估及等位基因的确定

（1）位点初选

根据国内外研究文献、作物遗传信息数据库等资料信息，或根据对该物种的代表性品种的重测序试验信息，初步筛选位点多态性和分型效果。

采用一套代表性材料对初筛出的位点进一步复筛，确定一套多态性较高、分型效果好、数据易统计的候选位点。试验材料应包括代表不同遗传背景的品种（具体数量根据不同作物物种特点而定）、生产上主要推广种植的品种和几套遗传上近似的品种。

（2）候选位点评估

将候选位点在多个实验室进行重复性和稳定性评估，剔除在不同实验室重复性差的位点。如需不同检测平台，同时评估在不同检测平台上的重复性，剔除在不同检测平台上重复性差的位点，或剔除数据兼容性差的检测平台。结合评估结果与核心位点选择标准确定核心位点名单。

（3）核心位点等位基因的确定

采用一组具有广泛代表性的品种对每个核心位点进行检测。对于多等位基因的标记类型，如 SSR 标记，在荧光毛细管电泳平台或测序平台统计出每个位点出现的等位基因，确定各位点的等位基因片段大小后，对等位基因进行命名。对于二等位基因的标记类型，如 SNP 标记和 InDel 标记，采用推荐的任意一种平台，对出现的两种等位基因分别命名为 A 或 B。

## 三、检测样品的数量

试验样品的数量和重复要根据不同方法的要求和不同作物的特性而定，应随机从供检代表样品中分取有代表性的试样，应符合 GB/T 3543 的规定。为了提高结果的可靠性，在技术上可能的条件下，应当设置重复。

样品分析数量取决于种子繁殖方式及样品一致性情况。根据物种繁殖类型及种子繁殖方式不同，可分为无性繁殖品种、严格自花授粉品种、人工自交品种、常异花授粉品种、天然异花授粉品种、人工杂交品种。

对于无性繁殖品种、人工自交品种和严格自花授粉品种，实际检测中应分析至少 20 个个体的混合样品，必要时可分析至少 5 个个体的单个样品。天然异花授粉品种，实际检测中应分析至少 20 个个体的单个样品。对于常异花授粉品种，由于不同作物的天然异交率存在差异，不同作物应根据其具体特点确定合适的分析数量，原则上对天然异交率较低的，可参考人工自交品种，对于天然异交率较高的，可参考天然异花授粉品种。人工杂交品种，当预期品种一致性较高时（如玉米的单交种），应分析至少 20 个个体的混合样品，或分析至少 5 个个体的单个样品。当预期品种一致性较低时（如玉米的三交种、双交种等），应分析至少 20 个个体的单个样品。

## 四、引物的数量

检测使用的引物数量越多，结果误判的概率越低，但工作量也随之增加，因此需要依据检测目的，在可接受结果准确率的前提下进行确定。依据高分辨率、染色体均匀分布等筛选原则，根据农作物特性遴选不同数目的引物对，作为品种真实性鉴定的引物。

国家规程规定，品种真实性鉴定采用序贯式方法。可采用 10 对引物为一组进行鉴定，若达到可以判定结果的差异位点数的，可终止检测，若未达到可以判定结果的差异位点数的，则继续进行剩余引物的检测。每种作物都给出了一些参考引物。

根据真实性验证的要求，选定真实性鉴定的引物。选用变性 PAGE 分析，只需合成普通引物，采用 1 对引物进行 PCR，然后进行 PAGE 分析。选用荧光毛细管电泳，合成引物时需在正向引物的 5′ 端标记荧光染料，采用 1 对引物或组合引物进行 PCR，然后进行荧光毛细管电泳。

## 五、检测程序

### （一）PCR 检测

可将种子、胚、幼苗、叶片、根等材料中的 DNA 抽提出来，合成相应的引物，通过 PCR 扩增，采用不同的基因分型平台进行检测分析。

在试验样品 PCR 反应的同时，应设置阳性对照（参照样品）和空白对照。不同标记方法的 PCR 扩增反应体系不一样，在确保对照样品扩增正常前提下，PCR 扩增反应体系总体积和组分的终浓度可以依据不同作物和不同试验条件作相应调整。根据标记方法确定反应程序。

使用规程推荐的核心位点，选择适合的检测平台，按照相应平台的操作程序，对样品进行基因分型，获得每个位点的基因型数据。选择基因分型平台的基本原则：①对位点的不同等位基因能够有效区分；②数据统计容易，不同批次数据容易整合，适于构建数据库；③技术方法成熟、操作简单。

针对于SSR、SNP、INDEL标记的分型平台有多种，主要以PCR扩增技术为基础，与电泳、测序、荧光、质谱等方法组合形成4类分型平台，具体包括：①电泳平台，主要通过电泳分离方法获得扩增片段大小；②测序平台，固定位点组合的扩增产物利用测序方法结合生物信息分析获得基因分型数据；③荧光扫描平台，主要包括以芯片为载体的位点高通量检测方法和以酶标板或卷带为载体的样本高通量检测方法；④质谱检测平台，通过计算激光电离离子飞行时间直接检测扩增产物分子量的不同。

对于多等位基因的标记类型，如SSR标记，推荐以电泳检测平台为主；对于二等位基因的标记类型，如SNP和InDel标记，上述4类分型平台均可以选择。无论选择哪种平台，必须通过多实验室验证或确认。在标准制定阶段，制定单位应采用主流的1~2个分型平台确定一套固定的核心位点，并由多个实验室联合验证在该平台上检测的结果一致性和稳定性；在标准执行阶段，如果采用其他分型平台，需与标准推荐的分析平台进行比较，证明结果的一致性后方可采用。

（二）PCR+测序技术检测

PCR加测序技术近几年发展迅速。这些技术均属于靶向测序基因型检测（genotyping by target sequencing，GBTS），从基因组DNA中选择特定的靶向位点，进行扩增测序和基因型检测。这种靶向简化基因组测序技术，为品种的真实性检测提供了理想途径。GBTS由2种技术体系组成：GenoPlexs和GenoBaits。GenoPlexs技术，通过多重PCR扩增、测序技术，可以实现在一个反应中高达5 000对标记引物高度均一扩增。GenoBaits技术，基于液态探针，对DNA靶向捕获、扩增、测序的基因型检测技术，可以实现在一个反应中高达40 K个标记检测。2种技术均可实现对基因组任意位置、任意长度的非高度重复区的精准捕获，可同时检测SSR、SNP、InDel等多种类型的基因型变异分析。

美国Life Technology公司提供的多重PCR技术，其能够设置多至12 000重PCR引物。其原理是将乳化聚合酶链式反应技术（Emulsion PCR，ePCR）和二代高通量测序技术相结合，检测样品基因组多个位点的基因型。ePCR由Dressman等（2003）发展。将水相PCR溶液（包括引物、聚合酶、dNTP、DNA模板等）与乳化剂混合，形成大量微小的悬浮液滴。每个液滴作为一个PCR"反应器"，在PCR扩增过程中独立反应。

我国2020年颁布了《植物品种鉴定MNP标记法》（GB/T 38551-2020），属于靶向测序基因型检测。利用多重PCR技术和二代高通量测序扩增并检测样品基因组上的MNP标记位点，分析测序数据，获得标记位点的分型结果和鉴定结论。多核苷酸多态性（multiple nucleotide polymorphism，MNP），指在基因组水平上由多个核苷酸引起的序列多态性。

1. 样品DNA提取与扩增

样品DNA提取与PCR技术的相似，DNA质量要求更高，提取与纯化的DNA溶液应在260 nm与230 nm处的吸光度比值大于2.0；在260 nm与280 nm处的吸光度比值为1.7~1.9；DNA电泳主带明显，无明显降解和RNA残留。

多重PCR扩增与文库构建。按多重PCR扩增与文库构建试剂盒的说明进行DNA质控、多重PCR扩增、文库构建与纯化。其中，多重PCR的扩增循环数不多于20个。

## 2. 高通量测序

按高通量测序试剂盒和高通量测序仪的操作说明进行高通量测序。高通量测序的平均覆盖倍数设置为 700 倍，测序长度大于标记引物在参考基因组上的扩增长度。

测序数据需要满足质量控制要求，数据质量控制如下：

利用 MNP 品种鉴定软件将样品的测序数据比对到参考基因组的标记位点上，统计第一次检测的标记位点的平均覆盖倍数（$C$）。平均覆盖倍数是指比对到标记位点上的测序片段数目与标记位点数目的比值。

当 $C<500$ 时，判定样品的测序数据量不足，重新测序至标记位点的平均覆盖倍数 $C \geq 500$。

当 $C \geq 500$ 时，进一步计算检出的标记位点的比例 $R_1$；$R_1 = \dfrac{T_1}{T}$，其中，$T_1$ 和 $T$ 分别为样品检出的标记位点的数目和检测的标记位点的数目。

当 $R_1 \geq 95\%$ 时，判定测序数据合格；

当 $R_1 < 95\%$ 时，判定文库构建可能失败，从 DNA 提取开始重新实验，第二次检测的标记位点的 $C \geq 500$；进一步计算第一次和第二次共同检出的标记位点的比例 $R_2$，$R_2 = \dfrac{2T_{12}}{T_1+T_2}$，其中，$T_{12}$ 为第一次和第二次共同检出的标记位点的数目，$T_1$ 和 $T_2$ 为第一次和第二次分别检出的标记位点的数目。

当 $R_2 \geq 95\%$ 时，判定测序数据合格。

## 3. 遗传相似度计算

遗传相似度按下式计算：

$$GS = \dfrac{n_{ij}}{N_{ij}} \times 100\%$$

式中：$GS$ 为待测品种与对照品种的遗传相似度；$n_{ij}$ 为待测品种与对照品种中均检出的但基因型无差异的标记位点的数目；$N_{ij}$ 为待测品种与对照品种中均检出的标记位点的数目。

## 4. 结果判定

（1）原始品种的鉴定

当待测品种与所有对照品种间的遗传相似度 $GS$ 均小于 α 时，判定待测品种为原始品种。其中，α 为按有关法规确定的待测品种所在植物的实质性派生品种的判定阈值。

（2）实质性派生品种的鉴定

当对照品种为原始品种时，判定待测品种是否为对照品种的实质性派生品种：当 $GS<α$ 时，判定待测品种不是对照品种的实质性派生品种；当 $GS \geq α$ 时，判定待测品种是对照品种的实质性派生品种。

（3）品种真实性鉴定

水稻、玉米、大豆、棉花、花生、谷子、西瓜、甜瓜、黄瓜、番茄、辣椒、白菜、猕猴桃按以下判定：

当 $GS<96\%$ 时，判定待测品种与对照品种为"不同品种"；

当 $GS \geq 96\%$ 且 $<99\%$ 时，判定待测品种与对照品种为"近似品种"；

当 $GS \geq 99\%$ 时，判定待测品种与对照品种为"极近似品种或相同品种"。

## 六、原始数据记录

1. 多等位基因标记位点数据统计记录方式

数据记录格式为片段大小，二倍体作物物种的纯合位点的基因型数据记录为 X/X，杂合位点的基因型数据记录为 X/Y，其中 X、Y 分别为该位点上两个不同等位变异大小，小片段数据在前，大片段数据在后。对于其他倍性的作物物种，可参考二倍体物种的数据记录方式，并根据物种的特殊性进行适当调整。

2. 二等位基因标记位点数据统计记录方式

对于二倍体物种数据记录为 A/B 格式，即纯合基因型记录为 AA 或 BB，杂合基因型记录为 AB。具体物种的标准制定单位应给出每个位点 A 和 B 的定义，并在附录中提供参照样品的基因型。对于其他倍性物种，可参考二倍体物种的数据记录方式，并根据物种的特殊性进行适当调整。

## 七、结果计算和表示

评定指标，采用品种间差异位点数作为判定品种间是否相同的依据。

1. 差异位点的确定

对特定位点而言，成对比较两份样品在该位点的基因型，如果两份样品主要基因型不一致则判定为不同，反之，则判定为相同。统计位点差异记录的结果，计算差异位点数，核实差异位点的引物编号。

2. 容许差距

检测结果用检测样品和标准或对照样品比较的位点差异数目表示，检测结果的容许差距视不同作物、不同检测方法而定。

## 八、结果报告

按照 GB/T 3543 的检验报告要求，对品种真实性鉴定的检测结果进行填报。填报不同检测方法的评定指标，鉴定方法以及相应方法的附加说明。

1. 选择下列方式之一进行结果填报

① 通过__对引物，采用_____方法进行检测，与标准样品比较未检测出位点差异。

② 通过__对引物，采用_____方法进行检测，与标准样品比较检测出差异位点数__个，差异位点的引物编号为__。

2. 属于下列情形之一的，须在检验报告中注明

① 与 DNA 指纹数据比对平台进行数据比对的；

② 检测样品遗传不稳定严重的位点（引物编号）清单。

## 第六节 转基因品种检测

转基因检测从检测目的上分为定性测定和定量测定；从检测对象上可分为 DNA 分子检测和蛋白质检测。转基因生物检测的技术、策略和方法不断发展。测试结果的质量在很大程度上取决于方法、设备和训练。这使得转基因生物（又称遗传修饰生物体，genetically modified organism，GMO）测试的标准化变得非常困难。ISTA 方法针对转基因生物测试结果的一致性，是使用基准方法（PBA），而不是统一测试方法。PBA 方法要求实验室，使用的转基因生物检测、鉴定或定量方法在检测种子样品时结果符合 ISTA 制定的可接受的标准。这些标准包括抽样、测试和报告等。为了使实验室获得 ISTA 转基因生物测试认证，它需要向 ISTA 审核员提供实验室验证和可靠性的文件证据。

通常，用于评估 GMO 性状纯度的转基因测试与用于测试转基因种子意外混杂测试方法是相同的，只是测试步骤以及目标存在差异。两种检测的结果预期不同，对于意外混入检测，一般期望"未检出"的结果或者转基因含量水平较低；对于转基因性状纯度检测，期望的结果是特定转基因性状含量水平较高。

### 一、转基因检测相关概念

GMO 是指通过现代生物技术对生物体本身遗传物质的加工改良，以及转入外来基因等获得的生物和组织。

基因修饰事件（GMO event），是在植物基因组一个单一位点的修饰改变，导致新性状的产生，进而产生基因修饰植株并形成新品种。

基因修饰性状（GMO trait），通常是指通过基因工程将一个物种基因添加到另一个物种中所得到的一种新的表型特征。

内标准基因（内源参照基因，endogenous reference gene），指具有植物物种专一性且拷贝数恒定、不显示等位基因变化的保守 DNA 序列。用于对基因组中某一目的基因进行定量分析和验证 PCR 反应体系中是否存在抑制物质。

外源基因（exogenous gene），指利用基因工程技术转入的体外重组的 DNA 序列，使该生物品种表现新的生物学性状。

阴性对照（negative control），指不含待测基因的农作物种子或 DNA 分子。

阳性对照（positive control），指含待测基因的农作物种子或 DNA 分子。

检测限（limit of detection），指在给定的置信水平保证下被检测到的目标分析物的最小量。

定量限（limit of quantification），是在保证可以接受的准确度和精确度的前提下，测量到目标分析物需要的最小样品量。

意外混杂物（adventitious presence，AP），种子中的 AP 是指种子批次在生产、收获、仓储或营销过程中意外混入的转基因材料。

基准方法（performance-based approach，PBA），是一种实验室就可以选择的测试方法，只要该方法已被验证为与给定的标准操作相符合。

能力测试（capability test），能力测试是一个标准化测试或一系列测试，用于评估实验室或单个操作人员执行特定方法的能力。

种子混合（seed bulk）样品，是将全部试验样品一次制备（如研磨、DNA 或蛋白质提取）并分析的样品。

种子分组（seed group）样品，是指在使用分组测试时，将一部分试验样品单独制备并分析的样品。

参照物（reference material），是指一个或多个指定特性足够均匀稳定，确定其在测量过程中作为基准物/校准物或质量控制物使用的物质。

转基因限量水平（acceptable GMO quality level），种子批中规定含有转基因种子的可接受量，一般以数量百分数表示。

有证标准物质（certified reference material，CRM），指附有证书的标准物质，其一种或多种特性值是通过溯源性的程序确定，使之可溯源到准确复现的表示该特性值的测量单位，每一种出证的特性值都附有给定置信水平的不确定度。

### 二、试验样品数量

试验样品数量取决于检测的目的、给定的阈值要求、方法检测能力和所需的统计置信度，并使用适当的统计方法来确定。需要的全部种子或部分种子必须与分析方法灵敏度统一，甚至可以检测单粒转基因种子。对于定量方法，如果实验室旨在检测试验样品中单一种子的存在，则样品的大小必须符合定量限的要求。①转基因筛查检测，随机选取 100 粒种子，全部粉碎，提取分析物，进行检测。②转基因性状纯度检测试验样品数量可根据实际情况减少为 100 粒。③意外混入检测需要的试验样品数量与转基因检测的限量水平相关。转基因检测的限量水平越低，所需要检测的种子数量越多。不同转基因限量水平下的最小试验样品数量如表 6-7 所示。

表 6-7　不同转基因限量水平下的最小试验样品数量

| 转基因限量水平 /% | 需要检测的种子粒数 |
| --- | --- |
| 5.0 | 60 |
| 2.0 | 150 |
| 1.0 | 400 |
| 0.5 | 600 |
| 0.3 | 1 000 |
| 0.2 | 1 600 |
| 0.1 | 3 000 |
| 0.01 | 30 000 |

## 三、转基因 DNA 分子检测

申请人必须明确说明具体的测定目的，这对于确定测试方法以及计算和结果表达至关重要。可能的测定目的包括：①报告种子批中转基因生物的存在与否，使用定性检测；②估计种子中存在的转基因生物的比例与相关的测量不确定性，使用定量检测。

### （一）定性检测

定性检测的目的是检测种子是否为转基因品种，属于转基因筛查检测。

1. 引物的选择

转基因植物可以利用 CaMV 35S 启动子、NOS 终止子定性筛查检测。CaMV 35S 启动子引物：正向引物 35S–F1 为 5′-GCTCCTACAAATGCCATCATTGC-3′，反向引物 35S–R1 为 5′-GATAGTGGGATTGTGCGTCATCCC-3′，预期扩增片段大小为 195 bp。NOS 终止子引物：NOS–F1 为 5′-GAATCCTGTTGCCGGTCTTG-3′，NOS–R1 为 5′-TTATCCTAGTTTGCGCGCTA-3′，预期扩增片段大小 180 bp。在转基因种子筛选中，选择使用常用的启动子或终止子，或能够扩增多种经常出现的转基因事件中基因的引物。这些检测只表明转基因生物的存在，但不是确切证据。②对于特定转基因性状，如抗虫、抗除草剂、耐盐碱基因，也可以在基因内部设计相应的引物（表 6-8、表 6-9、表 6-10）进行扩增。在特异性 PCR 检测中，选择的引物应该能够扩增在自然界条件下不能扩增的遗传片段，作为 GMO 事件存在的重要指标。③在事件特异性检测中，设计的引物用于检测特定转化事件的唯一位点，阳性结果表明该特定事件是存在的。

2. 检测方法

根据转基因检测限量水平，选取相应数量的种子，一般需要 100 粒种子，全部粉碎，分取适量粉末，提取 DNA 进行检测。除引物外，其他操作如普通 PCR 扩增，参见品种纯度的分子检测部分。对于扩增步骤，重要的是防止种子处理、提取 DNA 或样品扩增中的 DNA 污染。必须使用适当的对照样品作为质控，例如用含有被检外源基因同类作物的 DNA 作为阳性对照，用不含有被检外源基因同类作物的 DNA 作为阴性对照，用无菌超纯水作为空白对照。如果有可能，建议使用标准参照。

在使用 PCR 方法检测的情况下，可以进行多种不同水平的选择性和特异性扩增检测。为提高种子转基因成分检测效率，根据外源基因检测特异性高低，可按照据筛选基因、目的基因、结构基因、转化事件前后序列进行检测。

PCR 结束后，可以通过凝胶电泳检测扩增的 DNA 分子或利用与 PCR 反应相关的荧光检测 PCR 产物。通过电泳，如果在凝胶上观察到目标条带，则检测结果为阳性；如果没有目标条带，则检测结果为阴性。通过荧光检测，与适当的阳性和阴性对照样品的荧光测量比较进行评估。

3. 结果报告

根据检测结果，报告表述如下：①如果没有检测到测试目标，表述为"未检测到测试目标"；②如果检测到目标，表述为"检测到测试目标"。

### （二）定量检测

1. 试验样品的种类

定量检测是用于检测转基因性状纯度。可采用单粒种子、全试样、分试样进行检测。单粒种子检测类似定性检测。单粒种子检测时，选取相应的种子数，以每粒种子为一个独立样品，直接粉碎或发芽后磨碎、提取 DNA，进行检测。该方法需要检测的种子粒数多，工作量大，成本高。使用该方法获得的检测结果表示为种子数量百分比。

全试样检测时，根据转基因检测限量水平，选取相应的种子数，全部粉碎，分取适量粉末，提取 DNA，选择实时定量 PCR，选取合适的标准物质绘制标准曲线。使用该方法获得的转基因种子含量可表示为质量百分比或拷贝数百分比，取决于选用的标准物质。

分试样检测时，根据转基因检测限量水平，将全试样等分成若干组分试样，分别作为独立样品进行检测。使用该方法获得的检测结果表示为种子数量百分比。

2. 实时定量 PCR 的原理

实时荧光定量 PCR（quantitative real-time PCR，qRT-PCR）是指在 PCR 反应体系中加入荧光基团，利用荧光信号积累实时监测整个 PCR 进程，最后通过标准曲线对未知模板进行定量分析的方法。由于在 PCR 扩增的指数时期，模板的 Ct 值和该模板的起始拷贝数存在线性关系（图 6-7），所以成为定量的依据。荧光强度可以实时测量，并且可以给出在每个循环中被扩增的 DNA 分子的数量的估计。也可以通过荧光染料与 DNA 的结合测量 DNA 扩增，在这种情况下，必须特别注意假阳性结果，因为结合的荧光染料可能与非特异性 PCR 产物的扩增相关。

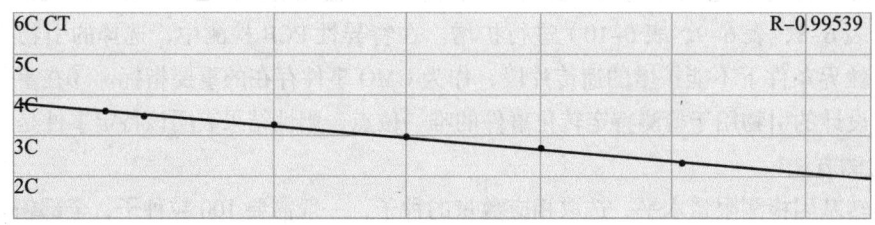

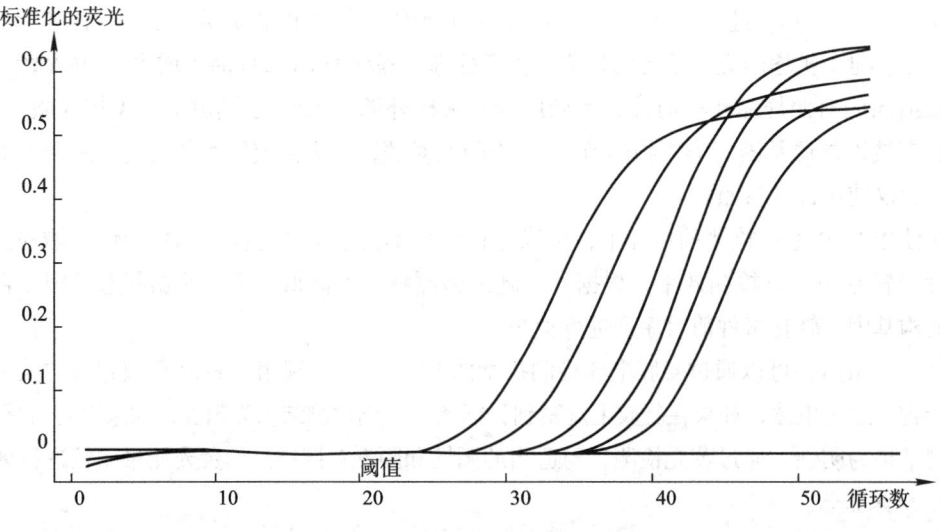

图 6-7 实时荧光定量 PCR 原理示意图

（1）SYBR Green I 法

在 PCR 反应体系中，加入过量的 SYBR 荧光染料，待其特异性地掺入 DNA 双链后，发射荧光信号，而不掺入链中的 SYBR 染料分子不会发射任何荧光信号，从而保证荧光信号的增加与PCR产物的增加同步。

(2) TaqMan探针法

探针完整时，报告基团发射的荧光信号被淬灭基团吸收；PCR扩增时，Taq酶的$5'→3'$外切核酸酶活性将探针酶切降解，使报告荧光基团和淬灭荧光基团分离，从而荧光监测系统可接收到荧光信号，即每扩增一条DNA链，就生成一个荧光分子，实现了荧光信号的累积与PCR产物的形成完全同步。

3. 引物的选择

需要有内标准基因，不同作物选择内标准基因存在差异，玉米用的淀粉合成酶异构 *zSSIIb* 基因，水稻通常用的是蔗糖磷酸合成酶 *SPS* 基因，油菜用的是 *HMGI/Y* 基因。玉米抗虫基因特异转化体检测引物选择见表6-8，水稻抗虫转基因检测引物6-9，油菜耐除草剂基因特异转化体检测引物见表6-10。

表6-8 玉米抗虫基因特异转化体检测引物

| 检测目标 | 引物序列（$5'→3'$） | PCR产物大小/bp |
|---|---|---|
| *zSS Ⅱ b*（内标准基因） | zSS Ⅱ b-F：CGGTGGATGCTAAGGCTGATG | 88 |
| | zSS Ⅱ b-R：AAAGGGCCAGGTTCATTATCCTC | |
| Bt10转化体 | Bt10-F：CACACAGGATTATTATAGGGTTACTCA | 130 |
| | Bt10-R：GGGAATAAGGGCGACACGG | |
| MIR604转化体 | MIR604-1F：TCGCGCGGTGTCATCTATG | 142 |
| | MIR604-1R：CGCGACACACCTCGTTAGTTAA | |
| CBH351转化体 | CBH351-F：GCGCGGTGTCATCTATGTTACTA | 225 |
| | CBH351-R：TCAGTTTTCCATCTTCCATA | |

表6-9 水稻抗虫转基因检测引物

| 检测目标 | 引物序列（$5'→3'$） | PCR产物大小/bp |
|---|---|---|
| *SPS*（内标准基因） | SPS-F1：TTGCGCCTGAACGGATAT | 277 |
| | SPS-R1：GGAGAAGCACTGGACGAGG | |
| *CaMV35S* | 35S-F1：GCTCCTACAAATGCCATCATTGC | 195 |
| | 35S-R1：GATAGTGGGATTGTGCGTCATCCC | |
| *NOS* | NOS-F1：GAATCCTGTTGCCGGTCTTG | 180 |
| | NOS-R1：TTATCCTAGTTTGCGCGCTA | |
| *Bt* | Bt-F1：GAAGGTTTGAGCAATCTCTAC | 301 |
| | Bt-R1：CGATCAGCCTAGTAAGGTCGT | |

表 6-10　油菜耐除草剂基因特异转化体检测引物

| 检测目标 | 引物序列（5'→3'） | PCR 产物大小 /bp |
| --- | --- | --- |
| *HMGI/Y*（内标基因） | Hmg-F：TCCTTCCGTTTCCTCGCC | 206 |
|  | Hmg-R：TTCCACGCCCTCTCCGCT |  |
| T45 转化体 | T45-F：TCCCATTTATTTACGGTCAC | 233 |
|  | T45-R：CCATGGGAATTCATTTACAA |  |
| Oxy-235 转化体 | Oxy-235-F：TTTGTTTATTGCTTTCGCC | 331 |
|  | Oxy-235-R：CCAGGGGGATTCAGTTGGA |  |

4. 结果计算和表示

（1）考虑测定的目的

结果的计算和表示依赖于检测目的、方法和相关的计量单位。需要仔细考虑申请者的目的和要求，为了应对不同的检测目的，检测结果可使用种子数量百分比、种子质量百分比或 DNA 拷贝数百分比任一种表示方法。采用多种测量单位可以避免相互转化困难的问题。

采用的测试方法不论是定性还是定量的，结果都可以满足定量测试目的，但数据分析和计算方法不同。

为了检测在同一种子中存在两个或多个转基因事件，适合测试单粒种子。当用混合样品检测时，每个转基因事件分别检测。

（2）结果的表示单位

结果的计算和表示取决于申请人的目的或要求，同时考虑测定目的、检测方法和相关的测量单位。为了满足量化转基因种子的不同目标和情况，根据 PBA 要求，使用以下任何一个定量测试结果都可以：

① 种子数量的百分比：指种子批中转基因种子数量的百分数。除了单粒种子检测时使用外，在部分种子样品测试方法中也可以使用，此时按下式计算。

$$GM\% = \left[1 - \left(1 - \frac{d}{n}\right)^{1/m}\right] \times 100$$

式中：$GM\%$ 为转基因种子粒数百分比；$d$ 为检出为阳性的种子份数；$n$ 为总的种子份数；$m$ 为每份种子的粒数（取整数）。

② 种子的质量百分比：按质量计算转基因生物含量百分比。当使用认证的标准参照物通过质量（g/kg）制作标准曲线时，应使用该单位。

③ DNA 拷贝百分数：根据拷贝数百分比表示转基因生物含量。当使用认证的标准参照物通过 DNA 拷贝 % 制备标准曲线时，应使用该单位。

以上 3 个单位在结果报告中都可以使用，使用多个单位以避免结果的转换问题无论使用哪个单位，所得到的 GM 估计值应该在方法上是有意义的，也就是说使用实时荧光定量 PCR 的实验室不应该报告低于其验证的检测限值。此外，在实时荧光定量 PCR 中，结果应具有生物学意义。

5. 定量检测结果报告

（1）以测试目标的种子或幼苗百分比表示

检测结果应报告申请人指定的测试目标的种子或幼苗百分比。必须报告所测试的种子总数、组数和每组种子数。根据结果报告建议表述如下：

① 如果测试目标未被检测到："测试目标未被检测到"。

② 如果检测到测试目标："测试目标在种子批中的种子百分比为 ...%，95％置信区间 [ ...%，...% ]"，或"对于申请人指定的测试目标，该种子批中的种子百分比符合 ...%（最大或最小），具有 ...%的置信度"。

如果结果没有证明种子批在某一置信度下满足一定的规定，那么将以95％置信区间报告点估计。

（2）以质量或数量的DNA拷贝表示

如果是全部种子混合样品中转基因生物的定量测定，应按照质量或数量的DNA拷贝报告申请人指定的检测对象的百分比。必须表明检测计划，如种子样本的重复数、每个种子样本的制粉重复数、每个制粉样品的提取物重复数、每个提取物的检测的重复数。

根据结果报告建议表述如下：

① 如果没有检测到测试目标（没有信号或低于检测限）："测试目标未被检测到高于检测限。"

② 如果检测目标水平高于检测限并低于定量限："检测目标在低于所用方法的定量限水平上被检测到"。

③ 如果发现测试目标的种子高于定量限度的水平："种子批中测试目标的质量或拷贝百分比被确定为 ...%，具有95％置信区间的 [ ...%，...% ]"，或"对于申请人指定的测试目标，种子批按质量或拷贝数满足 ...%（最大或最小），具有 ...%置信度。"

## 四、基于蛋白质的检测

基于蛋白质的检测主要应用于转基因的定性检测，而不推荐用于定量测定，因为样品种类的变化、提取和检测方法的不同，会导致蛋白质提取物中的蛋白质含量变化，导致转基因含量的测定困难。蛋白质检测并不适用于区分转基因特定事件，因为几个事件可能含有相同的蛋白质（例如 NK603/MON88017、ON810/Bt11）。基于蛋白质的检测主要依据免疫检测技术的原理来进行。

### （一）免疫检测技术的原理

抗原（或免疫原）（antigen 或 immunogen）是能诱导抗体形成的外来大分子。蛋白质、多糖和核酸通常是有效的抗原。抗体（antibody），又称免疫球蛋白（immunoglobulin，Ig），是动物为反应外来物质的出现而合成的一种蛋白质。该抗体对诱导它合成的外来物质（抗原）有特异亲和力。抗体与抗原的特异结合反应称为免疫反应（immunology response）。抗体的特异性是指向抗原的特定部位，该部位称为抗原决定簇（antigenic determinant）。

抗原与抗体的特异结合部分与酶的活性部位相似，但与酶不同，大多数给定特异性抗体并不是单一的分子种类。免疫球蛋白的分子量约为150 000。1959年Rodney Porter用木瓜蛋白酶对免疫球蛋白 G（IgG）进行有限的水解发现，IgG 被分解为 3 个 50 kDa 的活性片段，其中两个片段能与抗原结合，称为 Fab，另外一个片段不能与抗原结合，称为 Fc。Fab 含有一个与抗原结合的部位，与抗原不形成沉淀。IgG 能与含有一个以上的抗原决定簇的抗原结合形成网格状，而形成沉淀，当抗体和抗原等当量存在时，形成的沉淀量最大。

免疫的动物对同一个抗原决定簇可产生不同簇、亚族和不同亲和性的抗体。对不同抗原决定簇所产的抗体为多克隆抗体。多克隆抗体的免疫专一性较低。1975 年 C. Milstein 和 Kohler 发现，产生抗体的细胞与骨髓瘤细胞融合即可得到大量专一性的的均一抗体——单克隆抗体。因此，细胞融合是获得杂交瘤细胞进而产生单克隆抗体的基础。

根据抗原和抗体的专一性免疫反应，设计了各种免疫检测技术，目前在转基因种子检验中应用较多的是免疫沉淀检测技术、酶联免疫检测技术。

1. 免疫沉淀检测技术

当可溶性抗原与相应的抗体在溶液或凝胶中彼此接触时，所产生的抗原—抗体复合物可成为肉眼可见的不溶性沉淀物，这就是免疫沉淀反应（immunoprecipitation assay）。免疫沉淀产生的速度，取决于抗原与抗体的比例、分子量大小、反应温度和盐的浓度等。常用的免疫沉淀技术有：①单相免疫扩散试验，是将一定量的抗体与琼脂糖一起形成凝胶，再把抗原滴在凝胶上面或滴进凝胶板的小孔中，在合适的条件下扩散，在抗原和抗体比例合适的距离处，形成清晰的沉淀线或环。②双相免疫扩散试验，是指抗原和抗体在同一凝胶中扩散，当抗原与抗体相遇且两者比例合适时才能形成清晰的沉淀带。③免疫电泳技术（immunoelectrophoresis，IE），是由 Grabar 和 williams 于 1953 年建立的，是一种灵敏度较高的分离及鉴定蛋白质的方法。它首先将抗原蛋白在琼脂糖凝胶内电泳分离，然后利用免疫双扩散使分离的蛋白质与相应的抗血清反应，产生免疫沉淀线。Alper 和 Johnson（1969）将此法改进，称为免疫结合电泳（immunofixation electrophoresis），不是将抗血清加在凝胶槽中，而是将抗血清吸附在滤纸条上放在凝胶表面进行免疫结合。④对流免疫电泳技术，也称为免疫电渗电泳（immunoelectroosmophoresis，IEOP），原理是抗原在碱性缓冲液（pH 8.2 以上）中带负电荷，向正极移动，而抗体蛋白接近等电点，借助内渗液流的作用，与抗原相反，缓慢移向阴极。在凝胶上将抗原抗体适当安排，就会在短时间内（30~90 min）相遇形成沉淀线。

2. 酶联免疫检测技术

1966 年以 Engvall 和 Perlmann 及 Weemen 和 Schurs 为先驱，发展了酶联免疫检测技术。该技术是将抗原和抗体的免疫反应和酶的催化反应相结合而建立的一种技术。最初该技术用于检查组织中相应抗原或抗体的存在。后来发展为将抗原或抗体吸附于固相载体，然后在载体上进行酶连免疫反应。目前应用最广泛的为酶联免疫吸附分析（enzyme linked immuno sorbent assay，ELIAS），常用方法如下：

（1）直接法

抗原与酶标抗体结合后，酶催化相应底物反应，检测抗原-抗体复合物的存在。

（2）间接法

抗原与相应抗体反应后，用酶标记抗体孵育结合，然后用酶催化相应的底物反应，检测抗原-抗体-抗体复合物的存在（图 6-8）。

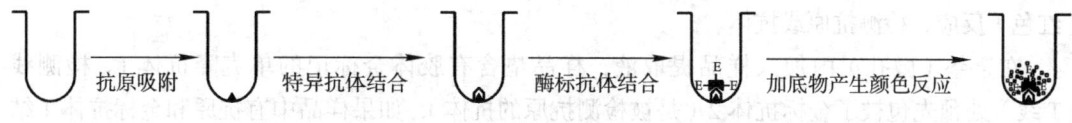

图 6-8 间接法测定的原理

### （3）抗体夹心法

特异抗体首先与载体表面吸附结合，抗原与特异抗体结合，然后用酶标抗体吸附于抗原上，用酶相应的底物反应，检测抗体 – 抗原 – 抗体复合物的存在（图 6-9）。

图 6-9 抗体夹心法测定的原理

### （4）标记抗原的竞争法

这是一种专门检测抗原的方法。特异抗体吸附于载体的表面，未标记抗原和酶标记的抗原以不同比例混合，与吸附于载体表面的抗体结合，标记前后的抗原将竞争结合特异抗体，以只加酶标记的抗原为对照，通过用酶的特殊底物水解量来确定溶液有无抗原及抗原量的多少。

以上介绍了四大类免疫检测技术，实际上免疫检测的技术种类很多，如中和试验、放射免疫测定、免疫电子显微技术、补体检测技术等但目前在种子检测方面应用较少，不再一一介绍。

## （二）试纸条检测

胶体金试纸条诊断是采用胶体金免疫层析技术研制而成的，该技术是 20 世纪 90 年代初在免疫渗透技术的基础上建立的一种快捷简单的免疫学检测技术。试纸条使用了 3 项技术（图 6-10）：①胶体金技术，为诊断提供肉眼可见的显色媒介；②层析载体技术，硝酸纤维素膜、吸水纸、样品垫、金垫；③免疫学技术，为识别系统。特异性的检测样本中需要检测的物质，如抗原抗体识别系统和受体识别系统。

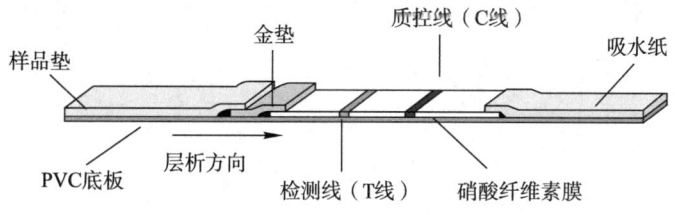

图 6-10 试纸条结构示意图

胶体金是氯金酸（$HAuCl_4$）的水溶胶，是氯金酸在还原剂的作用下，聚合成特定大小的金颗粒，并由于静电作用而形成的一种稳定的胶体状态。质量好的胶体金溶液是红色的，胶体金颗粒为球形，大小均一，无棱角。胶体金在碱性条件下带负电荷，与蛋白质分子的正电荷基团产生静电吸引并结合，且不影响蛋白质的活性。以硝酸纤维素膜为载体，利用微孔膜的毛细管作用，滴加在膜条一端的液体慢慢向另一端移动，通过抗原抗体结合，并利用胶体金呈现颜色

（红色）反应，检测抗原或抗体。

在金垫（微孔）内加入样品提取液，样品垫含有胶体金标记的单克隆抗体1。检测线（T线）处预先包被了金标抗体2（是被检测抗原的抗体），如果样品中有抗原和金标抗体1结合，在毛细作用下继续向右移动，与检测线中金标抗体2结合形成夹心式结构，T线就会呈红色。如果待检样品中无抗原存在，就不能和T线包被金标抗体结合，不显红色，多余的金标抗体1继续泳动，与质控线（C线）包被的羊抗鼠二抗结合，也形成一条肉眼可见的红线。如果C线都不显色，那这个检测就是无效的，需要重新测一次。

### 五、生物测定

生物测定是基于对种子或幼苗处理的表型效应的感官测定。最常用的生物测定是确定是否携带抗除草剂抗性的种子。在这种情况下，种子或幼苗通过除草剂处理，当种子不含除草剂抗性性状时，种子或种苗不能正常发育，继续发芽或正常生长的所有种子或植物均被评为转基因生物性状的阳性。必须根据作物和生长阶段确定适当的除草剂浓度。生物测定只能确定转基因生物性状的存在，但不能确定任何特定事件的存在，如在许多作物中，具有相同除草剂抗性表型存在多种事件。

**思考题**
1. 种子纯度测定的方法有哪几类？其优缺点有哪些？
2. 电泳法测定种子纯度的遗传基础和电泳原理是什么？如何研究开发新的纯度电泳方法？
3. 分子技术测定种子纯度的常用方法有哪些？各有什么优缺点？
4. 品种真实性鉴定和品种纯度检测有什么异同？
5. 转基因检测的主要目的和技术原理是什么？

**数字课程资源**

　　📥 教学课件　　　　📄 自测题

# 第七章

# 田间检验与种子纯度的种植鉴定

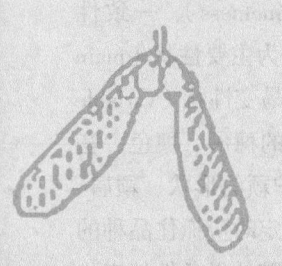

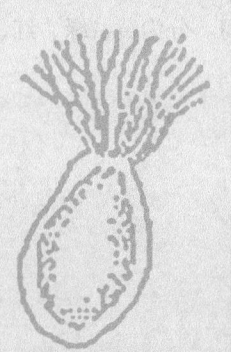

　　田间检验（field inspection）与种子纯度的田间小区种植鉴定都是确保种子纯度的重要措施。在种子生产过程中，通过田间检验，防止遗传分离、变异、外来花粉、机械混杂和其他不可预见的因素对种子遗传品质的影响。在种子收获后通过田间小区种植鉴定，保证种子纯度鉴定结果准确可靠。由此看出，虽然两者是在不同时期，采用不同的程序与方法来完成的，但均是在植株不同的生长发育时期依据被检品种的特征特性（即植株性状）检查和测定品种纯度。因此，要做好种子纯度的种植鉴定和田间检验工作，熟悉植物的特征特性，掌握检验程序和方法是至关重要的。

# 第一节　田间检验及种子纯度种植鉴定依据的性状

鉴定品种真实性和纯度，首先应了解被鉴定品种的特征、特性，借以鉴别本品种和异品种。品种鉴定的性状标准可参考品种权保护中使用的特异性（distinctness）、一致性（uniformity）和稳定性（stability）鉴定的 DUS 检验标准。一般品种性状可分为主要性状（main character）、次要性状（secondary character）、特殊性状（special character）和易变性状（variable character）4 类。主要性状是指品种所固有的不易变化的明显性状，如小麦的穗形、穗色、芒长等。次要性状（细微性状）是指细小、不易观察但稳定的性状，如小麦护颖的形状、颖肩、颖嘴。特殊性状是指某些品种所特有的性状，如水稻中的紫米、香稻等。鉴定时应抓住品种的主要性状和特殊性状，必要时考虑次要性状和易变性状。易变性状是指容易随外界条件的变化而变化的性状，如生育期、分蘖多少等。鉴定品种的性状因作物而异，但都是依据器官的大小、颜色、形状等鉴定。

## 一、农作物

### （一）水稻

1. 茎秆性状

（1）茎秆长度（cm）　测量从茎基部到穗颈节的长度，精确到 0.1。小于 50.0 为短，50.1~70.0 为中短，70.1~90.0 为中，90.1~110.0 为中长，大于 110.0 为长。在灌浆期到颖果成熟时观测主茎茎秆。

（2）茎秆粗细（mm）　用游标卡尺测量植株茎秆倒 3 节中部的外径，计算平均值，精确到 0.1。小于 3.0 为细，3.0~6.0 为中，大于 6.0 为粗。在灌浆期到颖果成熟时观测主茎中部。

（3）茎秆角度　在灌浆期到颖果成熟时观测有效茎，目测茎秆与铅垂线间的角度。小于 30° 为直立，30°~45° 为中间型，45°~60° 为散开，大于 60° 为披散，茎秆或茎秆下部平铺于地面为匍匐。

（4）茎秆数　茎秆数指单株成穗茎数。小于 5 为极少，5~10 为少，11~15 为中，16~20 为多，大于 20 为极多。

（5）茎秆基部茎节包露　在开花期，开花结束时观测主茎分蘖节上第 3 节的茎节包裹或显露情况。分为包、露两种情形。

（6）茎秆节的颜色　在开花期，开花结束时观测主茎到 2 茎节。分为浅绿、紫。

（7）茎秆节间色　在开花期，开花结束时观测主茎到 2 茎节间。分为黄、绿、红、紫色线条和紫。

2. 叶部性状

（1）叶姿　分弯、中、直 3 级。

① 弯：叶片由茎部弯垂超过半圆形。

② 直：叶片直生挺立。

③ 中：介于弯和直之间。

（2）剑叶叶片长度（cm）　在灌浆期到颖果成熟时测量主茎剑叶叶枕处到叶尖的长度，精确至0.1。小于20.0为极短，20.0~25.0为短，25.1~35.0为中，35.1~45.0为长，大于45.0为极长。

（3）剑叶叶片宽度（cm）　在颖果成熟时测量主茎剑叶最宽处的宽度，精确至0.1。小于1.0为窄，1.0~2.0为中，大于2.0为宽。

（4）剑叶叶片角度　在灌浆期观测主茎剑叶和穗轴。分直立、中间类型、平展、披垂。

（5）叶片色　在孕穗期或穗苞膨大期观测。分为深绿、绿、浅绿、边缘紫色、紫色斑点和紫。

（6）芽鞘色　光照条件下发芽，待芽鞘出现颜色后观察。分为白色、绿、紫红和深紫。

（7）叶鞘色　在分蘖盛期，约有6个分蘖时观测叶鞘外部。分为绿、紫色线条、紫和深紫。

（8）倒数第2叶性状　在孕穗期或穗苞膨大期进行。

① 叶片长度：测量从叶枕到叶尖的长度，精确到0.1。分为极短、短、中、长、极长。

② 叶片宽度：测量叶片最宽部分的宽度，精确到0.1。分为窄、中、宽。

③ 叶尖与主茎的角度：用量角板测量倒数第2叶的叶尖与叶枕的连线同主茎所呈的夹角，精确到1°。分为直立、平展、下垂。

④ 叶片茸毛：无、疏、中、密和极密。

⑤ 叶耳色：绿和紫。

⑥ 叶色：浅绿和紫。

⑦ 叶舌长度：测量从倒数第2叶叶枕基部至叶舌顶的长度，精确到0.1 cm。分为无叶舌，短（小于1.5），长（大于或等于1.5）。

⑧ 叶舌形状：无、尖至渐尖、二裂、平截。

⑨ 叶舌色：无色、白色、紫色线条、紫。

⑩ 叶枕色：绿色和紫色。

（9）剑叶叶片卷曲度　在盛花期观测主茎剑叶。无或很小、正卷、反卷和螺旋状。正卷指叶片的两边向下弯曲，反卷指叶片的两边向上弯曲，螺旋状指叶片的卷曲呈螺旋状。

3. 穗部性状

（1）穗伸出度

① 紧包：稻穗部分或完全被包在剑叶叶鞘内。

② 部分抽出：穗基部略在剑叶叶枕之下。

③ 正好抽出：抽穗基部至剑叶叶枕间的距离为0~2.1 cm。

④ 抽出较好：穗基部至剑叶叶枕间的距离为2.2~8.5 cm。

⑤ 抽出良好：穗基部显露在剑叶叶枕之上，穗茎部至剑叶叶枕间的距离超过8.5 cm。

（2）穗类型　在蜡熟期，硬蜡熟时观测主茎稻穗的分枝模式、一次枝梗的角度和小穗的密集程度。分为密集、中等、散开。

（3）穗直立性状　在成熟期，颖果坚硬，末端小穗成熟时观测主茎穗轴的直立程度。分为直立、中间、下垂。

（4）穗长度（cm） 在蜡熟期，硬蜡熟时测量主茎稻穗穗颈节到穗顶的长度（不包括芒），精确至0.1。小于11.0为极短，11.0~20.0为短，20.1~30.0为中，30.1~40为长，大于40为极长。

（5）颖壳茸毛 在成熟期，颖果坚硬，末端小穗成熟时用10倍放大镜，观察颖壳有茸毛的表面占颖壳总面积的百分比。分为无、少（小于50%）、多（大于50%）。

（6）颖尖色 在成熟期，颖果坚硬，末端小穗成熟时观察颖壳尖。分为黄白、顶端红色（有色部分从颖尖扩展到外颖的上部）、红、褐、紫。

（7）最长芒的长度（cm） 在成熟初期，颖果坚硬，末端小穗成熟时测量稻穗中最长芒的长度，精确到0.1。小于0.5为极短，0.5~2.0为短，2.1~3.5为中，3.6~5.0为长，大于5.0为特长。

（8）芒色 黄白、黄、红、褐、紫和黑。

（9）芒的分布 在成熟期，颖果坚硬，末端小穗成熟时目测，从穗尖向下观察芒在穗上的分布。小于10%为少，10%~75%为中，大于75%为多。

（10）每穗粒数 成熟期，颖果坚硬，80%以上小穗成熟时计数主茎稻穗每穗总粒数，包括实粒数、空秕粒数和落粒数。小于60为极少，60~100为少，101~200为中，201~300为多，大于300为极多。

（11）花粉不育度 分为不完全败育、败育。

（12）不育花粉类型 包括无花粉型、典败（占50%以上）、圆败（占50%以上）、染败（占50%以上）4种类型。无花粉型指显微镜下观测，无花粉或仅留残余花粉壁；典败指显微镜下观测花粉不染色，形状不规则，如三管形、多边形等；圆败指花粉粒外观圆形，无染色淀粉粒；染败指大多数花粉形态正常，但着色较浅或着色不均匀。也有部分花粉深染色，但粒形明显异于正常花粉粒。

（13）柱头颜色 白、黄、浅绿和紫。

（14）柱头总外露率 在开花期、开花结束时观测主茎稻穗。小于30%为极低，30%~45%为低，46%~65%为中，66%~85%为高，大于85%为极高。

观测方法：测定整个稻穗单、双柱头外露的颖花数之和占全部已开花的颖花数的比例，用百分比表示。

（15）结实率 在成熟期，颖果坚硬，80%以上小穗成熟时，观测主茎稻穗，计算发育良好的小穗（包括落粒）占总小穗数的百分比。0为不结实，1%~64%为低，65%~80%为中，81%~90%为高，大于90%为极高。

4. 谷粒性状

（1）护颖色 在成熟期，颖果坚硬，80%以上小穗成熟时观测护颖。分白、浅黄、红、紫和紫黑。

（2）颖壳色 观测时期同护颖色。分浅黄、黄、色斑、红褐、褐和紫黑等。

（3）谷粒长宽比 小于1.80为短圆形，1.80~2.20为阔卵圆形，2.21~3.30为椭圆形，大于3.30为细长形。

（4）谷粒长度（mm） 从谷粒最下面的护颖基部到最长的内颖或外颖的顶部（颖尖）的

长度，有芒品种，籽粒测量到与颖尖相当的地方，精确至 0.1 m。小于 4.0 为极短，4.0~6.0 为短，6.1~8.0 为中，8.1~10.0 为长，大于 10.0 为极长。

（5）谷粒宽度（mm） 测量内外颖两侧最宽部分的距离，精确至 0.1 m。小于 1.5 为极窄，1.5~2.5 为窄，2.6~3.5 为中，3.6~4.5 为宽，大于 4.5 为极宽。

（6）谷粒千粒重（g） 小于 20.0 为极低，20.0~24.0 为低，24.1~28.0 为中，28.1~35.0 为高，大于 35.0 为极高。

（7）糙米长度（mm） 测量去壳籽粒（糙米）长度，精确至 0.1 m。小于 5.0 为极短，5.0~6.0 为短，6.1~7.0 为中，7.1~8.0 为长，大于 8.0 为极长。

（8）糙米宽度（mm） 测量糙米最宽处的宽度，精确至 0.1 m。小于 2.3 为窄，2.3~3.2 为中，大于 3.2 为宽。

（9）糙米形状 近圆形、椭圆形、半纺锤形、纺锤形和锐尖纺锤形等。

（10）种皮色 浅黄、色斑、红、褐和紫等。

（二）小麦

1. 植株性状

（1）芽鞘色 芽鞘出土 1~2 cm 时目观测芽鞘颜色，分绿和紫。

（2）幼苗生长习性 冬麦越冬前，春麦 5~6 片叶期观测，分为 3 类。

① 匍匐地面。

② 直立：幼苗与地面呈直角。

③ 半匍匐：幼苗与地面呈斜角。

（3）幼苗颜色 观测时间在分蘖盛期，分淡绿、绿、深绿。

（4）叶耳颜色 抽穗期观测旗叶叶耳颜色，分绿（白）、紫（红）。

（5）茎叶穗上的蜡质 开花至灌浆期观测，分无、少、多。

（6）株高（cm） 分蘖节或地面至穗顶（不含芒）的高度。小于或等于 60 为特矮，61~80 为矮、半矮，81~100 为中，101~120 为高，大于 120 为特高。

（7）株型 抽穗后根据主茎与分蘖茎的松散程度分为 3 类，主茎与分蘖垂直夹角小于 15° 为紧凑，大于 30° 为松散，介于两者之间为中等。

（8）秆色 成熟期观测，分黄色和紫色。

2. 叶片性状

（1）旗叶长度（cm） 小于或等于 25.0 为短，25.1~30.0 为中，大于 30.0 为长。

（2）旗叶宽度（cm） 在灌浆期测定旗叶叶长和叶最宽处的长度，小于或等于 1.5 为窄，1.6~2.0 为中，大于 2.0 为宽。

（3）旗叶角度 齐穗后用量角器测量旗叶和穗下茎之间的夹角，小于或等于 20.0° 为挺直，20.1°~90.0° 为中等，大于 90.0° 为下披。

（4）叶茸毛 抽穗前后观测旗叶和倒 2 叶、倒 3 叶片，分无、有。

3. 穗部性状

（1）穗长（cm） 主穗基部小穗节至穗顶部（不含芒）的长度。小于或者等于 6.0 为特短，6.1~8.0 为短，8.1~10.0 为中，10.1~12.0 为长，大于 12.0 为特长。

（2）小穗密度 小穗在穗轴上排列的疏密程度，小于或者等于 20.0 为稀，20.1~25.0 为中，25.1～30.0 为密，大于 30.0 为特密。计数每穗的小穗数（含不育小穗），并测量穗轴长度，按公式计算密度。小穗数小于或者等于 15 为少，16～20 为中，大于 20 为多。

$$密度 = \frac{小穗数 - 1}{穗轴长度} \times 10$$

（3）穗形　划分为 6 类（图 7-1）。

① 纺锤形：穗子两头尖，中部稍大。

② 长方形：穗子上、中、下正面和侧面基本一致。

③ 圆锥形：穗子下大上小。

④ 棍棒形：穗子上大下小，上部小穗着生紧密。

⑤ 椭圆形：穗短，中部宽，两端稍小。

⑥ 分枝形：小穗分枝。

（4）穗色（颖壳色）　分红、白（黄）、黑、紫 4 种。

（5）芒　稃尖完全不延长为全无芒，小穗稃有直芒或曲芒为有芒。

（6）芒色　分白（黄）、黑、红 3 种。

（7）芒长　芒长 40 mm 以上为长芒；穗的上、下均有芒，芒长在 40 mm 以下为短芒；芒勾曲呈蟹爪状为勾曲芒；芒卷曲长度小于 3 mm 为短曲芒；芒卷曲长度大于或等于 3 mm 为长曲芒。

（8）芒的分布　有扇形和平行形，扇形又分为宽扇形和窄扇形（图 7-2）。

图 7-1　小麦穗形
A. 分枝形　B. 纺锤形　C. 棍棒形
D. 圆锥形　E. 长方形

图 7-2　小麦芒的分布
A. 宽扇形　B. 窄扇形　C. 平行形

（9）护颖　护颖的颜色分白、红、黑边（黑花）、黑。护颖的茸毛分无和有。护颖的形状分披针形、椭圆形、卵形、长方形和圆形。护颖肩的形状分为无肩、斜肩、方肩和丘肩（图 7-3）。护颖嘴（尖）形状分钝形、锐形、鸟嘴形和外曲形。护颖脊明显或不明显。

（10）穗粒数　小于或等于 25 为少，26～35 为中，36～45 为多，大于 45 为特多。

（11）穗轴毛　有或无。

4. 籽粒性状

（1）粒形　分为长圆、椭圆、卵圆和卵形 4 种。

图 7-3　小麦护颖肩的形状
A. 无肩　B. 斜肩　C. 方肩　D. 丘肩

（2）粒色　分为红、白、紫黑、青黑。
（3）粒质　分为硬质、软质和半硬质。
① 硬质：籽粒横断面胚乳全部或大部分为角质。
② 软质：籽粒横断面胚乳全部或大部分为粉质。
③ 半硬质：介于硬质和软质者之间。
（4）籽粒冠毛　分多、少。
（5）千粒重（g）　小于或等于25.0为特低，25.1~35.0为低，35.1~45.0为中，45.1~55.0为高，大于55.0为特高。

（三）大麦

1. 植株性状

（1）生长习性　匍匐型、半匍匐型、半直立型和直立型。
（2）最低位叶叶鞘的茸毛　有、无。
（3）株高（cm）　测量从茎秆基部到芒的长度，精确到0.1。小于60.0为很矮，60.0~75.0为矮，75.1~90.0为中等，90.1~105.0为高，大于105.0为很高。
（4）茎粗（mm）　齐穗后测量植株茎秆中位节间中部的外茎，精确到0.1。小于3.0为细，3.0~5.0为中，大于5.0为粗。
（5）旗叶
① 叶耳色：分有色、无色。有色又分为很浅、中等、深。
② 下披植株频率：很低即所有植株的旗叶都上挺，中等即1/4~1/2植株的旗叶下披，高即约3/4以上植株的旗叶下披。
③ 叶片卷曲度：叶片不卷或曲度很小为无或很小，叶片正卷或反卷一半左右为中，叶片正卷或反卷成筒形或螺旋状为强。
④ 叶片长（cm）：抽穗后测量从叶枕到叶尖的长度，精确到0.1。小于15.0为短，15.1~20.0为中，大于20.1为长。
⑤ 叶片宽（cm）：测量旗叶最宽处的宽度，精确到0.1。小于1.0为窄，1.1~2.0为中，大于2.1为宽。
⑥ 旗叶叶片的角度：齐穗后，将穗轴拉直，使其直立于地面，然后用量角板测量旗叶靠近叶枕处的部位与穗轴之间的角度。小于10°为直立，11°~79°为中间型，80°~100°为平展，大于100°为披垂。
⑦ 旗叶叶鞘的蜡质：在花序形成期目测。分无或很弱、中等、强。

2. 穗部性状

（1）穗的着生状态　直立、半直立、水平、半下垂、下垂。
（2）穗的棱数与穗形　二棱为梯形，四棱为长方形，六棱分为圆六棱（穗短，着粒极密）和长六棱（穗较长，着粒密）。
（3）着粒密度　蜡熟期后随机测量20个麦穗中部4 cm内的节片数。7~14个为疏，15~19个为中等，大于19个为密。
（4）穗长（cm）　蜡熟期后测量从穗轴第1节到芒的长度，精确到0.1。小于或等于5.0为很短，5.1~6.0为短，6.1~7.0为中等，7.1~8.0为长，大于8.0为很长。

（5）芒　目测芒相对于穗的长度，分短、中、长。

（6）芒尖端的颜色　分有无，在开花期目测。有色的又分很浅、中、深。

（7）开花类型　开花期目测，分为闭颖、开颖。

（8）穗轴茸毛的类型　短、长。

3. 籽粒性状

（1）颖壳　有、无。

（2）籽粒腹沟的茸毛　有、无。

（3）麦粒浆片的着生位置　前置、钩紧。

（4）粒形　细长、椭圆、卵圆等。

（四）玉米

1. 植株性状

（1）第1叶鞘颜色　在展开第2叶之前，观察幼苗第1叶叶鞘的颜色。分为绿、淡紫、紫、深紫和黑紫。

（2）第1叶尖端形状　在幼苗期观测第1叶尖端形状，分为尖、尖到圆、圆、圆近匙形、匙形。

（3）叶片边缘颜色　在展开4叶期观测第4展开叶，分为绿、红绿、紫红、紫。

（4）上位穗上叶与茎秆角度　在50%植株开花时观测。小于5°为极小，5°~30°为小，31°~60°为中等，61°~80°为大，大于80°为极大。

（5）上位穗上叶性状

① 叶姿态：分为直、轻度下披、中度下披、强烈下披、极强下披。

② 叶长：在轻度乳熟期用尺度量上位穗上叶叶环至叶尖的长度，分为极短、短、中、长、极长。

③ 叶宽：用尺度量上位穗上叶中下部的宽度，分为极窄、窄、中、宽、极宽。

④ 叶色：极淡绿、淡绿、绿、深绿、极深绿、紫绿。

⑤ 叶缘波状程度：分为弱、中、强。

（6）叶鞘色　观测穗位叶或上位穗上叶叶鞘，分为绿、浅紫、紫、深紫和黑紫。

（7）株高（cm）　地面至雄穗顶端的高度，分为极矮、矮、中、高、极高。

（8）穗位高（cm）　地面至第1果穗着生节的高度。

（9）穗位与株高比　测量地面至雌穗结穗位置的高度与地面至雄穗顶部的高度，计算两者之比，分为极小、小、中、大、极大。

（10）株型　紧凑型、松散型、中间型。

（11）茎粗　地上第3节间中部的直径。

2. 雄穗性状

（1）雄穗抽出期　指雄穗顶部从叶片抽出的时期。

（2）最上面1个节间的长度　从剑叶节至雄穗基部分枝的距离，分为短、中、长。

（3）雄穗抽出剑叶的长度

① 短：最低雄穗分枝没有抽出剑叶。

② 中：最低雄穗分枝抽出剑叶0~15 cm。

③ 长：最低雄穗分枝抽出剑叶 15 cm 以上。

（4）雄穗分枝长度　分为短、中长、长。

（5）雄穗侧枝姿态　分为直立、轻度下弯、中度下弯、强烈下弯、极度下弯。

（6）雄穗小穗颖片或其基部的颜色　在散粉盛期观测雄穗主轴上部 1/3 处小穗颖片或其基部颜色，分为绿、浅紫、紫、深紫、黑紫。

（7）花药（新鲜花药）颜色　在散粉盛期观测雄穗主轴上部 1/3 处的颜色，分为绿、浅紫、紫、深紫、黑紫。

（8）雄穗主轴与分枝的角度　在 50% 植株开花时观测。小于 5° 为极小，5°~30° 为小，31°~60° 为中等，61°~80° 为大，大于 80° 为极大。

（9）雄穗小穗密度　在散粉盛期观测雄穗主轴上部 1/3 处小穗密度，分为疏、中、密。

（10）雄穗最低位（最高位）侧枝以上的主轴长度　在散粉盛期观测雄穗下部（上部）侧枝以上的主轴长度，分为极短、短、中、长、极长。

（11）雄穗一级侧枝数目　极少、少、中、多、极多。

3. 雌穗性状

（1）花丝颜色　分为绿、浅紫、紫、深紫和黑紫。

（2）果穗着生姿态　向上、水平、向下。

（3）穗柄长度　剖开果穗苞叶，观察穗柄与穗位节间长度之比。当穗柄长度小于或等于节间长度的一半时为短；当穗柄长度近似等于节间长度时为中；当穗柄长度明显大于穗位节间长度时为长。

（4）苞叶长度　用手指横在果穗顶端，果穗明显露出苞叶为极短；当苞叶刚好覆盖果穗或超出果穗 1 个手指以内为短，超出 2 个手指为中，超出 3 个手指为长。

（5）穗形　圆筒形、直圆锥形、中间型。

（6）穗长　果穗基部至穗顶的长度，分为极长、长、中、短、极短。

（7）穗粗　测量干果穗中部的直径，分为极粗、粗、中、细、极细。

（8）穗轴色　白、粉红、红、紫。

（9）穗轴中部直径　细、中、粗。

（10）果穗籽粒行数　小于或等于 8 为极少，10~12 为少，14~16 为中，18~20 为多，大于或等于 22 为极多。

4. 籽粒性状

（1）粒型　硬粒型、偏硬粒型、中间型、偏马齿型、马齿型、爆裂型、甜型或糯型。

（2）粒色及粒顶部色　白、淡黄、黄、橘黄、橙、橘红、红、深红或蓝黑。

（3）粒形　观察干果穗中部籽粒形状，分为圆形、近圆形、中间型、近楔形或楔形。

（4）籽粒大小　极小、小、中、大、极大。

（5）穗轴颖片颜色　观测穗轴中部颖片颜色，分为白、粉红、红、紫和黑紫。

（五）高粱

1. 植株性状

（1）株高　由地面至穗顶的长度，以 cm 表示，分为 5 类。株高 100 cm 以下为特矮，株高 100~150 cm 为矮，151~250 cm 为中，251~350 cm 为高，在 350 cm 以上为特高。

（2）叶片色　暗绿、鲜绿、淡绿。

（3）叶鞘基部色（苗期）　紫红、淡紫、绿。

（4）茎　茎粗，茎上蜡粉多少，节间长度，节的密度等。

2. 穗部性状

（1）穗长　自穗下端枝梗叶痕处至穗尖的长度，以"cm"表示。

（2）穗颈长　自茎秆上端茎节处至穗下端枝梗叶痕处的长度，以"cm"表示。

（3）穗柄与主茎所成的角度　分为直立、倾斜、弯曲、下垂4种。

（4）穗形　纺锤形、牛心形、圆筒形、棒形、杯形、球形、伞形和帚形等。

（5）穗的密度　分为密穗、中穗、散穗、扫帚形4种。

（6）护颖形状　分为圆形、长圆形、菱形等。

（7）护颖色　黑、红、黄、褐、紫、青黄和白等。

（8）稃壳色　红、黑褐、黄和白等。

（9）粒色　深褐、褐、红、黄、白及带有不同色的斑点。

（六）粟（谷子）

1. 植株性状

（1）幼苗叶色　分为绿、淡绿、紫等。

（2）叶鞘色　分为绿、紫、浅紫等。

（3）主茎高度　分蘖节至穗子基部的长度。

（4）主茎直径　用卡尺量第1延长节的直径。

（5）主茎叶片数和主茎节数。

（6）叶片长相　上举、平展、下垂。

（7）叶面状况　光滑、粗糙、皱缩。

2. 穗部性状

（1）穗形　圆锥形、纺锤形、圆筒形、鞭绳形、猫爪形（含鸭嘴形）、龙爪形（佛手）、长穗形（鞭形、绳形等）。

（2）穗码松紧　松、中、紧。

（3）刚毛色　绿、淡绿、绿紫等。

（4）颖壳色　绿、淡绿、绿紫等。

（5）花药色　黄、白。

3. 谷粒性状

（1）谷色　白、黄、棕黄、红黑、灰等。

（2）米色　黄、白、灰。

（3）米质　粳、糯。

（七）大豆

1. 植株性状

（1）生长习性

① 直立型：主茎直立向上。

② 半直立型：主茎上部稍细，略呈波状弯曲。

③ 半蔓生型：植株茎、枝细长，出现轻度爬蔓和缠绕。
④ 蔓生型：植株茎、枝细长爬蔓，呈强重度缠绕，匍匐于地面。
（2）株型　按植株分枝角度大小分为以下几种。
① 开张型：分枝角度大，上下均松散。
② 收敛型：下部分枝与主茎角度小，上下均紧凑。
③ 半开张型（介于两者之间）。
（3）株高（cm）　自子叶节至主茎顶端的高度。小于40.0为矮，40.0~60.0为中矮，60.1~80.0为中等，80.1~100.0为中高，100.1~120.0为高，大于120.0为极高。成熟期测定。
（4）茎　在开花盛期至成熟期目测。
① 苗期胚轴色：分绿、浅紫和深紫。
② 茎粗：茎基部子叶节与真叶节之间茎的粗度（直径），以cm表示，分粗、中、细3级。
③ 茎茸毛：稀、中、密。
④ 茎茸毛色：有绿、深紫两种。
⑤ 主茎节数：从子叶节算起，至主茎顶端（不包括顶端花序）的实际节数。小于10.0为极少，10.0~15.0为少，15.1~20.0为中等，20.1~25.0为多，大于25.0为极多。
⑥ 主茎分枝数：小于2.0为少，2.0~4.0为中，大于4.0为多。
（5）叶　在开花盛期目测。
① 小叶叶形：卵圆形、披针形、三角形、圆形。
② 叶片大小：分为大、中、小3种类型。
③ 叶色：绿、淡绿、深绿等。
④ 叶片背面茸毛：分多和少、长和短以及不同角度。

2. 花的性状

（1）花轴长短　分长、中、短3种类型。
（2）花色　在开花期目测植株中上部的花的颜色，分紫、浅紫、白。
（3）花的大小。

3. 荚的性状

（1）结荚习性
① 无限结荚习性：顶端花序短，结荚分散，主茎顶端结荚稀少。
② 有限结荚习性：顶端花序长，结荚密集，主茎顶端结荚成簇。
③ 亚有限结荚习性：顶端花序长度中等，结荚状况介于无限与有限之间。
（2）底荚高度（cm）　测量从地面到植株最低豆荚着生处的高度。小于10.0为低，10.0~15.0为中，大于15.0为高。
（3）荚形　分为直形、微弯镰形和弯镰形3种。
（4）荚的大小（cm）　荚长大于5为大，小于3为小，3~5为中间。
（5）荚熟色　草黄、灰褐、褐、深褐和黑等。

4. 种子性状

（1）种子形状　分为圆形、扁圆形、椭圆形、扁椭圆形、长椭圆形和肾形等。
（2）百粒重（g）　小于5.0为极小，5.0~9.9为小，10.0~14.9为中小，15.0~19.9为中，

20.0~24.9 为中大，25.0~29.9 为大，大于或等于 30.0 为特大。

（3）种皮色　分浅黄、黄、淡绿、绿、淡褐、褐、黑、虎斑和鞍挂。

（4）脐色　浅黄、黄、淡褐、褐、蓝和黑。

（5）子叶色　分黄、绿两种。

（6）种皮开裂度　随机取 100 粒种子，计数种皮开裂种子的百分比，重复 2 次，计算平均值。小于 1.0% 为不开裂，1.0%~20.0% 为中度开裂，大于 20.0% 为开裂。

（八）花生

1. 植株性状

（1）株型　结荚期测量第 1 对侧枝与主茎张开的角度。小于 45° 为直立型，45°~60° 为半匍匐型，大于 60° 为匍匐型。

（2）分枝型　根据第 1 次分枝上的第 2 次分枝多少来分。小于或等于 11 为疏枝型，大于或等于 12 为密枝型。

（3）开花习性　分为交替开花和连续开花。

（4）主茎高度（cm）　饱果成熟期测量，从第 1 对侧枝分生处到顶端展开叶叶节的长度。大于 60 为极高，45~60 为高，20~45 为中，小于 20 为矮。

（5）叶形　椭圆形、长椭圆形、倒卵形、宽倒卵形等。

（6）叶色　黄绿、浅绿、绿、深绿和暗绿。

（7）茎枝、叶柄、叶片的茸毛　密、中、稀、无。

（8）茎部颜色　结果期目测，分为紫、浅紫、绿。

（9）分枝数　饱果期计数每株 5 cm 以上的分枝的总和（除主枝）。小于 6 为少，6~11 为中，12~19 为多，大于或等于 20 为极多。

2. 花的性状

（1）花色　橘黄、黄、浅黄。

（2）花冠花青素　根据花冠上紫晕的多少和深浅分为无、淡、浓 3 级。

3. 荚果性状

（1）荚果形状（图 7-4）　普通形、斧头形、曲棍棒形、葫芦形、串珠形、茧形和蜂腰形。

（2）果嘴　钝、微钝、锐利。

（3）荚果颜色　分为黄褐、草黄、白 3 种。

（4）网纹　分为粗浅、细深两类。

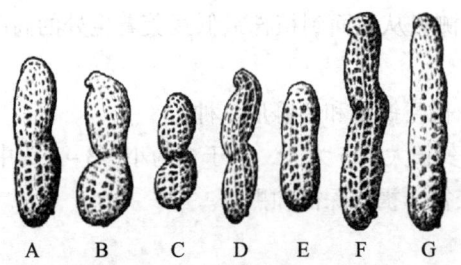

图 7-4　花生荚果形状

A. 普通形　B. 斧头形　C. 曲棍棒形　D. 葫芦形　E. 串珠形　F. 茧形　G. 蜂腰形

（5）荚果表面　分为粗糙、中等、光滑3种。

4. 种子性状

（1）种子形状　分为三角形、桃形、圆锥形、椭圆形和圆柱形。

（2）种皮颜色　紫黑、紫、紫红、红、粉红、浅褐、淡黄、白和花皮。

（3）种皮表面光滑与否　分为光滑、凸凹等。

（4）百仁重（g）　小于60为低，60～94为中，大于或等于95为高。

（5）干仁重（g）　100粒干仁重小于50为低，50～79为中，大于或等于80为大。

（6）种子休眠性　饱果成熟期观测10株花生种子的发芽率，发芽率大于5.0%为弱，2.0%～5.0%为中，小于2.0%为强。

（九）棉花

1. 植株性状

（1）株形　塔形、筒形、丛矮形。

（2）果枝类型　有限果枝、无限果枝。

（3）果枝着生姿态　果枝平行、上斜、下垂3种。

（4）叶形　正常叶、鸡脚叶、超鸡脚叶。

（5）叶色深浅，叶片茸毛的多少和长短等。

2. 花的性状

（1）苞叶　苞叶大小，叶上齿的多少、长短，苞叶基部有无蜜腺。

（2）花萼的形状　披针形、圆形、顶端凸起等。

（3）花冠　花瓣的大小和颜色、花瓣基部有无斑点。

3. 棉铃性状

（1）铃形　卵圆形、圆形、圆锥形、尖长形。

（2）铃的大小、每铃室数、铃柄的长短。

（3）铃的颜色、铃面光泽与否、凹点深浅。

4. 棉籽性状

（1）棉籽的大小、形状、颜色以及短绒有无。

（2）纤维平均长度和整齐度等。

（十）油菜

1. 植株性状

（1）子叶形状　心形、肾形、叉形。

（2）真叶性状

① 叶片色泽：黄绿、淡绿、绿、深绿、暗绿、蓝绿、灰绿、淡紫和深紫等。

② 叶缘：细锯齿、深锯齿、波状皱褶。

③ 裂片着生部位：裂片着生在中肋两侧的称为侧裂片，侧裂片对生的称为羽状缺裂，侧裂片不对生而是单个着生的称为琴状缺裂；着生在中肋顶端的称为顶裂片（或称为前裂片）。

④ 顶裂片的形状：椭圆形、半圆形、心形形、长椭圆形、卵圆形、倒卵圆形、披针形、匙形、缺裂极深、形成花叶。

⑤ 叶片表面：光滑或有茸毛（刺毛），蜡粉多少等。

⑥ 叶柄：长、短。

（3）分枝习性　下生分枝型、上生分枝型、中生分枝型。

2. 花的性状

（1）花冠颜色　淡黄、黄、鲜黄、红黄、乳白等。

（2）花柱颜色　淡黄、紫。

3. 角果性状

（1）角果形状　细长角果、粗长角果、粗短角果、细短角果。

（2）角果长度　分为长、中、短3级。

（3）角果着生类型

① 直生型：果柄与果轴所成的角度近90°。

② 斜生型：果柄与果轴所成的角度为40°~60°。

③ 平生型：果柄与果轴所成的角度为20°~30°。

④ 垂生型：果柄与果轴所成角度大于90°。

（4）角果外部结构　壳状果瓣、线状果瓣。

4. 种子性状

（1）种子形状　圆球形、近似球形、卵圆形。

（2）千粒重（g）　大于5.0为极大粒，4.0~5.0为大粒，2.0~3.9为中粒，1.0~1.9为小粒，小于1.0为极小粒。

（3）种皮颜色　黄、金黄、淡黄、淡褐、红褐和黑等。

（4）种皮表面　网纹形状、凸凹程度。

（5）种脐　突出或平滑等。

## 二、蔬菜作物

### （一）大白菜

1. 叶的性状

（1）叶色　深绿、绿、浅绿、黄绿。

（2）叶柄色　绿、浅绿、绿白、白。

（3）叶缘　有无缺刻及缺刻深浅，是否波状。

（4）叶形　分为倒卵圆形、宽倒卵圆形、短椭圆形、椭圆形和圆形等。

（5）叶面　茸毛多、中、少，有褶或无褶，皱瘤多、中、少。

2. 叶球性状

（1）叶球形状　圆筒形、锥形、卵圆形、平头形和圆形（图7-5）。

（2）叶球包合类型　叠抱、褶抱、拧抱等。

（3）叶球紧密度　紧、中、松。

（4）球心颜色　浅绿、绿白、黄绿、浅黄、白。

（5）叶球纵径（高度）、叶球横径（宽度）。

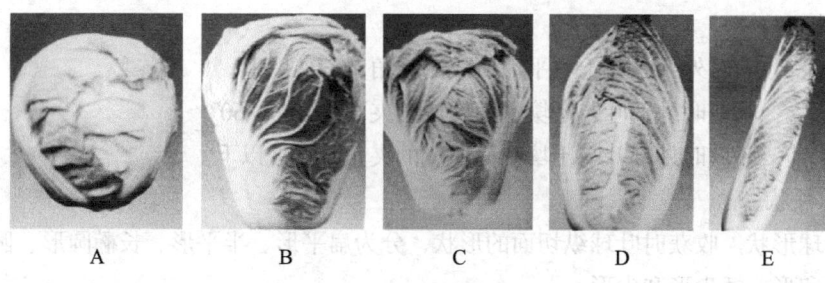

图 7-5　大白菜叶球形状
A. 圆形　B. 卵圆形　C. 平头形　D. 锥形　E. 圆筒形

3. 种株性状

（1）株高　终花期种株基部至花序顶之高度。

（2）植株开展度　测量种株最大开展度。

（3）枝秆硬度　强、中、弱。

4. 花的性状

（1）花期　早、中、晚。

（2）分枝　多、中、少。

（3）花期自交亲和指数。

（二）甘蓝

1. 苗期性状

（1）叶色　绿、深绿、灰绿、紫。

（2）叶形　近圆、卵圆、椭圆。

（3）叶缘　全缘、有锯齿。

（4）蜡粉　多、中、少。

（5）下胚轴色　黄绿、绿、深绿、淡紫。

2. 外部叶性状（成株期）

（1）植株开展度　收获时植株外叶开展最大距离，以 cm 表示。开展度小于 50 为小，50～70 为中，大于 70 为大。

（2）外部叶数　收获时调查现有外叶数（不包括落叶）。外叶数小于 11 为少，11～14 为中，大于 14 为多。

（3）外部叶色泽　黄绿、浅绿、绿、深绿、灰绿、紫。

（4）外部叶着生情况　较直立、较平展或斜向上生长。

（5）外部叶形状　倒卵形、倒卵圆形、近圆形、扁圆形、椭圆形。

（6）叶缘　全缘、缺刻深浅。收获时中下部外叶叶尖（主脉前端）边缘的凹凸状况。

（7）叶柄及中肋颜色　绿白、绿、灰绿、紫红。

（8）叶面　平滑、微皱、皱缩、有褶。

（9）蜡粉　无、轻、中、多、极多。

（10）株高　收获时由植株基部与地面接触处至植株最高处的自然高度，以 cm 表示。株高小于 20 为极矮，20～24 为矮，25～29 为中，30～40 为高，大于 40 为极高。

（11）株型

① 直立：收获时外部叶与土壤平面所成的夹角为 60° 以上。

② 半直立：收获时外部叶与土壤平面所成的夹角为 30°~60°。

③ 半平铺：收获时外部叶与土壤平面所成的夹角为 30° 以下。

3. 叶球性状

（1）叶球形状　收获时叶球纵切面的形状，分为扁平形、半平形、长椭圆形、圆形、宽椭圆形、宽倒卵形、矮尖形和尖形。

（2）叶球顶　收获时叶球顶部的形状，分为平形、半平形、圆形、略尖形和尖形。

（3）叶球基部形状　收获时目测，分为圆形、平形、拱形形、倒卵形。

（4）叶球紧实度　收获时测量，按下列公式计算出叶球紧实度。

$$叶球紧实度 = \frac{6m}{\pi DH^2}$$

式中：$m$ 为单叶球重（g）；$D$ 为叶球横径（cm）；$H$ 为叶球纵径（cm）。

叶球紧实度小于 0.38 为松，0.38~0.49 为中，0.50~0.60 为紧，大于 0.60 为极紧。

（5）叶球外露性　收获时观察叶球和外叶的相对位置。

① 不露：叶球高度等于或小于外叶的高度。

② 轻露：叶球高度高于外叶高度 3 cm 以下。

③ 中露：叶球高度高于外叶高度 3~7 cm。

④ 多露：叶球高度高于外叶高度 7 cm 以上。

（6）球叶色泽　绿、淡绿、黄绿、绿白、紫红。

（7）球高　收获时测量叶球纵切面的最大纵径，以 cm 表示。叶球高度小于 13 为矮，13~16 为中，大于或等于 17 为高。

（8）叶球宽　收获时测量叶球横切面的最大横径，以 cm 表示。叶球宽度小于 16 为窄，16~22 为中，大于或等于 23 为宽。

（9）球内中心柱高　叶球纵切后测量从球茎底部到茎尖处的最大距离，以 cm 表示。中心柱长/球高的比值小于 1/3 为极短，大于或等于 1/3、小于 1/2 为短，大于或等于 1/2、小于 3/5 为中，大于或等于 3/5、小于或等于 2/3 为长，大于 2/3 为极长。

（10）球内中心柱宽　叶球纵切后量从球茎最宽处的距离，以 cm 表示。中心柱宽度小于 3.0 为窄，3.0~4.0 为中，大于 4.0 为宽。

（11）叶球内颜色　叶球纵切面颜色，分为白、浅黄、黄、浅绿、绿。

（12）叶球中肋形状　收获时叶球最外部叶片下部中肋横切面的形状，分为扁、中、圆。

4. 种株性状

（1）花期　早、中、晚。

（2）株高　在终花期测量种株基部至主花序顶的高度。

（3）茎色　绿白、绿、灰绿、紫红等。

（4）自交亲和指数　开花当日采用系内混合花粉进行花期自交授粉，测定亲和指数。

$$亲和指数 = 结籽粒数/授粉花朵数 \times 100\%$$

亲和指数小于 1 为不亲和，大于或等于 1、小于 3 为弱亲和，3~7 为中亲和，大于 7 为亲和。

(三) 萝卜

1. 苗期性状

第1片真叶出现时观测。

(1) 子叶大小　大、中和小。

(2) 子叶颜色　淡绿、绿和浓绿。

(3) 子叶叶柄色　绿、浅绿、绿中带红、红和暗红。

(4) 胚轴色　白、绿、淡绿、粉红、红和紫红。

(5) 根部髓的颜色（根纵剖）　浅绿、红、鲜红、暗红和茄红。

2. 叶部性状

肉质根充分长成时测定。

(1) 叶簇　直立、半直立、水平。

(2) 叶型　全缘、普通、浅裂、深裂（图7-6）。

(3) 叶色　纯绿、微黄绿、微灰绿、浅绿、绿、深绿、粉红、红、紫和青紫。

(4) 花青素着色的程度　仅限心叶着色、展开的小叶着色或全部叶片着色。

(5) 叶形　窄卵形、卵圆形、宽卵圆形。

(6) 叶柄色　浅绿、绿、红、紫红和紫绿。

(7) 叶脉色　浅绿、绿、黄绿、浅红、红、红带绿和紫带绿。

图7-6　萝卜叶型

A. 全缘　B. 普通　C. 浅裂　D. 深裂

(8) 叶缘　全缘（平展、波伏、齿状）、羽状全裂（裂刻分深、中、浅，侧裂片的对数）。

(9) 叶片数　多、中、少。

(10) 叶尖形状　尖角、圆角。

(11) 叶片刺毛　多、中、少。

3. 直根性状

肉质根充分长成时观测。

(1) 肉质根和直根粗度　粗、中、细。

(2) 直根形状　圆锥形（长圆锥、短圆锥）、圆柱形（短圆柱形、长圆柱形）、椭圆形、卵形、倒卵圆、扁圆形、球形或其他。

(3) 外皮色　白、浅绿、绿、深绿、黄绿、灰绿、粉红、棕红、砖红、红和紫（有些品种根头与根尾部分颜色不同）。

(4) 萝卜皮的厚度　薄、中、厚。

(5) 萝卜头颈部形状　凹入、平面、凸起。

(6) 萝卜底部形状　渐尖（窄锐角、锐角）、钝圆、圆形、扁平。

(7) 直根凹眼　多少、深浅、表面光滑或粗糙。

(8) 肉色　白、淡绿、浅绿、绿、翡翠绿、浅红、粉红、浅紫、紫红、紫红条纹和红条纹。

（9）味及肉质　味甜、淡、辣、稍辣、质细嫩、松脆、质硬、糠心否。

4. 种株花色

白、浅红、浅紫、紫和紫红。

### （四）黄瓜

1. 叶部性状

子叶性状在1叶1心时调查。真叶性状观测主蔓第15片真叶以上发育成熟的叶片。

（1）子叶形状　子叶横宽与纵长的百分比（%）。小于45%为细长，45%~55%为中等，大于55%为宽阔。

（2）子叶大小　小、中、大。

（3）子叶颜色　淡绿、绿、浓绿。

（4）叶形　近三角形、掌状五角形、星形五角形、心形五角形和近圆形（图7-7）。

图7-7　黄瓜叶形

A. 近三角形　B. 掌状五角形　C. 星形五角形　D. 心形五角形　E. 近圆形

（5）叶片大小（cm）　主蔓第15片真叶以上成熟叶片的横径大小。小于15为极小，15~19为小，20~28为中，大于28为大。

（6）叶裂　浅、中、深。

（7）叶毛数量　无、稀、疏、中等、浓密。

（8）叶色　墨绿、深绿、绿。

2. 茎的性状

（1）下胚轴长度　第3片真叶展开时子叶着生位置与地表之间的高度，分为长、中、短。

（2）生长习性　生长后期观测正株，分为无限生长、矮生、自封顶。

（3）分枝性　强、中、弱。

（4）主蔓粗细　在第20片真叶展开时，测量第10~15节间主蔓的粗细，分为粗、中、细。

（5）主蔓节间长度　在第20片真叶展开时测量第10~15节间主蔓长度，分为长、中、短。

（6）植株生长势　弱、中、强。

3. 花的性状

（1）性型　植株生长发育过程中雄花、雌花及两性花的表现特性。

① 混性型：也称混合型。雌花节位和雄花节位混在一起，雌花的着生密度因品种、环境的不同而异。另外，上部的节位虽有随着生长出现雌花节变密的倾向，但在一般栽培条件下很难产生连续雌花节。我国生产上使用的大部分品种属于这种类型。

② 混性雌性型：先发生雄花节，雌花节与雄花节混生，再往后转变为连续雌花节。

③ 雌性型：全株均着生雌花，但受环境条件的影响有时也会在下部节上分化出若干雄花节。

④ 雄性两性同株型：两性花（完全花）与雄花共生在一个植株上。两性花是同一种花中兼有雌、雄两种器官。

（2）第一雌花节位　低、中、高。早熟型3~5节，中晚熟型6~8节或更多。

（3）雌花节率　主蔓上雌花数与总节数之比。

（4）结果习性　主蔓结瓜为主，侧蔓结瓜为主，主侧蔓同时结瓜。

4. 果实性状

（1）幼瓜表面刺毛　雌花开花刚结束时进行观测。分为无、仅有软毛、刺稀疏、刺密集。

（2）瓜条形状　球形、卵圆形、纺锤形、椭圆形、圆筒状、棒状和蛇形。

（3）果形　以果形指数表示。

$$果形指数 = 果长 / 横径$$

按果形指数大小分为长果形（果形指数大于8）、中果形（4~8）、短果形（小于4）。

（4）瓜条长度（cm）　小于13为极短，13~24为短，25~31为中等，32~45为长，大于45为极长。

（5）果皮性状

① 果皮色：白、黄白、半白、淡绿、绿、深绿。

② 瓜棱：无、微棱、浅棱、深棱。

③ 瓜瘤：大、中、小、无、稀少、中等、密集。

④ 瓜刺：无、稀疏、中等、密集，颜色为白、褐、黑。

（6）瓜把形状　分为颈脖状、尖形和钝粗形（图7-8）。

（7）瓜把长度　测定瓜条从果柄着生处到心腔基端的长度，计算瓜把长与瓜条总长度的比值。小于1/7为短，1/7~1/5为中，大于1/5为长。

（8）瓜横径（cm）　测定距瓜条基部1/3长度处瓜条的横径。小于2.5为小，2.5~4.0为中等，大于4.0为大。

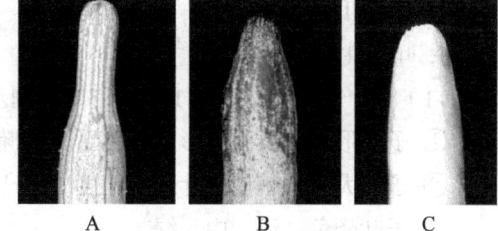

图7-8　黄瓜瓜把形状
A. 颈脖状　B. 尖形　C. 钝粗形

（9）瓜条横断面形状　观测正常商品瓜距基部1/3~2/3长度处瓜条横断面的形状，分为圆形、圆三角形、三角形。

（10）果肉　从距基部1/3~2/3长度处横切，观测以下性状。

① 果肉厚度：薄、中、厚。

② 果肉颜色：白、乳绿、浅绿。

③ 心腔大小：测定距基部1/3长度处心腔横径与瓜横径，心腔横径小于瓜横径1/2为小，大于瓜横径1/2为大。

④ 果苦味：分为无、果基部有苦味、果味极苦。

⑤ 肉质：脆、绵、硬，水分多、中、少。

5. 种瓜性状

（1）皮色　白、黄、绿、红褐、茶褐。

（2）网纹　无、疏、中、密。

6. 种子性状

（1）种子形状　种子纵长与横宽之比。小于 3.5 为细长，3.5~4.5 为中等，大于 4.5 为宽阔。

（2）种子纵长（mm）　小于 8.0 为小，8.0~10.0 为中，大于 10.0 为大。

### （五）西葫芦

1. 植株性状

（1）株型　矮生型、半蔓生型、蔓生型。

（2）蔓长（m）　短蔓（蔓长 0.3~0.5）、中蔓（0.5~1）、长蔓（1~4）。

（3）第 1 雌花着生节位　矮生型（第 3~8 节）、半蔓生（第 8~10 节）、蔓生型（10 节以后）。

2. 果实性状

（1）果实形状　长筒形、圆筒形。

（2）果实皮色　分深绿、绿、浅绿或绿白或具绿色花纹，成熟果黄色。

（3）果面有无纵棱　有、无。

3. 种子性状

（1）种子形状　扁平形、长圆形。

（2）种皮颜色　灰白、黄褐。

### （六）西瓜

1. 叶片性状

（1）子叶性状　在植株 1 叶 1 心期观测。

① 子叶形状：长椭圆形、椭圆形、短椭圆形、倒卵圆形。

② 子叶大小：测量子叶最大宽度（cm），小于 1 为小，1~2 为中，大于 2 为大。

③ 子叶颜色：浅、中、绿。

④ 子叶斑点、子叶叶脉凹陷：有、无。

（2）幼苗下胚轴长度（cm）　大于 8 为高，4~8 为中，小于 4 为低。

2. 植株性状

（1）植株形态　丛生、紧凑、长蔓。

（2）蔓上分枝　无、少、中、多。

（3）主蔓粗度（cm）　主蔓粗度大于 0.7 为粗，0.3~0.7 为中，小于 0.3 为细。

（4）主蔓长度（m）　即植株子叶部至植株主蔓生长点的距离。主蔓长度大于 2 为长，1~2 为中，小于 1 为短。

3. 真叶性状

在结果初期调查真叶性状。

（1）叶形　扁圆、中、偏长。

（2）大小（cm）　即真叶最大宽度，大于 20 为大，10~20 为中，小于 10 为小。

（3）颜色　绿、黄绿、深绿。

（4）斑点　有、无。

（5）缺刻　无、轻、中等、严重。

（6）边缘波状　轻、中、重。

（7）叶柄长度（cm）　叶柄长度小于5为短，5~10为中，大于10为长。

4. 花的性状

在盛花期雌雄花开放时观测。

（1）第1雄花开放时间　早、中、晚。

（2）第1雄花开放节位　即从子叶至第1雄花的节位。雄花开放节位小于5为近，5~10为中，大于10为远。

（3）雌花花蕾顶部形状　尖、中、圆。

（4）第1雌花开放时间　早、中、晚。

（5）第1雌花开放节位　雌花开放节位小于10为近，10~15为中，大于15为远。

（6）雌花花瓣大小　花瓣宽度（cm）小于2为小，2~3.5为中，大于3.5为大。

（7）花粉育性　镜检分类，无、低、高。

（8）子房形状　圆、椭圆、长椭圆。

（9）子房大小　小、中、大。

（10）子房茸毛　少、中、多。

5. 果实性状

果实膨大期或采瓜期观测。

（1）坐瓜远近　近、中、远。

（2）坐瓜率　观测授粉瓜的坐瓜率，分低、中、高。

（3）果柄长度（cm）　采瓜期测量果柄长度。果柄长度小于4为短，4~10为中，大于10为长。

（4）果柄粗度（cm）　采瓜期测量果柄粗度。果柄粗度小于0.5为细，0.5~1为中，大于1为粗。

（5）果实裂果性　裂果率小于5%为轻，5%~10%为中，大于10%为重。

（6）果实成熟期（d）　成熟期小于30为早，30~35为中，大于35为晚。

（7）果实形状　圆形、高圆形、椭圆形、长椭圆形、橄榄形。

（8）果实大小　瓜重（kg）小于4为小，4~8为中，大于8为大。

（9）果实脐部形状　凸、平、凹。

（10）果脐大小（cm）　果脐小于0.5为小，0.5~1为中，大于1为大。

（11）果实蒂部形状　凸、平、凹。

（12）果蒂大小（cm）　果蒂小于1为小，1~2为中，大于2为大。

（13）果实表面霜　无、淡、浓。

（14）果实表面平滑度　光滑、凸凹、沟、棱。

（15）果皮底色　绿白、浅黄、金黄、浅绿、黄绿、绿、深绿和墨绿。

（16）果皮复色　无、黄、绿。

（17）果皮复色形状　网条、锐齿条、宽花条、放射条或其他。

（18）果皮复色网纹　宽、中、窄。

（19）果皮硬度（kg/cm$^2$）　果皮硬度小于 15 为脆，15~30 为中，大于 30 为硬。

（20）果皮厚度（cm）　果皮厚度小于 0.8 为薄，0.8~1.5 为中，大于 1.5 为厚。

（21）果肉颜色　白、黄、橙黄、粉红、桃红、红、橘红和深红。

（22）果肉硬度　软、中、硬。

（23）果肉纤维　少、中、多。

（24）果肉可溶性固形物　可溶性固形物含量小于 7% 为极低，7%~8% 为低，9%~10% 为中，11%~13% 为高，大于 13% 为极高。

（25）果肉酸味　少、中、多。

（26）单瓜种子数量（粒）　种子数量小于 50 为极少，50~99 为少，100~299 为中，300~500 为多，大于 500 为特多。

6. 种子性状

（1）千粒重（g）　小于 10 为极小，10~19 为小，20~29 为较小，30~49 为中，50~100 为较大，大于 100 为大。

（2）种子形状　短椭圆形、椭圆形、长椭圆形。

（3）种皮颜色　白、黄白、土黄、黄红、红褐、褐、黑；色斑、麻点；色斑分布有脐部、中部、尾部、边缘。种脐斑有无。

（4）种子表面光滑度　光亮、光滑、粗糙、裂纹、裂刻。

（七）番茄

1. 植株性状

（1）下胚轴颜色　展开 4 片真叶前观测，分为绿茎、紫茎。

（2）植株生长类型　第 3 花序盛花期观测，2 个花序之间间隔 1~2 片叶者为有限生长型，间隔 3 片叶及以上者为无限生长型。整株主干 3 个小穗以下封顶者为自封顶，主干 4 个小穗以上封顶者为高封顶。不封顶者为无限生长型。

（3）主茎第 1 花序着生叶位　在第 1 花序开花期观测主茎第 1 真叶到第 1 花序下第 1 叶的叶片数。6 叶或以下为少（低），7~8 叶为中，9 叶或以上为多（高）。

（4）无限生长型植株 4 穗株高　植株第 3 穗果实成熟期观测。4 穗平均株高 75 cm 以下为矮，75~90 cm 为中，90 cm 以上为高。

（5）茎生长状态　植株第 3 穗果实成熟期观测。茎细软、匍匐地面生长为蔓生，茎粗壮而较软仍需支架直立为半蔓生，茎矮硬、不用支架能直立为直立。

（6）茎叶着毛　密长茸毛、稀短茸毛、无茸毛。

（7）自封顶植株主茎株高　第 3 穗果成熟期观测地表至最高主茎的高度。主茎平均株高 40 cm 以下为矮，40~60 cm 为中，60 cm 以上为高。

（8）幼苗期叶片生长相对主轴姿态　幼苗第 1 穗花显蕾时观测幼苗期叶片和主茎。叶片上举，叶柄伸展方向与主茎生长方向夹角 45° 左右为半直立；叶片平伸，柄茎角 90° 左右为水平；叶片下垂，柄茎角明显大于 90° 为下垂。

（9）叶片长度　在第 3 穗果实成熟期观测第 3 穗果实上部第 3 片完整而生长正常的叶片

（即最大叶片），测量该叶片叶柄着生处至主脉最顶端之长度。平均最大叶长 30 cm 以下为短，30~40 cm 为中，40 cm 以上为长。

（10）叶片宽度　用尺量取整个叶片两侧最宽处之直线距离。平均最大叶片宽度 20 cm 以下为窄，20~40 cm 为中，40 cm 以上为宽。

（11）叶片形状　在第 3 穗果实成熟期观测第 3 穗果实上下完整且生长正常的叶片形状，分为羽状、二回羽状。

（12）叶片类型　见图 7-9。

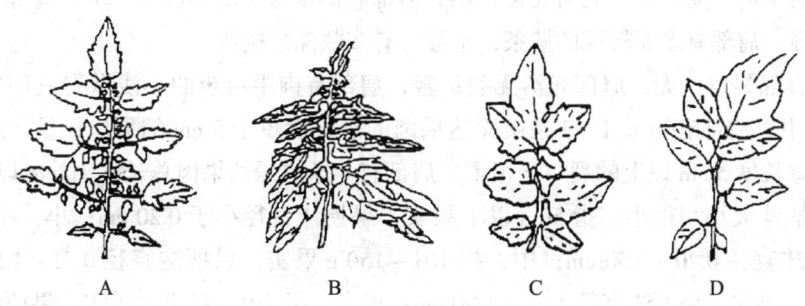

图 7-9　番茄叶片形状

A. 二回羽状复细叶　B. 二回羽状复宽叶　C. 羽状普通叶　D. 羽状薯叶

① 复细叶：小叶片极多，带有小叶柄的叶片遍生于主脉和小叶上。

② 复宽叶：小叶片多而宽厚，带有小叶柄的叶片着生于主脉和小叶上。

③ 普通叶：小叶片少，带小叶柄的小叶和不带小叶柄的叶片只着生在主脉上。

④ 薯叶：小叶片极少。顶端之小叶特大，主脉只着生少量带叶柄的宽大小叶，第 1 真叶全缘无缺刻。

（13）叶片颜色　第 3 穗果实成熟期观测整个植株叶片的颜色，分为黄绿、浅绿、绿、深绿。

（14）叶片生长相对主轴姿态　在第 3 穗果实成熟期观测主轴的叶柄夹角。主轴相对叶片夹角近于 45° 为直立，近于 135° 为下垂，近于 90° 为中间型。

2. 花的性状

（1）簇生花的分级　检测 10 株的花全为正常花，只有 5% 以下簇生为无，80% 以上簇生为有。

（2）花柱长度　在第 2 花序盛开期观测主茎 1~2 序，记录花柱柱头外露花朵数占全部统计花数的百分比。花朵的花柱柱头外露于聚药雄蕊顶端，称长柱头花朵。长柱花率 80% 以上为长柱花，95% 以上的花柱头藏于聚药雄蕊药筒之内为正常花。

（3）花色　第 1 花序盛开期观测花序中盛开的花朵颜色，分为黄色、橘黄。

（4）花梗离层　第 1 花序盛开期观测花序中花梗离层有无。所观察花梗全部无果柄节或果柄节不明显为无离层，所有植株花梗均有膨大的果柄节为有离层。

3. 果实性状

第 2 果穗成熟期调查。

（1）果柄长度（cm）　第 2 果穗成熟果果柄离层到花萼底部的距离称为果柄长。无离层品种则观测果柄着生点到花萼底部的距离。平均果柄长 1.0 以下为短，1.0～1.5 为中，1.5 以上为长。

（2）果实大小　观测生长正常的成熟果实。微小，平均单果重 5.0 g 以下；微中，5.0～20.0 g；微大，20.1～40.0 g；小，40.1～90.0 g；中，90.1～150.0 g；大，150.1～200.0 g；特大，200.0 g 以上。

（3）果形　指纵径/横径之比（H/D）　H/D 为 0.70 以下，扁平；0.70～0.86 为扁圆；0.87～1.00 为圆；1.01～1.50 为高圆；1.50 以上为长圆。

（4）果实棱沟　无，肩部光滑无棱；弱，肩部有肉眼可辨的小浅棱；中，肩部有明显少而浅的棱条；强，肩部有多而较深的棱条；很强，有多数深褶棱沟。

（5）果肩部裂口　无，肩部光滑无裂；轻，肩部有肉眼可辨的小浅纵裂或环裂，总长度短于 2 cm；中，肩部有明显 1～2 条或深达果肉的总长度短于 5 cm 的裂口；重，肩部有 3 条或深达果肉总长度 5 cm 以上的裂口；很重，肩部有 4 条或深达果肉总长度 10 cm 以上的裂口。

（6）果柄洼大小　很小，指 50 g 以下果实，果梗洼直径小于 0.20 cm；小，指 50～100 g 果实，果梗洼直径 0.20～0.50 cm；中，指 101～150 g 果实，果梗洼直径 0.51～1.50 cm；大，指 151～200 g 果实，果梗洼直径 1.51～1.90 cm；很大，指 201 g 或更大果实，果梗洼直径大于 1.90 cm。

（7）果梗洼处木栓化大小（直径）　很小，指 50 g 以下果实，梗洼木栓化小于 0.20 cm；小，指 50～100 g 果实，梗洼木栓化 0.20～0.40 cm；中，指 101～150 g 果实，梗洼木栓化 0.41～1.00 cm；大，指 151～200 g 果实，梗洼木栓化 1.01～1.40 cm；很大，指 201 g 或以上果实，梗洼木栓化大于 1.40 cm。

（8）果皮颜色　无色透明，橙黄半透明。

（9）果脐形状　深凹，80% 果顶部明显凹陷；微凹，80% 果顶部微凹；圆平，80% 果顶部圆平；微凸，80% 果顶部微凸尖，呈钝尖状突起；尖形，80% 果顶部尖形明显，呈钝尖（喙）状突起。

（10）果实横切面果心大小　目测，用刀在接近果肩纵径 1/3 处横切果实，按果心大小评价。很小，指 50 g 以下果实横切面中除果皮心皮外的最大直径小于 2.0 cm；小，指 50～100 g 果实横切面中除果皮心皮外的最大直径 2.0～4.0 cm；中，指 101～150 g 果实横切面中除果皮心皮外的最大直径 4.1～6.0 cm；大，指 151～200 g 果实横切面中除果皮心皮外的最大直径 6.1～8.0 cm；很大，指 200 g 以上果实横切面中除果皮心皮外的最大直径大于 8.0 cm。

（11）果皮和心皮厚度　薄，小于 0.50 cm；中，0.50～0.79 cm；厚，大于或等于 0.80 cm。

（12）果实心室数　很少，平均值为 2 个心室；少，平均值为 3～4 个心室；中，平均值为 5～6 个心室；多，平均值为 7 个或以上心室。

（13）果实有无绿色果肩　无，指幼果果肩色与果面一致；有，指幼果果肩色明显深于果面，果实成熟后绿果肩转色消失；熟后有，指幼果果肩色明显深于果面，果实成熟后果肩仍绿而不转色。

（14）果实绿果肩覆盖程度　在第 1 穗果实白熟期观测。少，指绿肩仅在果洼周边，占果面 20% 以下；中，指绿肩占果面 20%～30%；多，指绿肩占果面 30% 以上。

（15）果实绿肩颜色的深度　浅绿、绿、深绿。

（16）果实成熟后颜色　黄、橙黄、粉红、红。

（17）胎座胶状物颜色　红、粉红、绿、黄绿、黄。

（18）开花期与果实成熟期　早、中、晚。

（19）果实干物质含量　果实干物质含量4.0%以下为低，4.0%~7.0%为中，7.0%以上为高。

（八）甜（辣）椒

1. 植株性状

（1）株型　无限生长型、有限生长（丛生）型。

（2）叶形　卵圆形、长卵形、披针形。

（3）叶色　绿、深绿、黄绿。

（4）茎色　浅绿、绿、深绿、黄绿，分叉处有无紫斑。

（5）茸毛　多、少、无和色泽。

2. 花的性状

（1）第1花着生节位。

（2）花冠色泽　白、白有紫晕、浅绿黄、紫。

3. 果实性状

（1）果柄着生方向　向下、向上、向侧。

（2）果形　方灯笼形、长灯笼形、扁柿形、长羊角形、短羊角形、长锥形、短锥形、长指形、短指形和樱桃形。

（3）青熟果色　绿、浅绿、深绿、浅黄绿、乳黄、墨绿和墨紫。

（4）老熟果色　深红、暗红、橘红和橘黄。

（5）果顶　细尖、钝尖、平凹下。

（6）果皮厚度　厚、中、薄。

（7）心室数、果实大小。

# 第二节　田间检验

田间检验是在种子繁殖田中，按照一定的要求和程序进行的。田间检验首先是检验品种真实性和纯度，其次是检验异作物、杂草、病虫感染情况、生育状况和倒伏情况等。因此，田间检验是保证种子品质和大田生产不受损失的重要措施。为做好田间检验工作，检验员必须熟悉被检品种的特性，掌握田间检验的时期和方法。检验员应独立报告检验的种子田情况，检验时有些异型株隐藏或难以鉴别，在做出结论前要进一步检验。

一、田间检验的时期

品种纯度田间检验是在繁种田内在农作物生育期间根据品种的特征特性进行鉴定，田间检验最好时期是在作物典型性状表现最明显的时期。一般在苗期、花期、成熟期进行，常规种至少在成熟期检验一次，杂交水稻、杂交玉米、杂交高粱和杂交油菜花期必须检验，蔬菜作物在商品器官成熟期（如叶菜类在叶球成熟期，果荚类在果实成熟期，根茎类在直根、根茎、块茎、鳞茎成熟期）必须检验。具体时期与要求见表7-1，表7-2。

表7-1　主要大田作物品种纯度田间检验时期

| 作物种类 | 检验时期 | | | |
| --- | --- | --- | --- | --- |
| | 第1期 | | 第2期 | 第3期 |
| | 时期 | 要求 | 时期 | 时期 |
| 水稻 | 苗期 | 出苗1个月内 | 抽穗期 | 蜡熟期 |
| 小麦 | 苗期 | 拔节前 | 抽穗期 | 蜡熟期 |
| 玉米 | 苗期 | 出苗1个月内 | 抽穗期 | 成熟期 |
| 花生 | 苗期 | | 开花期 | 成熟期 |
| 棉花 | 苗期 | | 现蕾期 | 结铃盛期 |
| 谷子 | 苗期 | | 穗花期 | 成熟期 |
| 大豆 | 苗期 | 2~3片真叶 | 开花期 | 结实期 |
| 油菜 | 苗期 | | 苔花期 | 成熟期 |

表7-2　主要蔬菜作物品种纯度田间检验时期

| 作物种类 | 检验时期 | | | | | | | |
| --- | --- | --- | --- | --- | --- | --- | --- | --- |
| | 第1期 | | 第2期 | | 第3期 | | 第4期 | |
| | 时期 | 要求 | 时期 | 要求 | 时期 | 要求 | 时期 | 要求 |
| 大白菜 | 苗期 | 定苗前后 | 成株期 | 收获前 | 结球期 | 收获剥除外叶 | 种株花期 | 抽薹至开花时期 |
| 番茄 | 苗期 | 定植前 | 结果初期 | 第1花序开花至第1穗果座果期 | 结果中期 | 在第1至第3穗果成熟 | | |
| 黄瓜 | 苗期 | 真叶出现至四五片真叶止 | 成株期 | 第1雌花开花 | 结果期 | 第1至第3果商品成熟 | | |
| 辣（甜）椒 | 苗期 | 定植前 | | 开花至坐果期 | 结果期 | | | |
| 萝卜 | 苗期 | 2片子叶张开时 | 成株期 | 收获时 | 种株期 | 收获后 | | |
| 甘蓝 | 苗期 | 定植前 | 成株期 | 收获时 | 叶球期 | 收获后 | 种株期 | 抽薹开花 |

## 二、田间检验的方法

田间检验包括取样、检验、结果计算与报告 3 大步骤。

### （一）取样

#### 1. 了解情况

田间检验前必须掌握检验品种的特征、特性，同时需了解繁种田面积、种子来源、种子世代、隔离情况和栽培管理等情况，并检验品种证明书。

OECD 提出，为进一步核实品种的真实性，有必要核查标签，为此，生产者应保留种子批的两个标签，一个在田间，一个自留。对于杂交种必须保留其父母本的种子标签备查。检验员还必须了解种子田过去 5 年种植的有关作物的详细情况。在同一地块上不能连续进行同一种的杂交种的生产，以避免来自前几年杂交种的母本自生植株的生长。

关于隔离情况的检查，种植者应向检验员提供种子田及其周边田块的地图，以提示检验员外来花粉源。检验员应绕种子田外周步行一圈，检查隔离情况。对于由昆虫或风传粉杂交的作物种，应检查种子田周边与种子田传粉杂交的规定最小隔离距离内任何作物，若种子田与花粉污染源的隔离距离达不到要求，检验员必须部分或全部消灭污染源，以使种子田达到合适的隔离距离。

检验员也应该检查种子田和相邻的田块中的自生植株或杂草，它们可能是花粉污染源。检查也应该保证种子田与其他已污染种传病害的作物的隔离。

对种子田的整体状况进行检查后，检验员应该对种子田进行更详细的检查，尤其是种子田四周的情况。必须仔细观察一些迹象，部分田块可能播有不同的种子有可能成为污染源。例如，田间的入口处或边界，对田块播种开始的地方进行检查可知条播机在用前是否经过适当的清理。还要特别注意种子田中其他物种、杂草、种传病害和与花粉污染源的隔离情况。

对于严重倒伏、杂草危害或另外一些原因引起生长不良的种子田，不能用于品种纯度评价，而应该被淘汰。当种子田处于中间状态时，检验员可以使用小区预控制的证据作为田间检验的补充信息。对种子田的总体评价确定是否有必要进行品种纯度的详细检查。

#### 2. 划分检验区

同一品种、同一来源、同一繁殖世代、耕作制度和栽培管理相同而又连在一起的地块可划分为一个检验区，一个检验区的最大面积为 500 亩（1 公顷等于 15 亩）。

#### 3. 设点

设点的数量主要根据作物种类、田块面积而定（表 7-3），同时考虑生育情况、品种田间纯度高低酌情增减，一般生长均匀的田块可酌情少设点，纯度高的应增加取样点数。取样点数确定后，将取样点均匀分布在田块上。取样点的分布方式与田块形状和大小有关。常用的取样方式见图 7-10：

表 7-3　各种作物取样点和株（穗）数

| 作物种类 | 面积/亩 | 取样点数 | 每点最低株（穗）数 |
| --- | --- | --- | --- |
| 稻、麦、粟、黍（稷） | 10 或以下 | 5 | 500 |
|  | 11～100 | 8 |  |
|  | 101～200 | 11 |  |
|  | 201～500 | 15 |  |
| 玉米、高粱、大豆、薯类、油菜、花生、棉花、蓖麻、黄麻、红麻、芝麻、亚麻、向日葵 | 10 或以下 | 5 | 200 |
|  | 11～100 | 8 |  |
|  | 101～200 | 11 |  |
|  | 201～500 | 15 |  |
| 蔬菜类作物 | 5 或以下 | 5 | 80～100 |
|  | 6～15 | 9～14 |  |
|  | 15 以上 | 每增加 10 亩增加 1 点 |  |

注：原种繁殖田和亲本繁殖田、杂交制种田田间检验总株（穗）数加倍。

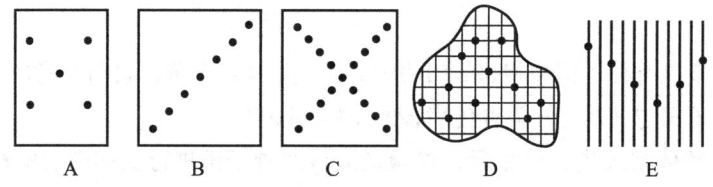

图 7-10　田间取样方式

A. 梅花形取样　B. 单对角线取样　C. 双对角线取样　D. 棋盘式取样　E. 大垄取样

① 梅花形取样：适于较小的方形田块，在田块四角及中心共设 5 个点。

② 对角线取样：取样点设在田块的 1 条对角线或 2 条对角线上，各点保持一定距离，适用于面积较大的长方形或方形田块。

③ 棋盘式取样：适于不规则田块，在田块的纵横每隔一定距离设点呈棋盘状。

④ 大垄取样：适于垄栽作物，每隔一定的垄数任意设点，各垄取样点应错开，不在一条直线上。国际上常用的田间取样方法见图 7-11。

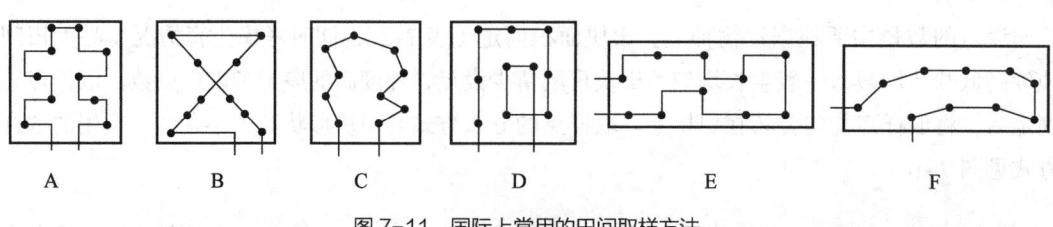

图 7-11　国际上常用的田间取样方法

━━ 为取样点

A. 观察 75% 的田块　B. 观察 60%～70% 的田块　C. 随机观察
D. 顺时针路线　E. 观察 85% 的田块　F. 观察 60% 的田块

OECD 指出，为评价种子纯度，必须遵循取样程序，即在种子田小区内集中进行详细检查。样区的面积和数目与种子田作物的种和种子生产的类别及所规定的种的最小纯度标准有关。作为一般的规定当含杂为 $1/n$，样本的大小为 $4n$，若品种的最小纯度为 99.9%，样本大小为 4 000。

在决定被测样区面积时，一方面有必要权衡检测结果统计准确性和合理的置信度的要求。另一方面，还要考虑在一定时间内进行检验的可行性。

取样样区的位置应覆盖整个种子田，这意味着检验员应依据预先确定的程序取样。不仅要考虑种子田的形状和大小，还要考虑每一种作物的特征。取样样区分布应是随机和广泛的，不能故意选择比一般水平好或坏的样区。在实际取样过程中，为了做到这一点，应先确定两个样区的距离，同时考虑播种的方向，这样每一样区能尽量使不同条播种子通过。

样区的大小和数目取决于被检种田块的大小，作物是条（行）播还是撒播，是自交还是杂交及种植作物地理位置。实践中，为保证品种纯度检测的准确性，种子田一般限定在 10 $hm^2$。如果种子田大于该值，应划分为两个独立的被检部分。

对于禾谷类，设 10 个样区，每一样区 20 $m^2$，每平方米 500 个抽穗的蘖。样区的总穗数是 100 000。对于其他种，只要可能，尽量采用这一模式，但必须适应当地情况。对于宽行播种的作物，样区的行长 20~25 m（包括行间）。对玉米、高粱、向日葵，一般认为总株数 1 000 株即足够大，而对于大豆，建议被检种种类是 3 000~10 000 株。对于撒播作物，可以缩少每一样本的面积，以保证检查总株数不超过统计上需要的较好估测品种纯度的要求。

一般来说，样区的数目应随种子田大小成比例地增加，由于预基础种子（pre-basic seed）和基础种子（basic seed）标准高，这些高纯度作物种子被检植株的数目比认证种子要多。

（二）检验

通常是边设点边检验，直接在田间进行分析鉴定，在熟悉供检品种特征特性的基础上逐株观察，最好有标准样品作对照。检验时按行长顺序前进，以背光行走为宜，避免阳光直射影响视觉。一般田间检验以朝露未干时为好，此时品种性状和色素比较明显，必要时可将部分样品带回室内分析鉴定。每点分析结果按本品种、异品种、异作物、杂草、感染病虫株（穗）数分别记载。同时注意观察植株田间生长、种子成熟等是否正常。

对于玉米杂交种繁育制种田，抽雄前至少要进行两次检验，重点检查隔离条件、种植规格和去杂情况是否符合要求。苗期检验主要依据的性状有叶鞘色、叶形、叶色和长势等。

开花期至少要检验 3 次，检验内容主要有母本去雄情况、父本去杂情况。母本花丝抽出后萎缩前，如果发现植株上出现花药外露的花在 10 个以上，即认定其为散粉株，检验的主要性状有株型、叶形、叶色、雄穗形状和分枝多少、护颖色、花药色和花丝色等。

OECD 为评价品种纯度的性状提供了每一种作物的形态学和生理学性状。这些性状在区分品种方面有很大用处，可以发现异型株（品种杂物），异型株包括另外的品种、反常植株及各种各样的品种类型。

OECD 指出，种子田中存在明显不同的很容易被观察到的差异，如株高、颜色、形状、成熟度可清楚地被鉴定出来，而叶形、叶茸毛、花和种子的性状只有通过检查植株的特定部分才能观察到。检测混杂物明显的样本比不明显的样本大，样本随机取得，样区面积尽可能大。

检验机构主要根据前控和田间检验的结果进行证实，当前控小区鉴定的结果与田间检验结果明显不一致时,有必要在鉴定小区和种子田进一步检验,以获得一个符合实际的决定。

对于生产杂交种的作物,要检查样区内的所有植株,不仅要检查品种纯度,而且还要检查收获种子的亲本的雄性不育性。

### (三)结果计算与报告

检验完毕,将各点检验结果汇总,计算品种纯度及各项成分的百分率。OECD 明确规定,品种纯度用样区内含杂数占植株群体的百分率表示。

$$品种纯度(\%) = \frac{本品种株(穗)数}{供检本作物总株(穗)数} \times 100$$

$$异品种(\%) = \frac{异品种株(穗)数}{供检本作物总株(穗)数} \times 100$$

$$异作物(\%) = \frac{异作物株(穗)数}{供检本作物总株(穗)数 + 异作物株(穗数)} \times 100$$

$$杂草(\%) = \frac{杂草株(穗)数}{供检本作物总株(穗)数 + 杂草株(穗数)} \times 100$$

$$病(虫)感染(\%) = \frac{感染病(虫)株(穗)数}{供检本作物总株(穗)数} \times 100$$

杂交制种田,应计算父(母)本散粉杂株及母本散粉株。

$$母本散粉株率(\%) = \frac{母本散粉株数}{供检母本总株数} \times 100$$

$$父(母)本散粉株率(\%) = \frac{父(母)本散粉杂株数}{供检父(母)本总株数} \times 100$$

在检验点以外,如有零星发生的检疫性杂草、病虫感染株,要单独记载。

填写结果单(表 7-4 或表 7-5)。根据检验结果提出建议和意见,最后对照国家质量分级标准,确定被检种子田能否作种用和种子等级。如不符合最低标准,就不应作为种子使用。

田间检验结果报告一式 3 份,检验单位 1 份,繁种单位 2 份。

**表 7-4　农作物品种田间检验结果单**　　　　　　_____字第_____号

| | 繁种单位 | | | |
|---|---|---|---|---|
| | 作物名称 | | 品种名称 | |
| | 繁种面积 | | 隔离情况 | |
| | 取样点数 | | 取样总株(穗)数 | |
| 田间检验结果 | 品种纯度 /% | | 杂草 /% | |
| | 异品种 /% | | 病虫感染 /% | |
| | 异作物 /% | | | |
| | 田间检验结果建议或意见 | | | |

检验单位(盖章):　　　　　　　　　　　　　　检验员:
　　　　　　　　　　　　　　　　　　　　　　　检验日期:　　年　　月　　日

表 7-5　杂交种田间检验结果单　　　　　　　字第　　　号

| | | | | |
|---|---|---|---|---|
| | 繁种单位 | | | |
| | 作物名称 | | 品种（组合）名称 | |
| | 繁种面积 | | 隔离情况 | |
| | 取样点数 | | 取样总株（穗）数 | |
| 田间检验结果 | 父本杂株率 /% | | 母本杂株率 /% | |
| | 母本散粉株率 /% | | 异作物 /% | |
| | 杂草 /% | | 病虫感染 /% | |
| | 田间检验结果建议或意见 | | | |

检验单位（盖章）：　　　　　　　　　　　　　　　　检验员：

　　　　　　　　　　　　　　　　　　　　　　　　　检验日期：　　年　月　日

# 第三节　田间小区种植鉴定

田间小区种植鉴定是正确评价种子真实性和品种纯度的可靠方法，可作为种子贸易中的仲裁检验，并作为赔偿损失的依据。田间小区鉴定的送验样品的数量见表 2-13。为了做好种植鉴定，检验员应具有丰富的经验，熟悉被检品种的特征特性，能正确判别植株是属于本品种还是变异株。变异株应是遗传变异，而不是受环境影响所引起的变异。因此，必须做好以下几方面工作。

## 一、标准样品的收集

田间小区种植鉴定应有标准样品作为对照。标准样品可提供全面的、系统的品种特征特性的标准。因此，要求标准样品最好是育种家种子，或能充分代表品种原有特征特性的原种。对于一些异花授粉合成品种和杂交种，通过审定后的最后 1 代种子构成标准样品。对于某些种和杂交种，必须有单独的标准样品，它们代表自交系和亲本的构成。这些亲本或自交系作为基础种子和预基础种子用于生产杂交种。标准样品的数量应足够多，以便持续使用多年，并在低温干燥条件下贮藏，更换时最好从育种家处获取。OECD 规定，当标准样品发芽率下降或贮存量不足时，需补充新样品。在原始样品废弃前，新样品和原始样品要进行 1 个生长季节的检验比较，以检查新样品的可靠性。

## 二、田间小区的设置

为了使品种特征特性充分表现，鉴定小区要选择气候环境条件适宜的、土壤均匀、肥力一致、前茬无同类和密切相关的种或相似作物和杂草的田块，以避免自生植物污染。OECD 指出，小区种植鉴定试验设计要便于试验结果的统计分析，以使结果达到置信水平之上。当性状需要测量时，需要进行1个较正式的设计，如随机区组设计，并有适宜的栽培管理措施。每个样品（一般2~4个）最少有2个重复，为了避免失败，重复应适当布置在不同田块上。小区的大小要为准确鉴定提供足够的植株。

### 三、种植密度和株数

小区种植鉴定应有适当的株距和行距，以保证植株生长良好。必要时可用点播和点栽。

试验设计种植株数要根据国家种子质量标准的要求而定，一般来说，种子纯度为 $X\%$，种植株数 = $400/(100-X)$，即可获得满意的结果。如纯度99%，种植400株可达到要求。

### 四、栽培管理

除非品种不同和性状所需，田间小区种植鉴定的栽培管理与商品作物生产是相似的，包括适时播种、注意排灌、适当施肥，及时防治病虫害，尽量避免间苗，以免影响小区鉴定结果。为避免倒伏，肥料应保持在低水平上，尤其是谷类作物，使用除草剂和植物生长调节剂要小心，以免影响植株形态。

### 五、小区鉴定的时间和方法

小区鉴定的时间和方法同田间检验。OECD规定，鉴定小区种和品种的纯度时种子感病的水平也要记载。为了计算含杂水平，需要计算每一小区群体植株的平均值。当小区的变异体数接近或超过可能的淘汰值时，群体植株数更应该被准确地估计。对于雄性不育杂交种的亲本，除了评价品种的纯度外，对小区内所有植株都要仔细检查，以确定是否产生了可育花粉。

### 六、结果计算与报告

将所鉴定的本品种、异品种、异作物、杂草数等均以占鉴定植株的百分率表示。田间小区鉴定结果除报告品种纯度外，可能时还须填报所发现的异作物、杂草和其他栽培品种的百分率。OECD指出，品种纯度的确定，可以用群体百分率表示，若植株群体不易确定，也可以用单位面积上的株数表示。

对于国家种子质量标准规定纯度要求很高的种子，如育种家种子、原种是否符合要求，可利用淘汰值确定。淘汰值是在考虑种子生产者利益和有较少失误的基础上，把在一个样本内观察到的变异株数与质量标准比较，作出种子批符合要求或淘汰该种子批的决定。

不同纯度标准与不同样本大小的淘汰值见表7-6，如果变异株大于或等于规定的淘汰值，就应淘汰该种子批。

表 7-6　不同纯度标准与不同样本大小的淘汰值（0.05% 显著水平）

| 纯度标准 /% | 样本（株数） | | | | | | |
|---|---|---|---|---|---|---|---|
| | 4 000 | 2 000 | 1 400 | 1 000 | 400 | 300 | 200 |
| 99.9 | 9 | 6 | 5 | 4 | — | — | — |
| 99.7 | 19 | 11 | 9 | 7 | 4 | — | — |
| 99.0 | 52 | 29 | 21 | 16 | 9 | 7 | 6 |

注：① 下方有"–"的数字或"—"均表示样本的数目太少

② 淘汰值的计算可按下式进行：$R = X + 1.65\sqrt{X} + 0.8 + 1$，式中 $X$ 为杂株数

**思考题**

1. 田间检验与小区种植检验在职能上有什么异同？
2. 如何保证田间检验结果的准确性？
3. 如何保证小区种植检验结果的准确性？

**数字课程资源**

教学课件　　自测题

# 第八章

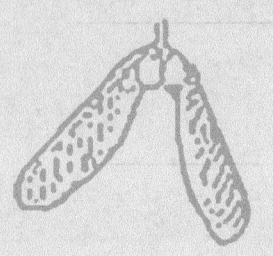

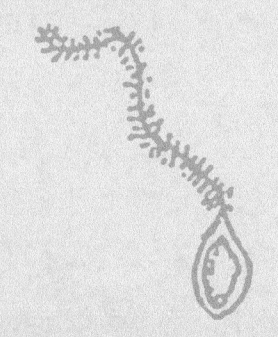

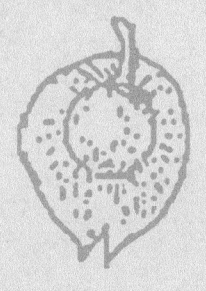

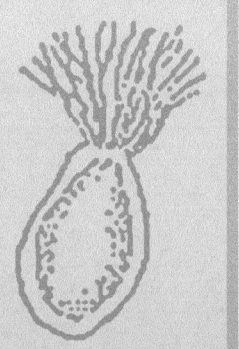

# 种子水分测定

　　种子中的水分是其籽粒的组成成分，是维持种子生命活动所必需的物质，但水分含量过高，种子的生命活动旺盛，容易引起发热、霉变、生虫和其他生化变化，致使贮藏不稳定，加速种子劣变。因此，水分含量是影响种子寿命、安全包装及贮藏的重要因素，是种子质量评定的重要指标之一，也是种子分级定价的依据。

# 第一节 种子水分测定概述

## 一、种子水分及其含义

种子水分也称种子含水量（seed moisture content），是指按规定程序把种子样品烘干所失去水分的质量占供检样品原始质量的比例。它是以湿重为基数计算的百分率。以湿基计算的水分含量与样品含水量呈直线关系，计算值小于100%。种子水分也可以干重为基数计算，是种子样品烘干所失去水分的质量占供检样品中干物质质量的比例。以干基计算的水分含量与样品含水量呈倒数函数关系，当样品含水量高时计算值会大于100%。

种子水分通常有两种存在状态，即自由水和束缚水。自由水也称游离水，具有普通水的性质，存在于细胞间隙，能在细胞间隙中流动，不稳定，极易蒸发，在温度、湿度等影响下自由出入种子内外。所以在水分测定前和水分测定过程中要防止水分蒸发，尤其对高水分种子更应注意，否则会使水分测定结果偏低。束缚水也称吸附水或结合水，是被种子中淀粉、蛋白质等亲水胶体吸附的水分，又可分为紧密结合水和非紧密结合水。束缚水不具有普通水的性质，较难从种子中蒸发出去，只有在较高温度下，经较长时间的加热才能使其全部蒸发出来。种子内的水分始终处于吸湿和散湿的动态平衡中，种子内的水分扩散进入空气中的过程称为散湿，相反称为吸湿。在一定条件下，当散湿速度与吸湿速度达到平衡时的种子含水量，称为该条件下的平衡水分。在种子水分测定过程中，特别是在样品处理过程中要防止水分的散湿，对于超干种子要防止种子的吸湿；在烘干后称量过程中，要特别防止样品的吸湿。

此外，在种子中还有一种化合水，又称组织水。它并不以水分子形式存在，而是以一种潜在的可以转化为水的形态存在于种子里，如种子内糖类中的H和O元素。当水分测定用103℃较低的温度时，这种物质不受影响；假若高温长时间烘干，这些化合物就会被分解，引起化合水丧失，样品碳化，减重增加，从而使水分测定结果偏高。

## 二、种子水分测定的意义

种子水分是影响种子的寿命和安全贮藏的重要因素，也是种子分级的主要指标之一。贮藏期间，如果种子水分过高，呼吸作用旺盛，产生大量呼吸热和水分，会引起种子堆发热；呼吸旺盛使氧气消耗较多，又会造成种子缺氧呼吸而产生大量乙醇，使种胚细胞受毒害丧失活力；高水分的种子易招致细菌、霉菌、仓储害虫的侵染和危害，使种子发芽率降低；高水分种子由于呼吸旺盛，在熏蒸防治仓储害虫时，会因吸药量过量而使种子遭受毒害，从而降低生活力。此外，高水分种子还易遭受冻害而发芽率降低。因此，种子在加工、包装前、运输前、熏蒸前及贮藏期间，都必须进行水分测定。通过水分测定，严格把住水分关。绝不允许不符合安全水分标准的种子入库，确保种子的品质。

种子水分测定的方法很多，可概括为标准测定方法和其他测定方法。在我国国家标准中，标准测定方法主要是依据烘干减重法的原理测定种子水分；其他方法有滴定法、蒸馏法和快速法。其中快速法主要是指利用电子仪器（如电容式水分测定仪、电阻式水分测定仪）和红外线水分测定仪测定种子水分。在正式检验报告和质量标签中应采用标准测定方法测定种子水分，而在种子收购、调运、干燥加工等过程中可采用快速法测定种子含水量，作为参考。

## 第二节 种子水分的标准测定方法

在国际种子检验规程和我国农作物种子检验规程 GB/T 3543.6 中，规定种子水分测定的标准方法是烘干减重法，包括低恒温烘干法、高温烘干法和高水分种子预先烘干法。国际种子检验规程目前还把电子仪器法列入了标准法，但需要仪器标定。以下详细介绍烘干减重法测定种子水分。

### 一、所需仪器设备

#### （一）电热恒温干燥箱

电热恒温干燥箱是水分测定的主要设备，应选用重力对流或机械对流（强制通风）的类型，主要由保温部分（箱体）、加热部分（电热丝）和调温部分（恒温控制器）组成。要求整个烘箱内各部分温度保持相当均匀一致，温度控制范围为 0~200℃或 50~200℃，控温精度为 0.5℃，升温速度快。

#### （二）电动粉碎机

电动粉碎机是水分测定中处理样品的设备。国际种子检验规程对粉碎机的要求是：①须用不吸湿的材料制成；②其构造要使需磨碎的种子和磨碎的材料在磨碎过程中尽可能避免室内空气的影响；③磨碎速度要均匀，不致使磨碎材料发热，空气流动会引起水分损失，应使其降低到最低限度；④磨粉机可调节到规程所规定的磨碎细度。须备有孔径为 0.5 mm、1.0 mm、4.0 mm 的金属筛片。

#### （三）样品盒

样品盒用导热率高的金属材料制成，一般为铝盒。分为两种规格：一种是小型样品盒，直径为 4.5 cm 左右，可放试样 4~5 g。另一种是中型样品盒，直径等于或大于 8 cm，一般用于高水分种子预先烘干。样品烘干时必须使样品在盒内的分布不超过 0.3 g/cm$^2$，以保证样品内水分的有效蒸发。

#### （四）干燥器和干燥剂

干燥器主要是用于样品烘干后冷却，防止回潮，以免影响测定结果的准确性。干燥剂最好具有快速吸湿的特点，目前广泛使用的干燥剂为变色硅胶。

#### （五）分析天平

分析天平的感量应达到 0.001 g。

## 二、烘干减重法的原理

随着加热箱内空气的温度不断升高，箱内相对湿度降低，种子样品的温度也随着升高，种子内水分受热汽化，样品内部蒸汽压大于箱内干燥空气的气压，种子内水分向外扩散到空气中而蒸发；在103℃条件下，种子中的水分很快汽化，不断扩散到样品外部，经过一段时间（8 h），样品内的自由水和束缚水便被烘干，根据减重法即可求得种子水分。在130℃条件下，自由水和束缚水可在短时间（1 h）内被蒸出。在测定时，如果130℃烘干时间太长，部分化合水被烘出，样品会变成焦黄色，水分测定结果偏高。

有些植物种子内含有的易挥发性物质如芳香油等，由于汽化温度较低，当温度过高时会蒸发，烘失重就会增加，测得的水分结果偏高。所以，这类种子如芝麻、花椒等，应采用103℃烘干测定。可溶性糖含量高的种子，如未完全成熟的种子，在烘干时糖分容易形成栅状结构，影响水分的扩散，进而影响水分的测定。对于这类种子应采用真空干燥箱进行干燥。对于水分含量高的种子，应采用预先烘干法，防止在样品处理时水分散失。

## 三、烘干减重法的测定方法

### （一）低恒温烘干法

低恒温烘干法即103℃处理8 h，一次烘干的方法。适用于葱属（*Allium* spp.）、花生（*Arachis hypogaea*）、芸薹属（*Brassica* spp.）、辣椒属（*Capsicum* spp.）、大豆（*Glycine max*）、棉属（*Gossypium* spp.）、向日葵（*Helianthus annuus*）、亚麻（*Linum usitatissimum*）、萝卜（*Raphanus sativus*）、蓖麻（*Ricinus communis*）、芝麻（*Sesamum indicum*）和茄子（*Solanum melongena*）。

该法必须在相对湿度70%以下的室内进行，否则结果偏低。

1. 样品处理

送检样品必须装在密闭、防湿容器中并尽可能排除其中的空气，收到样品后立即测定，以防止水分发生变化。首先将装在密封容器内的送验样品充分混合，其混合方法是用匙在样品罐内搅拌或将原样品罐的罐口对准另一个同样大小的空罐口，把种子在两个容器间往返颠倒，不少于3次，然后从中取试样15～25 g，除去杂质，进行磨碎等处理（小粒种子可不进行处理，直接烘干），常见作物按表8-1规定进行处理。处理后，将样品立即装入磨口瓶，并密封备用。

2. 烘干称重

将样品盒预先烘干、冷却、称重，并记下盒号。将处理好的样品在瓶内混匀，在感量0.001 g的天平上称取试样两份，每份4.5～5.0 g（取样时勿直接用手触摸样品，应用勺或铲子）放在预先烘干和称重过的铝盒内称重（精确至0.001 g）。要求试样在铝盒内的分布不超过0.3 g/cm$^2$。使烘箱预热至110～115℃，将试样摊平放入烘箱，样品盒距温度计的水银球约2.5 cm，迅速关闭烘箱门，待箱温在5～10 min内回升至（103±2）℃时开始计算时间，在101～105℃烘8 h。用坩埚钳或戴上手套盖好盒盖（在箱内加盖），取出后放入干燥器内冷却至室温，然后再称重。

表 8-1  必须磨碎的种子种类及磨碎细度

| 作物种类 | 磨碎细度 |
| --- | --- |
| 燕麦属（*Avena* spp.）<br>水稻（*Oryza sativa* L.）<br>甜荞（*Fagopyrum esculentum*）<br>苦荞（*Fagopyrum tataricum*）<br>黑麦（*Secale cereale*）<br>高粱属（*Sorghum* spp.）<br>小麦属（*Triticum* spp.）<br>玉米（*Zea mays*） | 至少有 50% 的磨碎成分通过 0.5 mm 筛孔的金属丝筛，而留在 1.0 mm 筛孔的金属丝筛子上不超过 10% |
| 大豆（*Glycine max*）<br>菜豆属（*Phaseolus* spp.）<br>豌豆（*Pisum sativum*）<br>西瓜（*Citrullus lanatus*）<br>巢菜属（*Vicia* spp.） | 需要粗磨，至少有 50% 的磨碎成分通过 4.0 mm 筛孔 |
| 棉属（*Gossypium* spp.）<br>花生（*Arachis hypogaea*）<br>蓖麻（*Ricinus communis*） | 磨碎或切成薄片 |

（引自《农作物种子检验规程》GB/T 3543）

3. 结果计算

根据烘干后失去的质量计算种子水分含量，保留 1 位小数，计算公式如下：

$$种子水分含量 = \frac{m_2 - m_3}{m_2 - m_1} \times 100\%$$

式中：$m_1$ 为样品盒和盖的质量（g）；$m_2$ 为样品盒和盖及样品的烘前质量（g）；$m_3$ 为样品盒和盖及样品的烘后质量（g）。

例：现有 1 份供水分测定的送检样品，用（103±2）℃低恒温烘干法测定水分。其中第 1 份试样结果如下：样品盒重 12.546 g，样品盒及试样的质量为 17.530 g，样品盒及试样的烘后质量为 16.948 g，试计算该试样种子水分含量。

已知：$m_1$ = 12.546 g，$m_2$ = 17.530 g，$m_3$ = 16.948 g，

代入公式：$种子水分含量 = \frac{m_2 - m_3}{m_2 - m_1} \times 100\% = \frac{17.530 - 16.948}{17.530 - 12.546} \times 100\% = 11.7\%$。

两份试样结果容许差距不超过 0.2%，否则重做。其结果用两次测定值的算术平均数表示。对于乔木和灌木物种，不可能满足 0.2% 的容许差距，并规定了从 0.3% 到 2.5% 的容许差距。这些与种子大小和初始水分含量有关（表 8-2）。

4. 结果报告

结果填报在检验结果报告单相应空格中，精确度为 0.1%。

（二）高温烘干法

高温烘干法即 130℃烘 1 h 的方法，适合粉质种子，如芹菜（*Apium graveolens*）、石刁

表 8-2 树木种子水分测定误差

| 种子大小 | 水分含量 | | |
| --- | --- | --- | --- |
| | <12% | 12%~25% | >25% |
| 千粒重<200 g | 0.3% | 0.5% | 0.5% |
| 千粒重≥200 g | 0.4% | 0.8% | 2.5% |

柏（*Asparagus officinalis*）、燕麦属（*Avena* spp.）、甜菜（*Beta vulgaris*）、西瓜（*Citrullus lanatus*）、甜瓜属（*Cucumis* spp.）、南瓜属（*Cucurbita* spp.）、胡萝卜（*Daucus carota*）、甜荞（*Fagopyrum esculentum*）、苦荞（*Fagopyrum tataricum*）、大麦（*Hordeum vulgare*）、莴苣（*Lactuca sativa*）、番茄（*Lycopersicon lycopersicum*）、苜蓿属（*Medicago* spp.）、草木樨属（*Melilotus* spp.）、烟草（*Nicotiana tabacum*）、水稻（*Oryza sativa*）、黍属（*Panicum* spp.）、菜豆属（*Phaseolus* spp.）、豌豆（*Pisum sativum*）、鸦葱（*Scorzonera hispanica*）、黑麦（*Secale cereale*）、狗尾草属（*Setaria* spp.）、高粱属（*Sorghum* spp.）、菠菜（*Spinacia oleracea*）、小麦属（*Triticum* spp.）、巢菜属（*Vicia* spp.）和玉米（*Zea mays*）。

其操作方法基本同低恒温烘干法，但烘干的温度与时间不同。首先将烘箱预热至140~145℃，打开箱门将试样迅速放入烘箱内，关好箱门，待箱内温度回升至130~133℃时，开始计算时间，在130~133℃下烘 1 h。1996 年国际种子检验规程中规定烘干时间，玉米烘 4 h，其他禾谷类烘 2 h，其他作物烘 1 h。该法要注意严格控制烘干温度和时间，若温度过高或时间过长，易使种子的干物质氧化而导致试样质量降低，最后使水分测定结果偏高。

（三）预先烘干法

此法适用于需磨碎的高水分种子。禾谷类种子水分超过 18%，豆类和油料作物种子水分超过 16% 时，属于高水分种子，因为高水分种子难以磨碎到规定的细度，而且在磨碎过程中容易丧失水分，所以需采用预先烘干法。测定时，先称取两份试样各（25.00±0.02）g，置于直径大于 8 cm 的样品盒内，在（103±2）℃烘箱中预烘 30 min（油料种子 70℃预烘 60 min），取出放在室温下冷却称重。然后将两份预烘过的种子按照表 8-1 处理，每份样品准确称取 4.5~5.0 g 试样（精确到 0.001 g），再用 103℃烘干法或 130℃烘干法烘干、称重，按下列公式计算水分含量。两个重复的容许差距为 0.2%，否则重做。

计算公式有两种：

公式一： $$\text{种子水分含量} = \frac{m \times m_2 - m_1 \times m_3}{m \times m_2} \times 100\%$$

式中：$m$ 为整粒样品质量（g）；$m_1$ 为整粒样品预烘后质量（g）；$m_2$ 为磨碎试样质量（g）；$m_3$ 为磨碎试样烘后质量（g）。

公式二： $$\text{种子水分含量} = S_1 + S_2 - S_1 \times S_2$$

式中：$S_1$ 为第 1 次整粒种子烘后失去的水分（%）；$S_2$ 为第 2 次磨碎种子烘后失去的水分（%）。

例：现有 1 份高水分的送检样品，用两次烘干法测定水分。其中重复 1，第 1 次取整粒试样 25.00 g，预烘后质量为 23.27 g；第 2 次取磨碎试样 5.000 g，烘后质量为 4.355 g。求该重复种子的水分含量。

已知：$m = 25.00$ g，$m_1 = 23.27$ g，$m_2 = 5.000$ g，$m_3 = 4.355$ g。

代入公式一：

$$\text{种子水分含量} = \frac{m \times m_2 - m_1 \times m_3}{m \times m_2} \times 100\%$$

$$= \frac{25.00 \times 5.00 - 23.27 \times 4.355}{25.00 \times 5.000} \times 100\% = 18.9\%$$

代入公式二：

$$S_1 = \frac{m - m_1}{m} \times 100\% = \frac{25.00 - 23.27}{25.00} \times 100\% = 6.92\%$$

$$S_2 = \frac{m_2 - m_3}{m_2} \times 100\% = \frac{5.000 - 4.355}{5.000} \times 100\% = 12.90\%$$

$$\text{种子水分含量} = S_1 + S_2 - S_1 \times S_2 = 6.92\% + 12.9\% - 6.92\% \times 12.9\% = 18.9\%$$

采用整粒样品烘干法测定种子水分的可行性：根据国际和我国农作物种子检验规程，测定农作物种子水分，除油菜、芝麻等小粒油料种子可采用整粒样品测试外，其余种子一律要进行磨碎或切片处理，并达到规定的标准，才能称样并在规定温度下、一定时间内进行烘干、冷却和称重等程序。但是这种方法在种子样品磨碎过程中容易导致水分散失，尤其在高温季节，或者干燥种子在潮湿条件下磨碎和装瓶过程中容易吸湿，而且，在称取磨碎样品时，也会因粗细部分混合不匀而引起试样细度的差异。世界上许多种子检验专家为了解决这些问题，先后进行整粒种子样品烘箱法测定种子水分的探索研究。美国农业部标准局贝茨维尔种子实验室的 Hart 等人（1957，1966）将整粒试样烘箱法与甲醇蒸馏法和 ISTA 法进行比较；我国科学家颜启传等人（1985）利用小麦、水稻、玉米、大豆 4 种农作物种子，李恒贵（1996）利用水稻、小麦、玉米、大豆、花生、芝麻、油菜、向日葵、蓖麻、棉花和大麦 11 种农作物种子的高、中、低 3 种水分整粒种子试样与我国种子检验规程和 ISTA 规程的标准法进行了比较研究，结果表明，（$103 \pm 2$）℃烘 24~32 h 结果没有差异。因此认为，该法具有手续简便，且可避免磨碎过程引起的误差，测定结果更为可靠的特点，尤其适用于种子数量少的科学研究。

## 第三节　其他种子水分测定方法

前已述及，种子水分测定除标准法外，还有滴定法、蒸馏法、快速法。这些方法可用于种子科学的研究中，或在种子实际工作中作为参考，但不能用于我国种子质量检验报告的测定，ISTA 已经把电子仪器法列入国际种子检验规程，但仪器需要校准。

### 一、种子水分快速测定

种子水分快速测定主要是应用电子仪器进行，包括电阻式水分测定仪、电容式水分测定仪、红外水分测定仪和微波式水分测定仪。由于测定种子水分的电子仪器型号较多，不同型号的仪器使用方法不同，所以在此以原理介绍为主。

（一）电阻式水分测定仪

电阻式水分测定仪的原理：根据欧姆定律，$I = V/R$，在一闭合电路中，当电压一定时，电流强度与电阻成反比，电阻越大电流就越小。种子内的自由水可以作为溶剂溶解种子内的可溶性物质，如无机离子和有机酸等，自由水含量越多，溶解的可溶性物质就会越多，电阻越小；相反，种子内的自由水越少，电阻越大。因此，种子电阻大小取决于种子内自由水含量的高低，把种子作为电阻接入电路中，电流就随着种子自由水含量的高低而变化，即种子自由水含量越低，电阻越大，电流强度越小，反之，电流强度越大。通过测定求得种子自由水含量与电流量变化的关系，并做出表盘，从表盘就可以直接读出水分含量。

但是，种子水分与电流强度的关系并非直线关系，而属于倒数函数关系。加之，当种子水分很低或很高时，种子样品的电阻与水分也不成比例。当种子内仅存在束缚水或少量自由水时，种子的电阻将变得很高。当种子内的自由水含量很高时，种子样品的电阻也变化很小。由于以上原因，电流表上的刻度不是均等的，同时也限制了电阻式水分测定仪的测定范围。

每种作物种子由于化学成分不同，束缚水的多少，可溶性物质的多少、种类也不同，因此，每种作物种子应有相应的刻度线，或者在仪器上设有作物种类选择旋钮。

同时，电阻是随着温度的高低而变化的。随着温度的升高，被溶解的物质离子运动加快，在相同含水量的条件下，电阻降低，电流提高，读数值升高；相反，读数值降低。因此，在不同温度条件下测定种子水分，还需进行温度校正。不同型号的仪器校正的方法不同。国产的电阻式水分测定仪，一般以20℃为标准，每变化10℃相当于1个水分。按照以下校正公式计算：

$$实际水分含量 = 读数值 - 0.1 \times (种子温度 - 20)$$

但有些水分测定仪，如日本Kett L型数字显示谷物水分仪已用热敏补偿方法来解决以上问题，所以不再进行温度校正。

不同型号的电阻式水分测定仪的使用方法存在差异，一般都有电压校正、作物选择、满度校正、零点校正等环节。电压校正，主要是使不同次测定在相同的电压水平上，防止因长期使用电池电压不同而引起的测量误差。满度和零点校正主要是调整测量精度。

在我国应用较普遍的有国产KLS-1型粮食水分测定仪和TL-4型钳式水分测定仪，日本Kett L型数字显示谷物水分仪等。

（二）电容式水分测定仪

电容式水分测定仪的原理：电容是表示导体容纳电量的物理量。电容量的大小与物质的介电常数和两极板对应面积成正比，与两极间的距离成反比。当两极板的距离一定，测试的样品量一定（即两极的对应面积一定）时，电容量的变化只与介电常数变化有关。空气的介电常数为1，种子中的干物质为10，水分为81，因此种子内水分变化就会引起介电常数的变化，从而引起电容的变化。若将种子放在电路中，作为电容的一个组成部分，测得电容的大小就可间接测得水分含量。

在利用电容式水分测定仪测定种子水分时应注意：由于种子形状、成熟度和混入的杂物不同，相同质量的种子在传感器中的体积不同，就会引起传感器中两电极间对应面积和介电常数的变化，从而影响测定结果的正确性，因此在测定时，采用固定容积的种子较为合理。要想准确测定不同作物、不同品种的种子水分，就应分作物或分品种准备高、中、低3个水平的标准水分进行仪器标定。当种子水分在一定范围时，表现为线性关系，如洋葱种子水分在 6%~10% 时，电容量与种子水分成线性关系，测定结果比较准确。但在 2%~6% 或 10%~14% 时，并非是线性关系，这时测定准确性较差。因此，在配制标准水分样品时其水分的差异不宜悬殊。

同时，温度对电容值的影响很大，水分仪上都装有一个或两个温度传感器，对测定结果进行温度补偿。为减少温度传感器的测定误差，应保证样品和仪器在相同温度下，如果温度相差较大，可将样品装入仪器样品杯，然后倒出，再装入，反复几次，使样品和仪器之间达到热平衡。冰箱中取出的样品至少放置 16 h 才能达到热平衡。大量生产实践证明，电容式水分测定仪是比较好的电子水分速测仪的类型，已在全世界普遍采用。

目前在我国使用的电容式水分测定仪种类很多，应用比较普遍的有国产的 LSD 型和 DSR 型电脑式水分仪，美国帝强十二型数字式水分仪，以及日本 Kett 公司制造的 PM600、PM888 等水分测定仪（图 8-1）。

A        B

图 8-1 电容式水分测定仪
A. 德国 GAC 2100 Blue    B. 日本 Kett PM888

### （三）红外水分测定仪

红外线分为近红外线（0.77~3.0 μm）、中红外线（3.0~30.0 μm）和远红外线（30.0~1 000 μm）。近红外水分测定仪与红外水分测定仪的原理不同。近红外水分测定仪（图 8-2）是

A        B

图 8-2 近红外水分测定仪
A. 日本 Kett KJT-230（台式）    B. 日本 Kett KJT-100

根据物质对射线吸收后引起的衰减来测定物质的含量,可对水分、灰分、蛋白质和脂肪等进行测定。用于水分测定的仪器如日本 Kett KJT-230（台式）和 KJT-100 近红外水分测定仪。

红外水分测定仪是应用红外和远红外的辐射加热技术、单片微机技术,与上皿电子天平联机组成水分测试系统。由于水分在远红外区有较宽的吸收带,可利用远红外加热种子。红外线具有强力的穿透性,直接使样品的内部受热,使种子内水分很快蒸发,故在短时间内可测得种子水分。与电热恒温烘箱相比,红外线加热是从里到外,加热方向与水分蒸发方向相同,加速了水分的蒸发；而电烘箱加热是从外到里,与水分散失方向相反。常用的仪器有（图 8-3）:日本 Kett FD-620、Kett FD-420 红外快速水分仪,德国 sartorius MA30 红外水分测定仪,国产的 DHS20-1 型多功能红外水分仪。微波式水分测定仪具有和红外水分测定仪相同的原理,如德国 sartorius MMA30 微波水分测定仪。在此不再赘述。

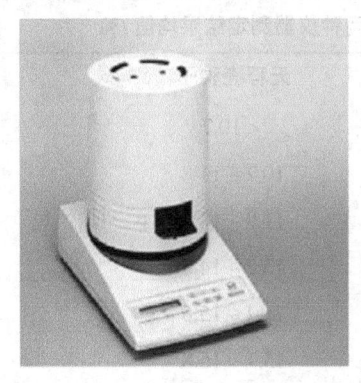 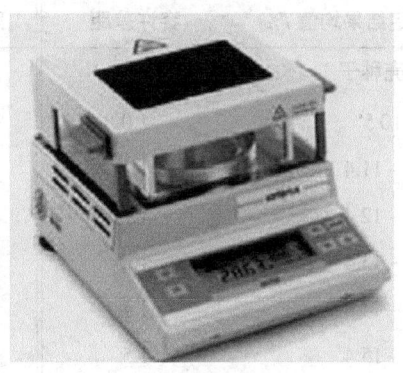

图 8-3　红外水分测定仪
A. 日本 Kett FD-620　B. 德国 sartorius MA30

## 二、快速测定仪器的校准

ISTA 要求,校准水分测定仪应至少要从 2 个品种中每个品种获得 5 个样品。每个品种的样品应具有一定范围的水分含量,均匀地覆盖被检查水分测定仪所需的测量范围。如果无法从天然样品中获得全部范围,则可以对样品进行调节。如果样品含有可能干扰测量的杂质,则应使用筛子或机械分离器去除杂质。

先用烘干法测定样品水分,方法同上。测得的样品含水量作为真实值。然后使用电子仪器测定种子水分,测量 3 次,求均值。烘干法与水分测定仪校准的容许差距:种子水分 < 10.0% 时,电子仪器测得无稃壳种子容许 ±0.4% 误差,有稃壳种子容许 ±0.5% 误差；当种子水分 ≥ 10.0% 时,电子仪器测得无稃壳种子容许差距在 ±0.04% × 水分含量范围内,有稃壳种子容许差距在 ±0.05% × 水分含量范围内。烘干法与水分测定仪法的容许误差要求见表 8-3。两种水分测定仪测定结果的容许差距见表 8-4。

表 8-3 烘干法与水分测定仪校准的容许差距

| 烘干法测定的种子水分 /% | 容许差距 | 烘干法测定的种子水分 /% | 容许差距 |
| --- | --- | --- | --- |
| 有稃壳种子 | | 无稃壳种子 | |
| < 10.9 | 0.5 | < 11.3 | 0.4 |
| 11 ~ 12.9 | 0.6 | 11.3 ~ 13.7 | 0.5 |
| 13 ~ 14.9 | 0.7 | 13.8 ~ 16.2 | 0.6 |
| 15 ~ 16.9 | 0.8 | 16.3 ~ 18.0 | 0.7 |
| 17.0 ~ 18.0 | 0.9 | | |

表 8-4 两种水分测定仪测定结果的容许差距

| 两种仪器测定结果均值 /% | 容许差距 | 两种仪器测定结果均值 /% | 容许差距 |
| --- | --- | --- | --- |
| 有稃壳种子 | | 无稃壳种子 | |
| < 10.5 | 1.0 | < 10.7 | 0.8 |
| 10.5 ~ 11.4 | 1.1 | 10.7 ~ 11.8 | 0.9 |
| 11.5 ~ 12.4 | 1.2 | 11.9 ~ 13.1 | 1.0 |
| 12.5 ~ 13.4 | 1.3 | 13.2 ~ 14.3 | 1.1 |
| 13.5 ~ 14.4 | 1.4 | 14.4 ~ 15.6 | 1.2 |
| 14.5 ~ 15.4 | 1.5 | 15.7 ~ 16.8 | 1.3 |
| 15.5 ~ 16.4 | 1.6 | 16.9 ~ 18.0 | 1.4 |
| 16.5 ~ 17.4 | 1.7 | | |
| 17.5 ~ 18.0 | 1.8 | | |

## 三、甲苯蒸馏法

### （一）测定原理

甲苯为有机溶剂，不溶于水，沸点为 110.5℃，相对密度为 0.867，当其与样品共沸时，水分首先蒸发，同时也伴有甲苯蒸发，经冷凝滴入测量管中。由于甲苯不溶于水，且相对密度较水小，两者共存时，甲苯浮在水上面，两者间有明显的界面。蒸馏完毕，可测出水的体积。根据水分体积和样品质量，即可计算样品的含水量。此法适用于各种样品的水分测定，特别适用于含挥发性物质的样品。

### （二）仪器设备

该法所用的主要仪器设备有可调式加热器，Bidwell-Sterling 装置，铜丝刷和样品处理（磨碎、切片等）所需设备。

### （三）测定方法

1. 玻璃仪器的清洗

使用前，应先将 Bidwell-Sterling 装置用洗液（重铬酸钾硫酸溶液）洗净，经清水冲洗后放入烘箱中干燥，冷却后备用。

2. 安装仪器与加样

称取磨碎样品适量（含 2~5 mL 水），放入已经烘干的蒸馏瓶中，加入约 150 mL 甲苯，淹没样品，混合后安装好测定装置。从冷凝管上口倒入甲苯于接收管中（至收集管溢流口），为防止蒸汽溢出，可将冷凝器上口塞住。

3. 加热测定水分

将蒸馏瓶加热至沸腾，并缓缓蒸馏，水分蒸出速度约为 100 滴/min，当大部分水分蒸出时，可加快蒸馏速度至 200 滴/min。直到接收管内的水分体积 30 min 保持不变时，即可除去热源，用螺旋形铜丝刷在冷凝管和测量管内上下移动，使水分全部落入测量管底部，冷至室温，甲苯水层已澄清，读出水分体积，精确到 0.01 mL。

4. 计算结果

$$样品水分含量 = \frac{V}{m} \times 100\%$$

式中：$V$ 为水分体积（mL）；$m$ 为样品质量（g）。

### 四、卡尔-费休法

1935 年卡尔-费休（Karl-Fisher）首先提出了一种利用容量分析测定水分的方法，即通常的卡尔-费休法。其原理是有水存在时，碘被二氧化硫还原，在吡啶和甲醇存在的情况下，生成氢碘酸吡啶和甲基硫酸氢吡啶。反应式如下：

$$H_2O + I_2 + SO_2 + 3C_5H_5N \longrightarrow 2C_5H_5N \cdot HI + C_5H_5N \cdot SO_3$$
$$C_5H_5N \cdot SO_3 + CH_3OH \longrightarrow C_5H_5N \cdot HSO_4CH_3$$

由上列反应式可知，1 mol 的水需要 1 mol 碘、1 mol 二氧化硫、3 mol 吡啶和 1 mol 甲醇。实际上卡尔-费休试剂中二氧化硫、吡啶、甲醇都是过量的，费休试剂的有效成分取决于碘的浓度，其浓度在存放过程中不断降低，因此，每次使用前应标定。卡尔-费休法被许多国家定为标准分析方法，用来校正其他分析方法和测量仪器。该方法可用于微量水分的测定，在种子生理和超干贮藏研究中具有一定的应用价值。

卡尔-费休法又可分为卡尔-费休容量法和卡尔-费休库仑法。容量法卡氏水分测定仪是利用电化学方法，通过计算与水分反应的滴定剂的消耗体积来测定样品中的水分含量，测量极限为 $10^{-5}$ g/L。库仑法卡氏水分测定仪是在测定池内直接由阳极氧化产生滴定剂，通过计算反应过程中消耗的电量来测量样品中的水分含量，测量快速精确，测量极限为 $10^{-6}$，特别适合微量水分的测定，广泛适用于石油化工、制药、食品等行业。

#### （一）卡尔-费休库仑法

本法以卡尔-费休氏反应为基础，试验所需碘是由含有碘离子的阳极电解液电解产生。一旦所有的水被滴定完全，阳极电解液中就会出现少量过量的碘，双铂丝电极探知这一信号，即停止碘的生成。根据法拉第定律，产生的碘的量与通过的电流成正比，因此用测量电量总消耗的方法可以测定水分总量。本法主要用于测定含微量水分（0.000 1%~0.1%）的物质中的水分。

在电解过程中，电极反应如下：

阳极：$2I^- - 2e \longrightarrow I_2$

阴极：$I_2 + 2e \longrightarrow 2I^-$　　$2H^+ + 2e \longrightarrow H_2\uparrow$

产生的碘又与样品中的水分反应生成氢碘酸，直至全部水分反应完毕为止。反应终点用1对铂电极所组成的检测单元指示。在整个过程中，二氧化硫有所消耗，其消耗量与水的物质的量相等。

依据法拉第电解定律，电解1 mol碘分子，需要2倍的96 493 C电量，即电解0.5 mol水需要电量为96 493 C。样品中的水分含量按下式计算：

$$m = \frac{m \times 10^{-6}}{18} = \frac{Q \times 10^{-3}}{2 \times 96\,493}$$

$$m = \frac{Q}{10.722}$$

式中：$m$为样品中的水分含量（μg）；$Q$为电解电量（mC）；18为水的相对分子质量。

（二）卡尔-费休容量法

本法是根据卡尔-费休试剂与水起定量反应的原理测定水分。根据滴定时消耗的卡尔-费休试剂的体积计算水分的含量。测定时首先配制和标定卡尔-费休试剂。

1. 卡尔-费休试剂的配制

称取碘（预先置于硫酸干燥器内48 h以上）110 g，置于干燥的具塞烧瓶中，加无水吡啶160 mL，注意冷却，振摇至碘全部溶解后，加无水甲醇300 mL，称重，将烧瓶置冰浴冷却，通入干燥的二氧化硫至质量增加72 g，再加无水甲醇使成1 000 mL，盖塞后摇匀，在暗处放置24 h。本液应遮光密封，置阴凉干燥处保存。临用前应标定浓度。

2. 卡尔-费休试剂的标定

卡尔-费休滴定时通常用甲醇-水标准溶液、含水酒石酸钠、蒸馏水、含饱和水甲苯等类物质作为标准，对方法的可靠性进行校验。含水酒石酸钠是一种常用的含水标准物质，理论含水量为15.66%，在105℃加热质量减小为（15.65 ± 0.02）%，长期暴露于相对湿度为20%~70%的空气中，质量增加0.01%~0.09%。用含饱和水的甲苯和纯水的标定结果也是满意的。当然，最简单还是用甲醇-水标准溶液。

可用水分测定仪直接标定；或取干燥的具塞玻瓶，精密称入重蒸馏水约30 mg，加无水甲醇2~5 mL，用本液滴定至溶液由浅黄色变为红棕色，或用永停滴定法指示终点；另作空白试验，按下式计算：

$$F = \frac{m}{V_A - V_B}$$

式中：$F$为每1 mL卡尔-费休试剂相当于水的质量（mg）；$m$为称取重蒸馏水的质量（mg）；$V_A$为滴定所消耗卡尔-费休试剂的体积（mL）；$V_B$为空白所消耗卡尔-费休试剂的体积（mL）。

测定时，精密称取供试品适量（消耗卡尔-费休试剂1~5 mL），用水分测定仪直接测定；或将供试品置干燥的具塞玻璃瓶中，加无水甲醇2~5 mL，在不断振摇（或搅拌）下用卡尔-费休试剂滴定至溶液由浅黄色变为红棕色，或用永停滴定法指示终点；另作空白试验，按下式计算：

$$供试品中水分含量 = \frac{(V_A - V_B) \times F}{m} \times 100\%$$

式中：$V_A$ 为供试品所消耗卡尔-费休试剂的体积（mL）；$V_B$ 为空白所消耗卡尔-费休试剂的体积（mL）；$F$ 为每 1 mL 卡尔-费休试剂相当于水的质量（mg）；$m$ 为供试品的质量（mg）。

3. 影响测定精度的因素

除了上述测定样品的性质、测定的方法、标定物质的选用、取样方法和进样量的大小影响测定精度外，还必须注意以下几个问题，才能保证测定精度。

（1）由于卡尔-费休试剂很容易吸收水分，因此要求滴定剂发送系统［滴定管和滴定池（测量池）］等采取较好的密封系统，否则由于吸湿现象容易造成终点长时间的不稳定和严重的误差。

（2）卡尔-费休试剂的滴定度的大小是由试样含水量的多少来决定。在测定含水量较大的试剂时，卡尔-费休试剂的滴定度应该选得大一些，这样在保证测定精度（<5%）的前提下，可以加快测定速度。但在测定试样含水量较小时，卡尔-费休试剂的滴定度就应该选得小一些，应小于滴定管的最小读数，否则将产生较大的测定误差。如果滴定管的最小读数为 0.01 mL，卡尔-费休试剂的滴定度为 2.5 mg/mL，则试剂一滴误差将产生 0.025 mg 的测量误差。如果试剂的滴定度为 1.00 mg/mL，则试剂一滴误差将产生 0.010 mg 的测量误差。

（3）卡尔-费休滴定法测定水的终点判别方法有 3 种。①依靠人的视觉观察溶液颜色突变的目视终点法；②依靠观察电流表偏转突变至一定值并稳定一段时间如 60 s 作为滴定终点的永停终点法（硬件滴定）；③以永停终点法（又称为死停终点法）为基础，微机自动控制的软件滴定法。

目视终点法是指示终点最简单的一种方法，可以省去滴定仪中的指示系统装置，在常量滴定中可以获得比较满意的测定结果，但在毫克当量以下物质的测定中，这种方法的灵敏度和准确度比较差，一般都采用比较灵敏的电化学方法。第 2、3 种方法都是电化学方法，它们有快速、灵敏且准确度比较高，易实现自动化等优点，通常可测定各类样品中百万分之几到百分之几十的水分。

（4）滴定试剂的发送头的结构与位置也是影响滴定误差的一个非常重要的因素。通常要求发送滴定头内径和滴定头要做得很细，目的是防止滴定剂的挂滴现象，保证测量精度。在滴定头插入样品溶液中时，滴定头的液界处有可能发生化学反应而影响测定精度。

（5）在滴定时搅拌要充分且均匀。在滴定黏度较大的样品溶液时更要注意搅拌的充分和一致，包括磁力搅拌器的速度要一致和滴定池中的液面高度大体相同，这样才能得到较好的测定精度。

（6）在进样时，要防止注射器头受外界的污染而影响测定结果，如操作者呼气和擦注射器头时产生的污染等。同时要防止进样时样品的损失，如注射器头上的挂滴和溅到测量池壁或电极杆上。

（7）卡尔-费休试剂瓶进气口要安装干燥器，以防止试剂吸收空气中的水分而使试剂的滴定度下降造成严重的测定误差。

（8）在进行滴定的过程中，有时会出现假终点现象，也就是提前到达滴定终点，造成测定结果偏低。特别在测定低浓度含水量的样品时影响更大，甚至无法进行测定。这主要是由于空气中的氧将滴定池中的碘离子氧化为碘，从而减少了试剂的消耗量。太阳光也会明显地促进氧与碘离子的氧化反应，对试剂要采取避光措施。另外，试剂的组成和操作环境对反应速度有一定的影响，如卡尔－费休试剂中二氧化硫过量、试剂不纯、配制试剂的含水量过高等都容易发生终点提前现象。

（9）卡尔－费休法测水分反应中会生成硫酸，当它的体积分数高于 0.05% 时可能发生逆反应，影响测定结果。而吡啶能与这个反应所产生的酸化合，保证化学反应向一个方向进行。在滴定法测定水分中，如果没有甲醇共存，水或其他任何含活泼氢的化合物都能代替甲醇中间化合物发生反应，这样就会扰乱化学反应的化学计量，使这个反应对水没有特殊的选择性。因此在测定过程中要注意试剂和滴定底液中是否有足够的吡啶和甲醇。

（10）在用卡尔－费休法测定试样含水量时，要注意被测定的试样中是否有能与卡尔－费休试剂生成水的物质，如有这类物质应分别采取相应的措施才能得到满意的结果。如活泼的醛和酮与卡尔－费休试剂中的甲醇反应生成缩醛和缩酮与水消耗碘，使滴定反应无终点。有时在分析含酮样品中水分时，减少试剂中的甲醇含量，增加吡啶含量，可以得到满意的结果。但这种方法不适用于含醛类化合物，曾有人用吡啶作为溶剂减少缩醛形成的比例，得到了较为可靠的分析结果。金属氧化物和氢氧化物也能与 HI 发生反应生成水，可用二甲苯共沸蒸馏或汽化携带法来分离提取样品中的水，然后进行测定。

**思考题**
1. 谈谈你对种子水分测定重要性的看法。
2. 谈谈你对种子水分快速测定方法的认识。

**数字课程资源**

　　教学课件　　　自测题

# 第九章

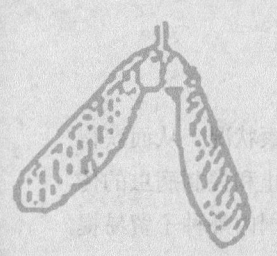

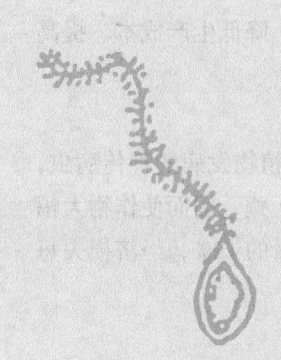

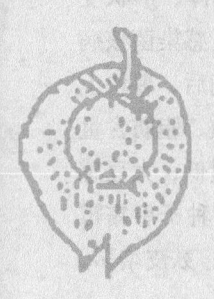

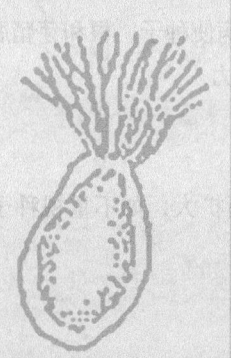

# 种子健康检验

种子健康检验（seed health test）主要是检验种子是否携带有病原（如真菌、细菌和病毒）及有害动物（如线虫及害虫）等，即对种子所携带病虫害种类及数量进行检验。种传病害（seed-borne disease）是指病害侵染循环中的某一阶段和种子联系在一起，其病原物附着、寄生或存在于种子表面和内部，或混杂于种子中间，主要通过种子携带而传播的一类植物病害。种子害虫是指种子在田间生长和贮藏期间，感染和危害种子的害虫。

# 第一节 种子健康检验概述

## 一、种子健康检验的目的和重要性

### (一)种子健康检验的目的

种子健康检验的目的是检验种子样品的健康状况,据此推测种子批的健康状况,从而获得比较不同种子批种用价值和种子质量的信息。通过种子健康检验可以有效防止和控制病虫的传播蔓延,保证作物产量和商品价值;防止进口种子批将病虫害带入新区,为国内外种子贸易提供可靠的保证;了解幼苗的价值或田间出苗不良的原因,弥补发芽试验的不足;也对种子安全贮藏起重要作用。

### (二)种子健康检验的重要性

种子健康检验对保护正常种子贸易、保证生产安全、防止人畜中毒、降低生产成本、提高产量和产品品质有着极其重要的意义。种传病虫害具有以下方面的影响。

1. 造成作物产量降低

种子是种植业的基本生产资料,各种作物种子或多或少携带有引起植物发病的种传病虫,在发芽、出苗、生长、开花、成熟的植株上发病而使籽粒瘦小、皱缩、干瘪,因而使作物大幅度减产,甚至颗粒无收。据估计,全球植物病虫害造成的损失达作物产量的12%,经济损失每年达5.5亿美元。

2. 引起作物品质下降,降低经济价值

种传病虫不仅引起作物产量下降,而且导致品质变劣。首先,感病种子的色泽、形状变劣。例如:感染紫斑病的大豆种子,多呈黑色、青黑色、紫色,并产生龟裂干瘪;感染菌核病的油菜种子表面粗糙,呈灰白色,无光泽,或变成不规则形瘪粒;甘薯感染黑斑病后,薯块上形成许多黑褐色病斑,并有苦味和强烈的臭味等。其次,种子内部的淀粉、蛋白质、脂肪含量减少,品质也受到影响。例如:感染谷枯病的水稻种子,米粒小,易碎,淀粉含量低;大豆感染灰斑病菌或霜霉病菌后,蛋白质含量降低,含油量明显下降,油质变劣;油菜种子患霜霉病和白锈病后,含油量降低7.7%~17%;小麦种子感染赤霉病菌后,出粉率降低,麸皮增多,面粉中面筋含量少,做成面食有黏重、未熟之感。

3. 带病种子田间成苗率降低

带病种子播种后,由于病菌的活动,引起种子腐烂或发生立枯病,导致田间成苗率下降。据调查,大豆种传紫斑病使种子出苗率降低12%,水稻种传叶斑病使种子、根和芽鞘腐烂,苜蓿种子感染花叶病毒使发芽率下降30.8%~34.6%,并降低种子活力。

4. 传播植物病虫害

(1) 引起植物病虫害的远距离传播,扩大新的病区

随着全球经济的发展,国内外种子贸易和种质交换范围不断扩大,如不重视种子健康检

验，必将不受海洋、山脉等地理因素的阻碍，将病虫害远距离传播，扩大新的病区。例如：大豆细菌性疫病是由美国的种子传到瑞典，再传到苏格兰；老挝的小麦散黑穗病是由于使用了从以色列引进的小麦品种；加拿大的甜菜锈病是从欧洲进口种子中传入的。特别是有些危险性病害、虫害、杂草，一旦传入新地区，由于没有引进原产地的天敌等原因，失去自然平衡，或因营养、气候等条件较原产地更适宜于传入病害的发生，造成猖獗为害，给农业生产带来巨大的损失。例如从南美洲传入的马铃薯晚疫病，1845年造成了历史上著名的"爱尔兰饥荒"。

在我国，从国外引入带菌种子而把新的病害传入的实例也很多。甘薯黑斑病发生于美国，后传到日本，1937年传入我国辽宁省，不断蔓延扩大，现在全国各地均有发生。棉花黄萎病及枯萎病是源于由美国引入的'斯字4号'棉种，后在我国广泛传播。20世纪70年代前仅在华南、华东、华中地区发生的水稻白叶枯病，由于稻种调运频繁，尤其是随着杂交水稻的迅速推广，该病迅速蔓延。目前，除新疆外，全国其他省、自治区、直辖市都有水稻白叶枯病发生。

（2）种子带病是作物病害初次侵染的重要来源

在侵染性病害的发病过程中，必有病原物的传染来源，按病原物的来源可分两种：初次侵染来源和再次侵染来源。在作物的1个生长季节中，病原物第1次侵染寄主称为初次侵染或初侵染（primary infection）。经过初次侵染引起发病后，病原物在寄主体内或体外产生大量繁殖体，通过传播又可以侵染更多的寄主，这种重复侵染称为再次侵染或再侵染（secondary infection）。毫无疑问，病原物的初次侵染来源是新病害发生的关键，也是老病区第2年病害发生的重要基础。种传病虫是病虫害发生的重要初侵染来源。以1年中有多次侵染的马铃薯晚疫病为例，这种病菌以休眠的菌丝体在病薯内越冬，播种带菌种薯或遗留在土中的病薯萌发时，其上的菌丝体也开始扩展，侵入幼芽并向上蔓延，在环境条件适宜时，可使植株发病，并在其上产生大量孢子囊和孢囊孢子。这种孢囊孢子借雨、水等传播到邻近健康株上，引起第2次侵染。再由第2次发生的孢子，引起第3次以至多次的侵染，致使病害不断扩展蔓延，最后造成严重损失。属于这一类病害的还有稻瘟病、稻白叶枯病、甘薯黑斑病和红麻炭疽病等。至于在1年内只有1次侵染的病害，如麦类黑穗病、小麦线虫病等，种子携带病原物对病害发生的重要性更显得突出。

种传病虫害还影响着种子的贮藏、人畜生命安全。因此，种子健康检验已成为一个国际化的问题，日益得到重视。各国设立检疫法规、确定检疫对象加强对种子病虫害的控制。

## 二、种子健康检验的内容

种子健康检验包括田间检验和室内检验两部分。田间检验是根据病虫害的发生规律，在一定生长时期进行检验。作物在田间生长时期，病虫害表现明显，容易进行检查。检查主要依靠肉眼检验，比较粗放，但田间检验在病虫检验中占有重要地位，因为有些带病种子在实验室内是很难加以鉴别的，如一些病毒病，种子患病后外表无明显症状，又难以分离培养，所以结合田间检验就比较容易确定病害种类。室内检验的方法较多，是贮藏、调种、引种过程中进行病虫害检验的主要手段。

### 三、种子健康检验应注意的问题

**(一)测定方法**

种子健康检验可采用不同的测定方法,具体选择哪种方法取决于所研究的病原菌、害虫、研究条件、种子种类和测定目的。一般来说,选择的健康检验方法应能简便和准确地识别病原菌、提供重演性的结果、价廉、快速并符合标准化规则。同时,在选择方法和评定结果时,检验者应具有并掌握被选择方法的有关知识和经验。

**(二)试验样品的量**

根据测定方法,可把整个送验样品或其中一部分作为试验样品。通常试验样品不得少于400粒净种子,或从送验样品取得相当质量的种子。如有必要,要设定一定数量种子的重复。

**(三)结果的计算和报告**

检验结果用供检样品中被感染种子数的百分率或病原体数目表示。填报结果时要填写病原菌的学名,同时说明所用的测定方法,包括所用的预措方法,并说明用于检查的样品或部分样品的数量。

## 第二节 种传病虫的侵染和传播

种传病虫因种类不同,其病原物的侵染和传播方式也不相同,所以检验方法也不一样。种传病虫的侵染(infection)是指病原物侵入种子的方式及在种子上潜存的情况。种传病虫的传播(dissemination)则是指不同病原物如何伴随种子进行近距离和远距离传播。病原物随着种子传播,必须要与种子建立关系,即病原物与种子结合,其结合方式可分为:①种子黏附,指病原物黏附在种子表面,而不侵入种子内部;②种子感染,指病原物侵入种子组织内部;③种子伴随性污染,指种子中夹杂含有病原物的组织体。

### 一、病原真菌的侵染和传播

真菌种类多,分布广,80%左右的植物侵染性病害都是由真菌引起。真菌性病原物一般以其营养体或繁殖体与种子结合,其结合方式较多。常见真菌性病原物的侵染和传播类型有:

**(一)病原物混于种子间**

此类型属于种子伴随性污染,由于种子间混有病原物或夹杂着病株残体而传播病害。例如:油菜、紫云英菌核病等病菌以菌核(sclerotium)方式混于种子间;大麦、小麦、黑麦、燕麦以及禾本科牧草等种子中,常常混有麦角病的麦角(即菌核);水稻稻曲病包含有病粒的菌核混于种子间等。

这一类型的病原物常和种子一起经过休眠后,萌发作局部侵染或器官专化性侵染。如油菜菌核病的菌核,随油菜种子被播入苗床或土壤中,在温度、湿度适宜时就萌发抽出子囊盘

（apothecium），从这些子囊盘中放射出子囊孢子（ascospore）侵染寄主叶、花等，在病部内外以菌丝体扩展蔓延和为害，最后在病茎、病角果的内外及病叶上结生大量菌核。收获前及收获过程中菌核又落入土中，或者脱粒时混入种子间越夏、越冬。又如麦角病菌以麦角在土壤或夹杂在种子间越冬，第二年麦角抽出子座（stroma），在子座内产生子囊（ascus）与子囊孢子，子囊孢子借风、雨、昆虫传播到花器上为害，最后又产生麦角，稻曲病也是如此。这种专门侵染某种器官的侵染称为器官专化性侵染。

此外，真菌还可以营养体或繁殖体生于病株残体上，再因病株残体的碎片混于寄主种子间而传播病害，如某些锈病和麦类全蚀病等。这些病害的病原体都比较大，混在种子中一般可以用肉眼、过筛等方法进行检验。

### （二）病原物附着于种子表面

一般指真菌的无性孢子（asexual spore）或有性孢子（sexual spore）附着于种子表面传播病害。属于此类型的病害很多，有的病菌以冬孢子附着在果皮或颖的外面，如小麦腥黑穗病、大麦坚黑穗病、高粱散黑穗病等；有的病菌以分生孢子（conidium）黏附于寄主种子表面，如水稻恶苗病、麦类赤霉病、瓜类炭疽病等；有的病菌以卵孢子（oospore）附着在种子表面，如小米白发病、油菜霜霉病、油菜白锈病等；此外，也有以菌核黏附于种子的外部，以传播病害。

在这一类病菌中，主要以孢子借风、雨及昆虫等传播，或在脱粒时，病粒破裂，散出冬孢子等黏附于种子表面。播后种子发芽时侵入幼苗，菌丝进而侵入植株生长点，引起系统侵染，如小麦光腥黑穗病、大麦坚黑穗病等；有的病菌虽侵害幼苗，但不侵入生长点，则引起局部侵染，如黄麻炭疽病、棉花炭疽病和麦类赤霉病等。以卵孢子黏附于种子表面而传播的病菌，往往卵孢子也可在土壤或带病粪肥中越冬。播后附着在种子上或在土壤中的卵孢子萌发，产生芽管，芽管直接侵入，并产生大量菌丝，随后侵入生长点，随生长点分化而蔓延，造成系统性发病，如粟白发病。

此类病害多数可用洗涤沉淀法进行检验。当种子上带孢子数较多时，也可借肉眼检查，如小麦腥黑穗病等。

### （三）病原物潜伏于颖或种皮内

这种类型是指病菌以菌丝体（mycelium）方式潜伏于种子的颖或种皮内，或颖与种皮之间进行病害传播。例如稻瘟病、稻胡麻叶斑病、稻恶苗病等病菌以菌丝体潜伏于颖内；大麦坚黑穗病、大麦条纹病、皮大麦网斑病等病菌以菌丝体潜伏于颖与种皮之间；裸大麦网斑病则以菌丝体潜伏于果皮与种皮之间；油菜黑胚病、黄麻炭疽病、棉炭疽病等以菌丝体存在于种皮内。

这一类病菌大多数是以菌丝体直接侵入种子，后潜伏于这些部位，有些则先以冬孢子落在健粒上，然后冬孢子萌发为菌丝而侵入。有些可侵入生长点，引起系统性侵染，如大麦坚黑穗病菌、条纹病菌；有些在种子发芽时，菌丝体虽可侵害幼苗，但不侵入生长点，只能引起局部侵染，如红麻炭疽病等。

此类病害可用保湿萌芽、分离培养等方法进行检验。

### （四）病原物潜伏于种皮组织内

这一类型的病原物多数以菌丝体的方式侵入种皮以内的组织，而不在表层之间，例如麦类黑胚病的菌丝体可深入果皮、种皮或胚的内外，水稻恶苗病的菌丝体可潜存于胚乳之中，马铃薯晚疫病、马铃薯疮痂病等则均以菌丝体深入薯肉组织内部，菜豆炭疽病的休眠菌丝体均潜伏于种皮或子叶内等。

这一类型的病害发生，尤其是早期侵入发病后，种子上常可表现出不同程度的症状。如甘薯黑斑病菌的菌丝侵入薯肉组织后，在薯块表面出现黑褐色、近圆形、中央略凹陷的病斑，薯肉呈墨绿色，并有苦、臭味；麦粒受黑胚病菌侵害后，种胚常呈黑褐色等。关于这一类型病菌的侵染过程，一般播种带菌种子后，随着种子萌发，病菌菌丝体侵入，引起幼苗发病，然后在病组织或病残体上产生孢子，经风、雨传播，进行再侵染，分生孢子又被传至花器或穗部，最后侵入颖片组织和胚乳内。

此类病害常用分离培养、保湿萌芽、肉眼观察等方法进行检验。

**（五）病原物潜伏于种子胚内**

此类病原物一般都以菌丝体潜伏于种子胚内，以传播病害。如大、小麦散黑穗病菌、玉米干腐病菌存在于胚中，玉米霜霉病菌和甘薯霜霉病菌都可存在于胚和胚乳中。

这种类型带病种粒在外表上与健粒并无差别，如大、小麦散黑穗病菌。播种后仍能正常萌发、生长，菌丝体随着生长点向上扩展，引起系统侵染，最后形成孢子侵染生长发育中的种胚。

对此类病害的检验较为困难，一般采用种植检验、染色检验等方法进行检验。

## 二、病原细菌的侵染和传播

种子受病原细菌侵染所造成的影响一般分为 3 种类型：一种是种子发育不良，如小麦种子受小麦黑颖病菌侵害后，麦粒秕瘦、皱缩、粒重降低，甚至麦粒完全不能形成等；另一种是种子腐烂，棉铃受棉花角斑病菌侵染后，先在铃上产生水渍状病斑，病原细菌由此穿透幼铃进入种子原基，使幼嫩种子腐烂；还有一种是种子变色，如菜豆细菌性疫病菌和细菌性晕斑病菌侵染后，在菜豆荚上形成红褐色、水渍状、略凹陷的病斑。

植物病原细菌的侵入途径主要有两种：自然孔口与伤口。它们与病毒不同，可以通过植物的自然孔口侵入；也不同于真菌，没有直接穿过表皮角质层的机制。在自然孔口中，多数从气孔侵入，少数从水孔或皮孔侵入。例如棉花角斑病、菜豆细菌性疫病等病菌都从气孔侵入；十字花科黑腐病菌往往从水孔侵入；水稻白叶枯病的病菌、马铃薯黑胫病的病菌除从伤口侵入外，前者可以从水孔侵入，后者尚能从皮孔侵入。伤口可在自然条件下造成，也可由机械作用（农事操作、风雨侵袭）和昆虫活动造成。

植物病原细菌侵入后就在植物组织中扩展，一般分为两种类型：一类在薄壁组织中扩展，如叶斑型（如棉花角斑病菌）、软腐型（如姜细菌性瘟病菌）和肿瘤型（如根癌病菌）；另一类在维管束中扩展（如马铃薯环腐病菌、玉米细菌性萎蔫病菌）。

带有细菌的种子和块茎等是十分重要的初侵染来源，由于植物病原细菌不像真菌那样具有休眠器官，故往往直接潜伏在种子、块茎、苗木和未被分解的病株残体存活和越冬，作为翌年的初侵染来源，同时，由于病菌裂殖生殖，繁殖能力强，如果营养充足，环境适宜，即可导致该病害的大流行，造成重大损失。一般说来，病原细菌对种子的侵染及传播的类型有以下两种：

1. 病原细菌黏附在种子表面

黄麻细菌性斑点病、马铃薯青枯病、棉花角斑病的病原细菌分别黏附在种子表面、块茎和种子周围的棉绒上，特别是一些蔬菜细菌性病害的病原细菌，常常附于种子的表面，在干燥的条件下，长期保持休眠状态。带有棉花角斑病菌的种子发芽时，子叶即被侵染而形成病斑，再从子叶病斑上溢出细菌，侵染到幼苗的基部或真叶。病苗或成株各部分的病斑上，常有菌脓溢出，借风、雨和昆虫传播，引起再侵染，最后侵染棉铃与种子。

2. 病原细菌潜伏在种子内部

这一类型的病原细菌，常潜伏于颖壳内、胚乳或胚的内外，如水稻白叶枯病的病原细菌多数潜伏于颖壳内，少数可在胚乳和胚的内外。这些细菌侵入的途径，都由花梗和花柄等维管束经过胎座而到达种子内部，或由种子的珠孔侵入。也有病原细菌潜存于维管束中，如甘薯瘟病、马铃薯环腐病和玉米细菌性萎蔫病等。病薯播种后，细菌沿着维管束向上、向下侵染，引起黄化、卷叶、矮化等症状。

细菌性病害可采用噬菌体检验法、保湿萌芽检验法、细菌溢检验法等。

### 三、植物病毒的侵染和传播

植物病毒在种子上的带毒部位有以下3种类型。

1. 种子外部传带病毒

这一类型的病毒颗粒污染种子外部，如番茄、西瓜、甜瓜及黄瓜等作物的病毒病，主要是果肉带病毒污染种子所致。这一类型的种子传毒与植物发病的关系，取决其体外存活期长短，病汁液在室温（20~22℃）下能保持侵染力的最长时间，称为病毒的体外存活期。不同的植物病毒，其体外存活期也不同，例如，烟草花叶病毒的体外存活期为1年以上，黄瓜花叶病毒的体外存活期只有1星期左右。

2. 种胚外部传带病毒

这一类型的种传病毒比较少，一般病毒存在于种皮或胚乳中，而不存在于胚中。种皮带病毒的有烟草花叶病毒、南方菜豆病毒等。胚乳带病毒有小麦条纹花叶病毒等。

3. 种胚内部传带病毒

种传病毒一般都是这一类型。种子萌发时，病毒即从胚的内部传到幼苗上，如大麦条纹花叶病毒等。种胚传染病毒主要有花粉传染和胚珠传染，在受精时传入胚中。此外，亲本植株的病毒可直接转移而侵染发育中的胚。

对于植物病毒，可采用血清学检验、隔离种植检验及接种指示植物检验等。

### 四、病原线虫的侵染和传播

自然界的线虫种类很多，大多数线虫都生活于土壤和水中，其中有5个属中的12种是种子传播的。在种传线虫中，长针线虫属、剑线虫属和毛刺线虫属3个属的线虫，还是种传病毒的媒介。有不少种传线虫，与种传真菌也有协同作用，甚至有助于种传细菌、真菌病害的发生。

线虫通过种子传播的方式大致有3种：①以幼虫潜藏在谷物中、禾本科牧草种子的外壳下面，或在种子的微小凹陷处，特别是种脐部位或者种子损伤处。②线虫通过感染母株而引起种子传带。③线虫以虫瘿混于种子间，或者有线虫孢囊的土壤混入种子间。例如小麦线虫病的虫瘿混于种子之间，水稻干尖线虫病以成虫和幼虫在颖壳和稻粒之间，薯类中的甘薯茎线虫病以卵、成虫和幼虫在种薯内，花生根结线虫病则在荚果壳内进行传播。

种传线虫可采用肉眼、过筛、相对密度和漏斗分离等方法检验。

### 五、种子害虫的侵染和传播

人们通常将危害植物的各种昆虫和螨类称为害虫，种子害虫包括田间侵入的害虫和收获后侵入的仓虫，其种类虽然没有病害那样多，但由于一种害虫危害多种作物种子，如四纹豆象危害小豆、菜豆、豇豆、木豆、鹰嘴豆、扁豆、大豆和绿豆等种子，所以种子虫害并不轻于种传病害。种子害虫通常以卵、幼虫、蛹和成虫形式混于种子间、黏附于种子表面，或以幼虫在种子内部进行传播。

## 第三节 种子病原物的检验方法

由于种子带病的类型和病原物的不同，因此进行病害检验的方法也不相同。目前应用的方法有两大类——常规检测方法和新技术检测。

### 一、常规检测方法

#### （一）肉眼检验

肉眼检验是借助肉眼或低倍放大镜进行检验。适用于此法的病害包括：①混杂在种子间的较大病原体，如线虫瘿、麦角菌、黑粉菌球、菌核及菟丝子的种子；②污染大量病原菌孢子的种子，如小麦种子污染了大量腥黑穗病的孢子；③种子带明显病症的病粒，如小麦黑胚病种子。

检验时将送验样品分出一半试样放在白纸或白色搪瓷盘中，检出线虫瘿、麦角菌、黑粉菌球、菌核及病粒，称其质量，计算病害感染率。

$$病害感染率 = \frac{病粒或病原体的质量（g）}{试验样品的质量（g）} \times 100\%$$

肉眼检验时应注意种子表现病害症状可以作为种子带病的依据，但无病征的种子不一定是无病的种子。此外，不同的病害可以表现类似的症状，同一病害也可产生不同的症状。因此在确定某种病害时，必须与其他方法配合使用。

#### （二）过筛检验

过筛检验主要用于检查混杂在种子内的较大的病原体如菟丝子、菌核、线虫瘿和杂草种子等。利用病原体与种子大小的不同，通过一定的筛孔将病原体筛出来，然后进行分类称重。

方法是将送验样品分出一半作为试样，用规定孔径的筛子过筛。不同作物所用筛孔规格见表9-1。各层样品倒入白瓷盘内检查，最下层的杂质倒入黑玻璃盘中用肉眼或放大镜检查。

表 9-1 各种作物种子所用筛孔规格

| 样品种类 | 筛层数 | 各层孔径规格/mm | 孔形 |
| --- | --- | --- | --- |
| 花生米、大豆、玉米、蓖麻籽等 | 3 | 3.5, 2.5, 1.5 | 圆形 |
| 水稻、麦类、高粱、大麻籽等 | 2 | 2.5, 1.5 | 圆形 |
| 谷子、油菜籽、芝麻、亚麻籽等 | 2 | 2.0, 1.2 | 圆形 |

（三）洗涤检验

洗涤检验用于检验附着在种子表面的病菌孢子或颖壳上的病原线虫。如大白菜霜霉病的病原菌卵孢子、十字花科黑斑病的菌丝和分生孢子、十字花科根肿病的孢子囊、麦类腥黑穗病菌的冬孢子等，均可采用洗涤法进行检测。其方法是从送验样品中分取试样 2 份，每份 5 g，分别放入 100 mL 三角瓶内，各注入无菌蒸馏水 10 mL，如要使病原体洗涤得更彻底，可加入 0.1% 润滑剂（如磺化二羧酸酯或肥皂溶液），置振荡机上振荡 5~10 min（光滑种子振荡 5 min，粗糙种子振荡 10 min），使附着在种子表面的病原菌孢子清洗下来，然后将洗涤液倒入干净的离心管内，1 000~1 500 r/min 离心 3~5 min。用吸管吸去上清液，留 1 mL 的沉淀部分，稍加振荡。用干净的细玻璃棒将悬浮液分别滴于 5 片载玻片上。盖上盖玻片，用 400~500 倍的显微镜检查，每片检查 10 个视野，并计算每个视野的平均孢子数，据此可计算病菌孢子负荷量，按下式计算：

$$N = \frac{n_1 \times n_2 \times n_3}{m}$$

式中：$N$ 为每克种子的孢子负荷量；$n_1$ 为每视野平均孢子数；$n_2$ 为盖玻片面积上的视野数；$n_3$ 为 1 mL 水的滴数；$m$ 为供试样品的质量（g）。

也可用血细胞计数器计算孢子的负荷量。将离心后的悬浮液滴于血细胞计数器的中央，盖上盖玻片，用显微镜检查，数 80 小格中的孢子数量，求出每小格的平均孢子数，乘以 4 000 000，即为 1 mL 悬浮液中的孢子数。

（四）漏斗分离检验

这一方法主要用于检验种子外部所携带的线虫，如水稻干尖线虫。其检验原理是种传线虫在水中和有空气的条件下会活化，具有趋水性和向地性，钻出种子游进水中，可用显微镜检查水中的线虫。最常用的是漏斗分离检验，即将种子用 2 层纱布包好，放入备好的 10~15 cm 口径漏斗内，下口接一根约 10 cm 长的橡胶管，用弹簧夹住；然后加入水使种子浸没，放在 20~25℃环境中浸泡 10~24 h，用离心管接取浸出液，2 000 r/min 离心 5 min，取下部沉淀液置于载玻片上检查线虫。

（五）萌芽检验

萌芽检验是一种较为简便且用途较广的病害检验方法，种子携带的病菌，无论是在种子表面，还是潜伏在种子内部，只要在种子萌发阶段开始为害或长出病菌的，都可用此种方法进行检验。在了解种子内部带菌时，可将种子表面消毒后进行发芽。但对种子带菌，在萌发阶段或苗期不表现症状也不长出病菌孢子的病害则不能用此法。

方法一是吸水纸法（表9-2），数取试样400粒，重复4次，将湿润的吸水纸放于密闭的容器或培养皿内，保持高湿条件，种子排列于上，保持约1 cm的距离。检验种子内部病菌时，种子应进行表面消毒，即浸入1%有效氯的次氯酸钠溶液中10 min，再置于消毒过的培养皿内。放入20~25℃恒温箱内培养，4~7 d可取出检查，根据种子或幼苗的病征和病菌特征进行鉴别。也可用显微镜检查病原菌种类。对细菌性病害可结合菌溢进行检验。吸水纸法适用于许多类型种子的种传真菌病害的检验，尤其是对于许多半知菌，有利于分生孢子的形成和致病真菌在幼苗上症状的发展。

方法二是砂床法，用砂时应去掉砂中杂质并通过1 mm孔径的筛子，将砂粒清洗、高温烘干灭菌后，放入培养皿内加水湿润，种子排列在砂床内，然后密闭保持高湿条件，培养温度与纸床相同，待幼苗顶到培养皿盖时进行检查（经7~10 d）。

为了便于检查，可用2~4 g/L 2,4-D溶液来推迟或停止种子发芽，但2,4-D浓度不能过高，否则有抑菌作用。也可在萌发4~5 d时使幼苗冰冻（-20℃）过夜，然后再培养病原菌。

### （六）分离培养检验

马铃薯葡萄糖琼脂培养基、牛肉汁蛋白胨培养基的制作方法

分离培养主要适用于发育较慢的致病真菌、潜伏在种子内部或表面的病原菌，也可用来确定病菌潜伏的部位，所以分离培养也是一种常用的方法（表9-3）。其方法是先数取试样400粒，在检验种子内部的病原菌时，可用乙醇、0.1%氯化汞或1%次氯酸钠作表面消毒后，用无菌水洗涤，每个培养皿播10粒种子于培养基表面，20~22℃黑暗条件下培养5~7 d检查。在检验种子外部黏附病原菌时，取无菌水洗涤后，置于培养基上培养。培养基分为固体培养基和液体培养基。

### （七）噬菌体检验

噬菌体是一种感染细菌和放线菌的病毒，在自然界广泛存在。凡是有大量细菌的场所，几乎都有它们的噬菌体存在。由于噬菌体能造成寄主细菌的破裂和溶解，所以在固体培养基上造成许多透亮的无菌空斑（噬菌斑），根据噬菌斑的有无和多少，可检验种子是否带有噬菌体的寄生细菌。方法是称一定质量的种子，根据其传播方式，取其带病的部位进行，加入一定量的无菌水，浸泡0.5~1 h，并不断搅拌，滤纸过滤，取滤液1 mL 3个重复，分别放入3个培养皿中，加入1 mL指示菌液（大于9亿个菌/mL）混匀，3~5 min后加入10 mL融化并冷却至45~50℃的固体平板培养基，放入25~28℃恒温箱中培养10~12 h，观察噬菌斑数。

在进行噬菌体检验时要注意指示菌要纯；指示菌要和样品中的噬菌体对应，可采用几种菌株混合指示菌的方法；指示菌要使用新鲜培养的，尤以斜面培养的为好，一般以移植在斜面上生长3~5 d的最好。

以水稻白叶枯病（Xanthomonas campestris）噬菌体检验实例，具体检验方法如下。

1. 样品的制备

经充分混合后随机称取10 g试验样品种子，脱下谷壳，磨碎后放入无菌的烧杯或研钵中，加无菌水20 mL，浸泡并时常搅拌，半小时后吸取上清液供测定用。

表 9-2 部分作物种子病害的吸水纸法检验实例

| 病害 | 学名 | 试样 | 方法 | 检查 |
|---|---|---|---|---|
| 稻瘟病 | *Pyriculana oryzae* Cav. | 400 粒种子 | 培养皿（直径 9.5 cm）内铺垫上 2~3 层经灭菌水充分湿润的吸水纸；每皿播 25 粒种子，加盖保湿；将播好的种子在 22℃下用 12 h 黑暗和 12 h 近紫外线光照的交替周期培养 7 d | 12~50 倍放大镜下在颖片上产生小而不明显、灰色至绿色的分生孢子，成束地着生在细而纤细的分生孢子梗的顶端。200 倍显微镜下可观察到典型的分生孢子为倒梨形，(20~25) μm × (9~12) μm，透明，基部钝圆，分两隔，通常具有尖锐的顶端 |
| 水稻胡麻叶斑病 | *Drechslera oryzae* Subram & Jain | 400 粒种子 | 同稻瘟病 | 12~50 倍放大镜下在种皮上形成分生孢子梗和淡灰色气生幼稚丝，有时病菌会蔓延到吸水纸上。200 倍显微镜下核实，其分生孢子为月牙形，(35~170) μm × (11~17) μm，淡棕色至棕色，中部或近中部最宽，两端渐变细变圆 |
| 十字花科黑胫病 | *Leptosphaeria maculans* Ces. & de Not. | 1 000 粒种子 | 培养皿（直径 9.5 cm）内铺垫 3 层吸水纸，加入 5 mL 2 g/L 2,4-D 溶液；每皿播 50 粒种子，加盖保湿；将播好的种子在 -20℃冰箱冷冻 1 d，而后在 20℃下黑暗和 12 h 近紫外线光照的交替周期培养 11 d | 第 6 d 观察到种子和培养基上的黑胚病菌基上的银白色菌丝和分生孢子器原基，第 11 d 观察到感染种子及周围的分生孢子器 |
| 燕麦斑枯病 | *Pyrenophora avenae* Ito & Kuribay | 400 粒种子 | 种子置于 100℃烘箱处理 1 h，移入降至室温，每皿播 25 粒，加盖保湿；20℃黑暗培养 1 d，移入 -20℃冰箱冷冻 1 d，而后在 20℃下用 12 h 黑暗和 12 h 近紫外线光照的交替周期培养 5 d | 40 倍放大镜下分生孢子梗单生或 2~3 根束生，分生孢子浅褐色或橄榄褐色，圆柱形，两端钝圆，多单生。400 倍显微镜下可观察到分生孢子大小为 (30~70) μm × (11~22) μm，有 1~9 个分隔 |
| 胡萝卜黑斑病 | *Alternaria dauci* (Kuhn) Groves et skolko | 400 粒种子 | 培养皿（直径 9.5 cm）内铺垫 3 层经灭菌水充分湿润的吸水纸；每皿播 10 粒种子，20℃黑暗培养 3 d，移入 -20℃冰箱冷冻 1 d，而后在 20℃下用 12 h 黑暗和 12 h 近紫外线光照的交替周期培养 7 d | 30~80 倍放大镜下可观察到分生孢子呈倒棍棒形，长达 450 μm，初期浅橄榄色，后变褐色，并出现灰白色缘喙，其长度达孢子体的 3 倍。在种子表面长出单个或小群体分生孢子梗，随着菌丝体生长，从菌丝束中长出分生孢子梗 |

（引自 ISTA 国际种子检验规程，1996；农作物种子检验规程，1995；牧草种子检验规程，2001）

表 9-3 部分作物种子病害的分离培养检验实例

| 病害 | 学名 | 试样 | 预处理 | 方法 | 检查 |
|---|---|---|---|---|---|
| 小麦颖枯病 | *Septoria nodorum* Berk. | 400 粒种子 | 1% 次氯酸钠消毒 10 min, 无菌水冲洗 5 次 | 在含 0.1 g/L 硫酸链霉素的麦芽或马铃薯左旋糖琼脂的培养基,每皿播 10 粒种子, 20℃黑暗条件下培养 7 d | 用肉眼检查每粒种子上缓慢长成圆形菌落的情况,该病菌丝体为白色或乳白色,通常稠密地覆盖着感染的种子。菌落的背面呈黄色或褐色,并随其生长颜色变深 |
| 豌豆褐斑病 | *Ascochyta pisi* Lib. | 400 粒种子 | 1% 次氯酸钠消毒 10 min, 无菌水冲洗 5 次 | 在麦芽或马铃薯葡萄糖琼脂的培养基,每皿播 10 粒种子, 20℃黑暗条件下培养 7 d | 用肉眼检查每粒种子外部满的大量白色菌丝体。对可疑的菌落可放在 25 倍放大镜下观察,根据菌落边缘的波状菌丝来确定 |
| 亚麻灰霉病 | *Botrytis cinerea* Pexa. ex Pers. | 400 粒种子 | | 在含 20 g/L 琼脂和 10 g/L 麦芽汁的麦芽琼脂培养基上,每皿播 10 粒种子, 20℃黑暗条件下培养 7 d | 第 5 和 7 d 用肉眼检查根部,其上腐烂变软,并被大量灰色菌丝所遮盖,如怀疑,在 200 倍放大镜下,根据菌丝分隔呈带状,分生孢子硬有分枝,簇生状确定 |
| 柱花草炭疽病 | *Colletotrichum gloeospriolaes* (Penz.) Penz | 400 粒种子 | 1% 次氯酸钠消毒 10 min, 无菌水冲洗 5 次 | 在玉米粉琼脂培养基,每皿播 10 粒种子, 25℃光照条件下培养 14 d | 14 d 菌落 2~3 cm,菌丝体稀疏,白色至浅灰色,分生孢子盘单生或聚生,上有黑色或褐色刚毛,奶油色或橘黄色的孢子群体覆盖整个菌落,呈菌脓状。菌落的背面为浅灰色至褐色,并随培养时间而加深 |

(引自 ISTA 国际种子检验规程, 1996; 牧草种子检验规程, 2001)

2. 指示菌液的制备

使用 OS-3（江苏）和 OS-14（辽宁）两个菌株作混合指示菌（各地在检验本地种子材料时，也可用本地的菌种），在移植生长 3~5 d 的斜面菌种管中加 5 mL 无菌水，刮下菌苔，配制成细菌悬浮液，作测定用。

3. 测定及计数

每个样品分别吸取上清液 1.0 mL、1.0 mL、0.5 mL 于 3 个无菌培养皿中，各加 1 mL 指示菌液和 10 mL 融化的固体培养基，摇匀凝固成平板后，放在 25~28℃ 恒温箱中培养 10~12 h，记载各个培养皿中的噬菌斑数，然后再换算成每克种子内的噬菌斑数。

（八）接种指示植物法检验

从种子、幼苗或其他播种材料上获得的病原物，利用喷雾接种、针刺接种、汁液摩擦接种等适宜的方法接种到指示植物（寄主）。观察指示植物接种后的病斑或幼叶的系统症状，判断是否有病毒病（表 9-4）。

表 9-4 部分病毒在主要指示植物上的症状

| 病毒名称 | 寄主植物 | 症状 |
| --- | --- | --- |
| 南方菜豆花叶病毒（SBMV） | 菜豆（*Phaseolus vulgaris*） | 接种后 3~5 d，单叶出现 2~3 mm 局部坏死斑，斑多时可成片枯死，也可出现脉坏死，在叶柄基部与主茎相连处有紫褐色条纹，长 1~1.5 cm |
| | 大豆（*Glycine max*） | 接种后 5~7 d，单叶褪绿，有时出现 1 mm 斑，再后 5~10 d，幼叶斑驳 |
| 蚕豆染色病毒（BBSV） | B7150 或 Tendergren 菜豆 | 局部褪绿斑，后变坏死斑 |
| | 北京早熟豌豆 | 系统性褪绿斑驳，冬季伴有茎叶坏死，潜育期短（5~7 d），症状稳定 |
| | 成胡 10 号蚕豆 | 系统性褪绿斑驳和花叶 |
| 番茄环斑病毒 | 藜麦（*Chenopodium quinoa*） | 接种后 4 d，接种叶出现局部褪绿斑，直径约 1 mm，后变成坏死斑，并沿叶脉坏死，约 1 周后，上部未接种幼叶出现系统性褪绿斑，后成坏死斑，顶枯，严重时整株枯死 |
| | 番杏（*Tetragonia expansa*） | 接种后 3~6 d，中叶出现局部褪绿斑（1~1.5 mm），后变坏死环斑。接种后半个月，新长的幼叶出现系统性褪绿斑，后扩大成褪绿环斑，再发展为坏死斑，并在茎和叶柄产生褐色条纹，乃至坏死条纹 |
| 南芥菜花叶病毒（ArMV） | 藜麦或杖藜（*C. amaranticolor*） | 接种后 4~6 d 出现局部褪绿，系统性褪绿斑驳，顶枯 |
| | 番杏 | 接种后 4~6 d，接种叶片出现褪绿点，直径 1~2 mm，以后发展成中空的圆形坏死环斑，环纹细，然后连成片，其后长出的叶片无症状 |

续表

| 病毒名称 | 寄主植物 | 症状 |
| --- | --- | --- |
| 马铃薯 X 病毒（PVX） | 千日红 | 5～7 d 叶片出现红环枯斑 |
| 马铃薯 M 病毒（PVM） | 千日红 | 12～24 d 接种叶片出现紫红色小圆枯斑 |
| 马铃薯 S 病毒（PVS） | 千日红 | 14～25 d 接种叶片出现橘红色小斑点，略微凸出的圆或不规则小斑点 |
| 马铃薯 G 病毒（PVG） | 心叶烟 | 20 d 系统性白斑花叶症 |
| 马铃薯 Y 病毒（PVY） | 普通烟 | 7～10 d 初期明脉，后期沿脉出现纹带 |
| 马铃薯 A 病毒（PVA） | 香料烟 | 7～10 d 微明脉 |
| 烟草花叶病毒（TMV） | 心叶烟 | 中央灰白色，周缘赤褐色的局部坏死斑 |
| 烟草环斑病毒（TRSV） | 藜 | 灰褐色环斑 |

利用接种指示植物法检验番茄种子上花叶病毒（TMV）的常规方法：取 0.15 g 种子，加 1.5 mL 水充分研磨。取 1 株心叶烟植株，去掉老叶和未展开的幼叶，保留 4 个叶片，撒布金刚砂，用棉球蘸取汁液接种。接种后 2～4 d 出现坏死斑。

（九）血清学检验

血清学检验是采用特制的抗血清，利用血清学反应检验细菌、病毒、植原体的一类方法。血清学反应又称免疫学反应，其原理详见第六章转基因检测部分。

（十）种植检验

有些种子所带的病害或杂草，有时不易发现症状或病原物，需要在生长发育阶段进行病害观察或分析鉴定。从国内外引进某种种子时，并不了解原产地有某种病毒病是一种检疫对象，也需隔离种植检验。隔离种植应在温室或极为严密的隔离区进行，并在各个生长发育阶段进行观察。

综上所述，种子健康检验技术有效地防止新病原物传入、阻止危险性病害的扩散，但这些主要基于病原物形态学及病害症状的常规检测方法，有时会存在时间长、难以做出准确判断的问题，需继续探索出更加快速、灵敏、特异及操作方便的新方法。目前通过对传统血清学方法进行改进而建立的点免疫结合技术（dot immunobinding assay，DIBA）、单克隆抗体检验（monocolonal antibody detection，MAD），传统血清学方法与电子显微镜技术相结合而建立的免疫电镜技术（immunosorbent electron microscopy，ISEM），应用包括核酸分子杂交技术、dsRNA 电泳技术、聚合酶链式反应技术等分子生物学技术。这些新的检验方法为种子健康度检验带来了广阔的前景。

常见作物种子病害分为真菌病害、细菌病害、病毒病害、线虫病害。真菌是最重要的一类病原物，大多数作物病害都是由真菌引起的。真菌病害的主要症状是坏死、腐烂和萎蔫，少数为畸形；在病斑上常有霉状物、粉状物、粒状物等病征。真菌可以通过种子的自然孔口如种孔、气孔、皮孔和珠孔等侵入植物和种子，并通过媒介物如种、雨、动物、昆虫等传播蔓延。主要作物种传真菌的检验列于附表 3。

病毒是仅次于真菌的第二大侵染性病害的病原物，其中约 20% 的病毒是通过种子传播的，病毒可使植物感病，在开花时通过花粉或珠孔进入种子，症状表现多为花叶。现将主要作物常见种子病毒病害及检验方法列于表9-5。

表9-5　主要作物常见种子病毒病害及检验方法

| 病害名称 | 病原物 | 病原物潜伏场所 | 检验方法 |
| --- | --- | --- | --- |
| 大麦条纹花叶病 | 大麦条纹花叶病毒（BSMV） | 种胚和胚乳中 | GFI |
| 玉米矮花叶病 | 玉米矮花叶病毒（MDTV）和甘蔗花叶病毒（SCMV） | 种子内部 | G |
| 大豆花叶病 | 大豆花叶病毒（SMV）、SSV、PSV、烟草坏死病毒（TNV） | 种子胚部、子叶内 | GFI |
| 花生矮化病 | 花生矮化病毒（PSV） | 种子内部 | GF |
| 甘薯病毒病 | 甘薯羽状斑驳病毒（SPFMV）、甘薯潜隐病毒（SPLV）、甘薯黄矮病毒（SPYDV）、甘薯明脉病毒（SPVCV） | 薯块内部 | GI |
| 马铃薯病毒病 | 马铃薯X病毒（PVX）、PVS、PVA、PVY、PLRV | 薯块内部 | GI |
| 烟草花叶病毒病 | TMV | 病叶碎片混杂于种子间 | GFI |
| 烟草环斑病毒病 | TRSV | 种子内部 | GFI |
| 番茄条斑病毒病 | TMV番茄条斑株系、CMV | 种皮上 | GFI |
| 番茄花叶病毒病 | TMV | 种子内部 | GFI |
| 黄瓜花叶病毒病 | 黄瓜花叶病毒（CMV）、甜瓜花叶病毒（MMV）、TMV | 胚内 | GFI |
| 西瓜花叶病毒病 | 西瓜花叶病毒-2（WMV-2） | 种子内部 | GFI |
| 南瓜花叶病毒病 | 南瓜花叶病毒（SqMV） | 种子内部 | GFI |
| 甘蔗花叶病毒病 | 甘蔗花叶病毒（SCMV） | 茎内 | GF |
| 丝瓜病毒病 | CMV、MMV、TRSV | 种子内部 | GFI |
| 豇豆花叶病毒病 | CMV、CAMV | 种子内部 | GFI |
| 菜豆花叶病毒病 | 黄豆花叶病毒（BCMV）、菜豆黄花叶病毒（BYMV）、CMV | 种子内部 | GFI |
| 辣椒花叶病毒病 | CMV、TMV | 种子内部 | GFI |

注：F为种植检验，G为血清学检验，I为接种指示植物法。

细菌引起的病害远不如真菌多，细菌可以通过伤口和自然孔口（气孔、皮孔等）侵入，引起坏死、腐烂、萎蔫和肿瘤等症状，并时常有菌脓溢出。主要作物常见种子细菌病害及检验方法列于表9-6。

线虫是一种低等的无脊椎动物，又称蠕虫。其个体很小，但危害较大，主要通过口针穿刺植物组织并分泌酶类，吸取植物汁液，引起植物矮小、叶片黄化、局部畸形或根部腐烂等。主要作物常见种子线虫病害及检验方法见表9-7。

表 9-6　主要作物常见种子细菌病害及检验方法

| 病名 | 病原物 | 病原物潜伏场所 | 检验方法 |
|---|---|---|---|
| 稻细菌性条斑病 | 稻黄单胞菌稻生致病变种 [*Xanthomonas oryzae* pv. *oryzicola*（Fang et al）Swings] | 谷粒内 | GDE |
| 稻白叶枯病 | 稻黄单胞杆菌水稻致病变种 [*Xanthomonas oryzae* pv.*oryzae*（Ishiyama）Swings] | 谷粒内 | CEG |
| 稻细菌性褐条病 | 稻黍假单胞菌（*Pseudomonas avenae* Manns） | 谷粒内 | GD |
| 稻细菌性褐斑病 | 稻假单胞菌（*Pseudomonas oryzicola* pv. *syringae*） | 颖壳组织内 | GD |
| 小麦蜜穗病 | *Corynebacterium tritici* | 菌瘿内 | D |
| 高粱细菌性枯萎病 | *Pseudomonas andropogonis*（E. F. Smith）stapp | 种子内 | CE |
| 棉花角斑病 | 棉花角斑病菌 *Xanthomonas campestris* pv. *malvacearum*（E.F.Smith）Dowson | 大多数附着在棉籽短绒上，少数在棉籽内 | CE |
| 油菜黑腐病 | 野油菜单胞杆菌 *Xanthomonas campestis* pv.*campestris*（Pam.）Dowson | 种子内外 | CDF |
| 马铃薯环腐病 | 环腐棒状杆菌 *Clavibacter michiganense* sub. sp. *sepedonicum*（Spieckermann & Kotthoff）Davis et al. | 种子内 | ADG |
| 马铃薯青枯病 | *Pseudomonas solanacearum* Smith | 块茎中 | DG |
| 大豆细菌叶烧病 | 菜豆黄单胞杆菌 *Xanthomonas phasedi*（Smith）Dowson var. *sojense*（Hedges）Starr. et Burkh. | 种子上 | DEFI |
| 大豆细菌斑点病 | 假单胞杆菌 *Pseudomonas syringae* pv. *glycinea*（Coerper）Young. Dye Wilkie | 种子上 | CDEF |
| 烟草野火病 | 丁香假单胞杆菌烟草致病变种 *Pseudomonas syringae* pv. *tabaci*（Wolf et Foster）Young *et al* | 种子内 | DEG |
| 烟草角斑病 | 假单胞杆菌 *Pseudomonas angulata*（Fromme et Murray）Stapp | 种子内 | DGF |
| 烟草青枯病 | 茄假单胞菌 *Pseudomonas solanacearum* Smith | 种子内部 | DFG |
| 番茄溃疡病 | 棒状杆菌 *Corynebacterium michiganense*（Smith）Davis et al | 种表及种皮内部 | DFEI |
| 十字花科黑腐病 | 白菜黑腐病菌 *Xanthomonas campestris* pv. *campestris*（Pammel）Dowson | 种子上 | DGF |
| 黄瓜细菌性角斑病 | *Pseudomonas Syringae* pv. *lachrymans*（Smith）Young, Dye et al | 种子内 | CDG |
| 瓜类细菌性叶斑病 | *Xanthomonas campestris* pv. *cucurbitae*（Bryam）Dye | 种子内 | DG |

续表

| 病名 | 病原物 | 病原物潜伏场所 | 检验方法 |
|---|---|---|---|
| 辣椒细菌性斑点病 | Xanthomonas campestris pv.vesicutoria（Doidge）Dye | 种子上 | DF |
| 菜豆细菌性疫病 | 黄单胞杆菌 Xanthomonas campestris pv. phaseoli（Smith）Dye. | 种子内部 | DEFI |
| 菜豆细菌性萎蔫病 | 菜豆萎蔫棒状杆菌 Corynebacterium flaccumfaciens | 种皮内 | DFI |
| 菜豆细菌性斑枯病 | Pseudomonas phaseolicola（Burkholder Dowson） | 种皮内 | DEGF |
| 苜蓿细菌性萎蔫病 | 苜蓿萎蔫棒状杆菌 Corynebacterium insidiosum | 种皮内 | DFI |
| 甘蔗叶烧病 | Xanthomonas albilineans（Asbby）Dows. | 甘蔗维管束内 | AG |

注：A 为肉眼检验，C 为萌芽检验，D 为分离培养检验，E 为噬菌体检验，F 为种植检验，G 为血清学检验，I 为接种指示植物法检验。

表 9-7　主要作物常见种子线虫病害及检验方法

| 病名 | 病原物 | 病原物潜伏场所 | 检验方法 |
|---|---|---|---|
| 水稻茎线虫病 | 水稻茎线虫［Anguillulina angustus（Butl.）Goodey］ | 成虫、幼虫在颖壳与米粒间 | H |
| 稻干尖线虫病 | 滑刃线虫［Aphelenchoides besseyi Christie］ | 成虫、幼虫在颖壳与米粒间 | H |
| 小麦粒线虫病 | 小麦粒线虫［Anguina tritici（Steinbuch）Chitwood］ | 2 龄幼虫在虫瘿内，并混杂于种子中 | AH |
| 粟线虫病 | Aphelenchoides besseyi Christie | 成虫、幼虫在颖谷内 | BH |
| 花生根结线虫病 | 北方根结线虫（Meloidogyne hapla Chitwood）和花生根结线虫［M. arenaria（Neal）Chitwood］ | 虫瘿在病果内 | A |
| 甘薯茎线虫病 | Ditylenchus dipsaci（Kuehn）Filip. | 卵和成虫、幼虫在种薯内 | AH |
| 甘薯根结线虫病 | Meloidogyne incognita var. acrita Chitwood | 卵和卵内幼虫在根结中、薯块基部与皮层中 | AH |
| 马铃薯金线虫病 | Heterodera rostochiensis Woll. | 病原线虫在病薯内 | AH |
| 洋葱茎线虫病 | Ditylenchus dipsaci（kühn）Filipjev | 卵、幼虫或成虫在病鳞茎中，幼虫也可附着在种子上 | AH |

注：A 为肉眼检验，B 为洗涤检验，H 为漏斗检验

## 二、病原检测的新技术

病原检测的新技术主要包括分子检测、蛋白检测两大类。

### (一) 种传病原的常规分子检测

分子检测的原理主要是利用 PCR 技术，根据病原菌基因的保守序列和特异序列设计相应引物，区分不同病原菌和生理小种。在物种差异、种群差异、生理小种层面的共性和特异性方面都需要深入研究。

#### 1. 病原菌的普通分子检测

在细菌基因组中，编码 16S rRNA 的 rDNA 基因具有良好的进化保守性、适宜分析的长度（约为 15 kb）以及与进化距离相匹配的良好变异性，因而成为细菌分子鉴定的标准标识序列。目前 16S rDNA 的序列信息已经广泛应用于菌种鉴定和系统发生学研究。吴琼等（2005）利用 16S 通用引物 16S-P1（5′-CACATGCAAGTCGGACGGTAGCAC-3′）和 16S-P2（5′-CCTTGTTACGACTTCACCCCAGTC-3′），巢式引物 De-P1（5′-CCTCACACCATCGGATGTG-3′）和 De-P2（5′-GACTTAACAGACCGCCTGC-3′），采用巢式 PCR 技术对玉米细菌性枯萎病菌（*Pantoea stewartii subsp.stewartii*）进行了精确检测。

在真核生物中，核糖体 DNA 是由核糖体基因及与之相邻的间隔区组成。核糖体 DNA 序列从 5′ 到 3′ 依次为：外部转录间隔区（external transcribed spacer，ETS）、18S 基因、内在转录间隔区 1（internal transcribed spacer，ITS1）、5.8S 基因、内在转录间隔区 2（ITS2）、28S 基因和基因间隔序列（intergenic spacer，IGS）。核糖体基因组序列在大多数生物中趋于保守，在生物种间变化小，而 ITS1 和 ITS2 作为非编码区，变化相对较大，可以作为种群的分类依据。朱桂清等（2014）将小麦散黑穗病菌的 ITS 测序结果与 Genebank 中相关菌的 ITS 序列进行比对，设计小麦散黑穗病菌的特异性引物，小麦散黑穗病菌的 PCR 的特异扩增引物对 F（5′-AGGAGAAAATCCTCGCGTCT-3′）/R（5′-CAGAAGCACTCCAAACAGCA-3′）。肖长坤（2004）利用 ITS 序列分析，建立了白菜黑斑病菌芸薹链格孢（*Alternaria brassica*）、甘蓝链格孢（*A. brassiciola*）及萝卜链格孢（*A. japonica*）3 个种的分子鉴定方法；Abre1（AGGCTGAAATCTCTCGAGACGA）和 Abre2（AAGGCGAGTCTCCAGCAAACTA）引物对能特异性扩增芸薹链格孢的 371 bp 片段，Abra1（ACCTCAGCAGCATCTGCTGTTG）和 Abra2（GGCTTTATGGATGCTGACCTTG）引物对能特异性扩增甘蓝链格孢的 457 bp 片段，Ajap1（AGCAGTGCATTGCTTTACGGCG）和 Ajap2（CCAGTAGGCCGGCTGCCAATT）引物对能特异性扩增萝卜链格孢 411 bp 的片段。

如玉米矮花叶病病原鉴定，蒋军喜等（2003）采用免疫捕获反转录 PCR（IC-RT-PCR）检测的方法，利用相同体积的 SCMV、MDMV、SrMV、JGMV 多抗血清来捕捉样品组织中的病毒；捕捉的病毒粒子用 MMLV 反转录酶合成 cDNA，然后进行 PCR 检测。根据 GenBank 中 SCMV、MDMV、SrMV、JGMV 4 种病毒多个分离物对应的核苷酸序列进行种内及种间同源性比较设计引物。3′ 端引物为针对 4 种病毒的简并引物，位于 CP 基因的近 C 端；5′ 端引物为 4 种病毒特异性引物，位于 CP 基因的近 N 端或复制酶（NIb）基因的近 C 端。各引物序列、对应病毒的基因登录号及位置如下：

3′ 引物：5′-CAGCTGTGTG(AGCT)C(GT)(CT)TCTGTATT-3′（CP 基因 C 端始第 51~72 nt）。

5′ 引物：5′-TATGCTTGGCTACTTGAAATGC′A-3′（SrMV，U07219，1 366~1 388 nt）。

5′-TGACGAAATTATAGATGTTAA-3′（MDMV-A，U07216，876~896 nt）。

5′-ACACCATCTACTGGAACTCCA-3′（SCMV，S77088，169~189 nt）。

5′-AAACCAGCTAGTGGTGAAGG-3′（CJGMV，U07217，148~168 nt）。

美国杜邦公司的 BAX System 全自动病原微生物快速检测系统，以病原微生物独特的基因序列为靶标，利用实时定量 PCR（real-time PCR）和多重核酸 PCR 检测（multiplex PCR）相结合的原理对病原菌的多重靶标实现高灵敏性检测。

2. 病原活菌的检测

种子所携带的病原菌中有些是活菌，通过种子处理或贮藏已经失活。如何区分检测活菌，是种子健康检验中人们所关注的。病原活菌的检测特别适用于种子表面携带的病菌类型的检测。

Bolton 等（1978）研究发现，单叠氮化乙锭（Ethidium monoazide，EMA）易光解形成氮宾化合物与 DNA 或其他分子共价结合，是能够渗透到细胞壁（膜）不完整的菌体内的一种 DNA 结合染料。EMA 带有一个叠氮基团（—$N_3$），易光解脱去（—$N_2$）而形成氮宾活性中间体（R-N¨：），该中间体与有机分子共价结合形成共价键（—NH—$CH_2$—）。当用 EMA 处理菌体时它能渗透到细胞壁或细胞膜不完整的死细胞体内并插入 DNA 共价结合，DNA 的 PCR 检测不能扩增。体系中多余的 EMA 与 $H_2O$ 结合形成羟胺（—NH—OH），不能共价结合 DNA，从而不影响 PCR 扩增。EMA 的特性被广泛应用于活菌的检测，后来单叠氮化丙啶（propidium monoazide，PMA）被广泛应用，Biotium 公司设计了改进版本 PMAxxTM，并开发了用于光解的 PMA-LiteTM LED 光源，热稳定的蓝色 LED 光源，LED 功率 60 W，输出波长 465~475 nm。将病原菌与活性染料在室温下置于黑暗中 10 min，PMA 渗透到死细胞中。然后暴露在蓝光下 20 min，以确保活性染料与可用 DNA（游离 DNA 或来自死细胞的 DNA）完全交联。

（二）等温扩增技术

等温扩增技术（isothermal amplification technology，IAT）是近年来迅速发展的一类核酸体外扩增技术，其反应过程始终维持在恒定的温度下，通过添加不同活性的酶和各自的特异性引物来达到快速扩增核酸的目的，通过比色/目视比浊法直接观察扩增结果。主要包括：环介导等温扩增（loop-mediated isothermal amplification，LAMP），交叉引物扩增（crossing priming amplification，CPA），链替代扩增（strand displacement amplification，SDA），重组酶聚合酶扩增（recombinase polymerase amplification，RPA），依赖核酸序列的扩增（nucleic acid sequence-based amplification，NASBA），滚环扩增（rolling circle amplification，RCA），依赖解旋酶的扩增（helicase-dependent amplification，HDA）。下面简单介绍几种常用技术的原理，重点介绍 LAMP 技术。

1. RPA 技术

RPA 的反应温度为 37~42℃，反应体系包括 1 对引物和 3 种关键酶：能与寡核苷酸引物结合的重组酶、单链 DNA 结合蛋白（single stranded DNA-binding protein，SSB）和链置换 DNA 聚合酶。反应开始时引物与重组酶结合形成引物重组酶复合物（图 9-1），并与模板链上相应位点互补结合，导致双链 DNA 构象发生改变，并在具有链置换特性的 DNA 聚合酶的催化下延伸形成完整双链。反应时单链结合蛋白结合游离单链，保持其稳定性。

2. HDA 技术

HDA 技术模拟体内 DNA 半保留复制过程，在 37℃左右进行，利用解旋酶在恒温下解开 DNA 双链，SSB 稳定已解开的单链为引物提供模板，在 DNA 聚合酶的作用下合成互补的双链，继而不断重复上述循环扩增过程，最终实现靶序列的指数式增长（图 9-2）。HDA 反应迅速，灵敏度高，全程恒温。缺点是受解旋速度限制，只能扩增短片段。

3. LAMP 技术

LAMP 由日本的 Notomi 等于 2000 年首次报道，其特点是针对靶基因的 6 个区域设计 4 种特异引物，在 *Bst* DNA 聚合酶大片段（*Bacillus stearothermophilus* DNA 聚合酶的一部分）的作用下，60~65℃恒温扩增，15~60 min 即可实现 $10^9$~$10^{10}$ 倍的核酸扩增，具有操作简单、特异性强、产物易检测等特点。*Bst* DNA 聚合酶具有 $5'\rightarrow3'$ 的聚合酶活性和强链置换能力，但不具有 $5'\rightarrow3'$ 外切核酸酶活性。LAMP 技术分别使用 1 对外部引物和 1 对内部引物，可以识别目的序列上 6 个不同的区域，对目的序列具有高度的选择性，减少了非靶标序列的影响，因此扩增的特异性非常高。

扩增产物的检测方法多样。在 DNA 合成时，从脱氧核糖核酸三磷酸底物（dNTPs）中析出的焦磷酸离子与反应溶液中的镁离子反应，产生大量焦磷酸镁沉淀，呈现白色，可用直接用肉眼或浊度仪检测。也可用凝胶电泳检测，或

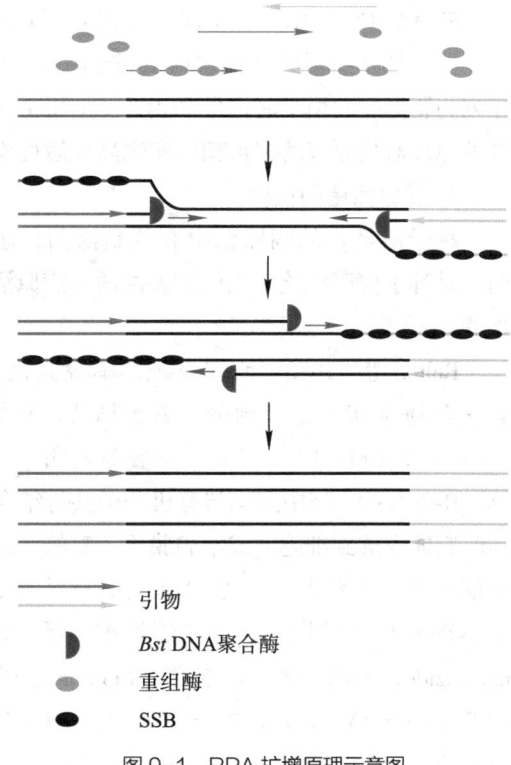

图 9-1　RPA 扩增原理示意图

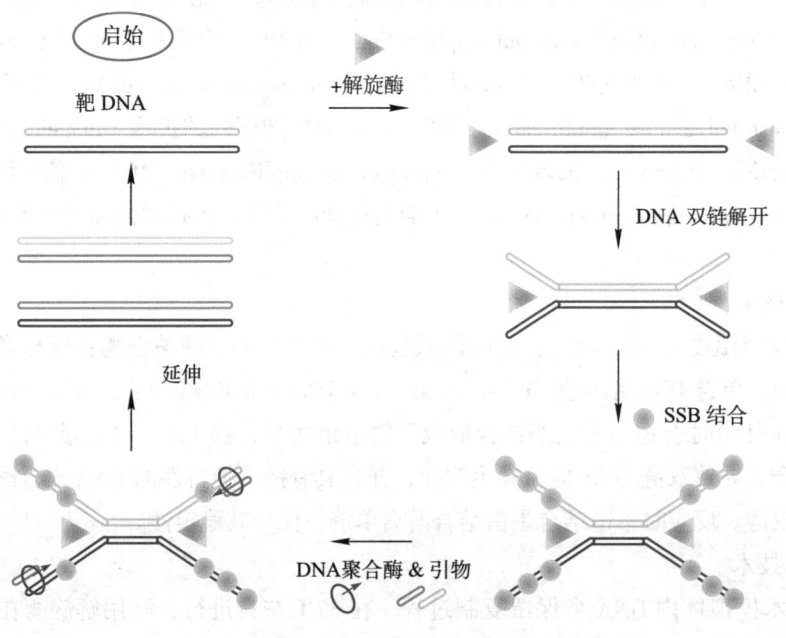

图 9-2　HDA 扩增原理示意图

在反应体系中加入染料，根据颜色的变化进行检测。该方法可用于细菌类病原微生物的检测、病毒类病原微生物的检测和真菌类微生物的检测。

（1）引物的设计

LAMP 技术的引物设计比一般 PCR 技术要复杂。设计主要是针对靶基因的 6 个不同的区域，基于靶基因 3′端的 F3c、F2c 和 F1c 区以及 5′端的 B1、B2 和 B3 区等 6 个不同的位点设计 4~6 种引物（图 9-3），两个外部引物 F3 和 B3、两个内部引物 FIP 和 BIP，以及两个环导引物（可选）FL 和 BL。可以通过 LAMP 引物在线设计网站设计获得 LAMP 引物。

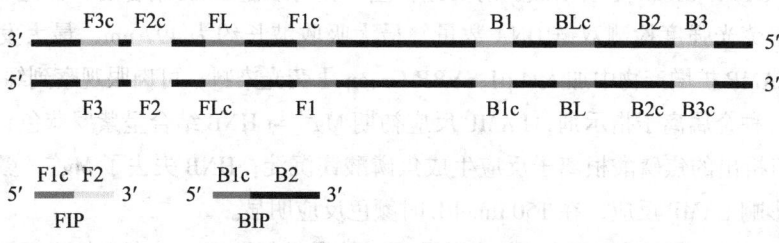

图 9-3　LAMP 引物设计示意图

上游内部引物（forward inner primer，FIP），由 F2 区和 F1c 区域设计而成，F2 区与靶基因 3′端的 F2c 区域互补，F1c 区与靶基因 5′端的 F1c 区域序列相同。上游外部引物（forward outer primer）F3 与靶基因的 F3c 区域互补。

下游内部引物（backward inner primer，BIP），由 B1c 和 B2 区域设计而成，B2 区与靶基因 3′端的 B2c 区域互补，B1c 域与靶基因 5′端的 B1c 区域序列相同。下游外部引物（backward outer primer）B3 与靶基因的 B3c 区域互补。

若在上游和下游增加 1 对环引物（loop primer）FL、BL，可使反应加速，提高扩增效率。

（2）扩增原理

第一阶段，循环扩增始发物的哑铃形结构形成。双链 DNA 模板在等温（60~65℃）的条件下，与上游内部引物 FIP 互补，FIP 中的 F2 序列与模板链上 F2c 位点结合（图 9-4），在 Bst DNA 聚合酶作用下启动核酸的合成，外部引物 F3 也缓慢地退火，与目的序列互补，启动链置换反应，产生一条双链 DNA，并置换释放一条单链 DNA；单链 DNA 一端自动形成环的结构，可作为 BIP 引物的模板，BIP 启动链的合成，随后 B3 引物同模板链杂交，引导链置换反应产生一条双链 DNA 和一条两端成环的单链 DNA，形成一个哑铃形的结构。

图 9-4　LAMP 扩增原理示意图

第二阶段循环延伸，哑铃形结构通过自引导 DNA 合成，迅速转换成茎环结构 DNA。哑铃环的结构作为 LAMP 反应中循环反应的起始结构，进入 LAMP 反应的循环扩增阶段。在循环扩增阶段主要是两个内部引物起作用，引导扩增反应。FIP 退火到茎环结构上，引导链置换 DNA 合成反应，产生结构的产物；随后产物的 3′端自动引导链置换 DNA 的合成，生成产物和与开始的产物序列互补的哑铃形结构；产物都可作为 BIP 引物的模板，一个进入延伸循环步骤，使产物的序列不断延伸、环化、再延伸，最终的产物是一些具有不同茎长度（目的片断长度的自然数倍）茎环结构的 DNA 和带有许多环的类似花椰菜结构的 DNA 的混合物。

（3）结果检测

① 直接观察法　$Mg^{2+}$ 与从 dNTP 中析出的焦磷酸根离子结合，形成乳白色的焦磷酸镁沉淀，可通过肉眼观察是否产生白色沉淀，或应用实时浊度仪来监测反应结果。

② 荧光染色检测法　在反应体系内加入荧光染料，反应结束后观察是否产生相应的颜色变化。此法因其直观性和简便性而最为常用。染料的种类有很多，应用较多的有 3 种：SYBY Green I、羟基萘酚蓝（HNB）和钙黄绿素。

SYBR Green I 是一种结合于所有 dsDNA 双螺旋小沟区域的具有绿色激发波长的染料。在游离状态下，SYBR Green I 发出微弱的荧光，但一旦与双链 DNA 结合后，荧光大大增强。因此，可以根据荧光强度检测双链 DNA 数量。最大吸收波长约为 497 nm，最大发射波长约为 520 nm。在 LAMP 扩增产物中加入 4 μL SYBR Green I 荧光染料，可肉眼观察到绿色荧光。

HNB 是一种金属离子指示剂，LAMP 反应初期 $Mg^{2+}$ 与 HNB 结合呈紫罗蓝色，随着反应的进行，$Mg^{2+}$ 与析出的焦磷酸根离子反应生成焦磷酸镁沉淀，HNB 失去了 $Mg^{2+}$，颜色变为天蓝色。HNB 不影响 LAMP 反应，在 150 μmol/L 时颜色反应明显。

钙黄绿素主要是通过在 365 nm 蓝光激发下对结果进行鉴别。其在自然光下阴性、阳性结果间也存在一定差异，但并不明显。首先在钙黄绿素中加入 $Mn^{2+}$，$Mn^{2+}$ 使钙黄绿素的绿色荧光淬灭。当 LAMP 扩增反应发生后，产生的副产物焦磷酸离子与 $Mn^{2+}$ 结合并释放钙黄绿素，淬灭状态解除。在 365 nm 蓝光激发下，阳性反应发出强绿色荧光，阴性反应发出较弱绿色荧光。在自然光下，阳性反应呈浅绿色，阴性反应呈浅橘色。

③ pH 指示剂检测　在反应体系内加入比色染料，反应结束根据 pH 检测。LAMP 反应过程中，释放的副产物包括焦磷酸根和 $H^+$，因此反应液的 pH 会随着反应进行而降低，由初始碱性变为酸性，可通过使用 pH 敏感指示剂作为染料检测 DNA 扩增，区分阳性和阴性结果。酚红和甲酚红，反应前后由红色变黄色。中性红，反应前后由淡橙色变为粉红色。甲酚紫，反应前后由淡紫色变为黄色。使用 pH 指示剂为染料的反应要求反应液低缓冲度（低浓度 Tris），pH 8.8 以上。

④ 琼脂糖凝胶电泳检测　看是否有典型的瀑布状梯形条带。使用 1% 琼脂糖凝胶在 5~10 V/cm 电压下电泳 25 min 检测 LAMP 扩增产物，出现 LAMP 特征性阶梯状条带。

（三）质谱检测

病原的蛋白检测包括免疫检测和质谱检测两大类。免疫检测的原理已经在转基因检测部分做过介绍，在本章主要介绍质谱检测的原理和应用。

质谱仪以离子源、质量分析器和离子检测器为核心。离子源是使试样分子在高真空条件下离子化的装置。电离后的分子因接受了过多的能量会进一步碎裂成较小质量的多种碎片离子和中性粒子。它们在加速电场作用下获取具有相同能量的平均动能而进入质量分析器。质量分析器是将同时进入其中的不同质量的离子，按质荷比大小分离的装置。分离后的离子依次进入离子检测器，采集放大离子信号，经计算机处理，绘制成质谱图。离子源、质量分析器和离子检测器都各有多种类型。质谱仪按应用范围、分辨能力、工作原理分为不同类型的质谱仪。

肽序列标签串联质谱鉴定技术（peptide sequence tag, PST），蛋白质是由 20 种氨基酸组成，一个特定的 4 肽序列出现的概率为 1/160 000，所以五六个氨基酸的肽段在一个蛋白质组中具有很高的特异性,可用于鉴定蛋白质,称为肽序列标签。串联质谱仪可直接测定肽段序列。

法国梅里埃公司开发的 VITEK MS 全自动快速微生物质谱系统,包含了大多数细菌和真菌(1 000 多种),它采用了基质辅助激光解析电离飞行时间质谱(MALDI-TOF-MS)技术。样品与小分子基质(肉桂酸、芥子酸)混合共结晶,当用紫外激光(337 nm)照射晶体时,基质分子解吸并电离,进入时间分析器。分析病原菌蛋白序列,找到病原菌特异片段作为蛋白标签,制成数据库。将待测样品的质谱分析数据与数据库比较,就可知道相应的病原菌。该系统可以同时分析上百种病原菌,短时间内就可得到结果。

## 第四节　种子害虫的检验方法

检验种子害虫,应首先了解害虫的形态特征和生活习性,以及在种子上为害的症状。检验时应选用有代表性的大量样品,常见的检验方法有肉眼检验、过筛检验、剖粒检验、染色检验、相对密度检验和软 X 射线检验等。

### 一、肉眼检验

对于明显感染害虫的种子,可用此法检验。冬季低温时一般预先将种子样品放在 18~25 ℃的温度下或保温箱内加温 20~30 min,使害虫恢复活动,然后把种子倒在瓷盘内用肉眼或放大镜进行逐粒观察,拣出害虫侵害过的种子,并计算每千克样品中害虫的头数及害虫含量。

$$害虫含量(头/g) = \frac{害虫头数}{样品质量(kg)}$$

### 二、过筛检验

凡是成虫或幼虫散布在种子中间的害虫可用过筛检验。一般米象、谷象、谷蠹用 2.5 mm 筛孔,锯谷盗、粉螨用 1.5 mm 筛孔。过筛后分别将各层筛的样品倒于光滑的底板上,用肉眼或 5~10 倍放大镜检验。检查米象、谷象、谷蠹等害虫时,最好用白瓷盘作底板,检查粉螨最好用光滑的黑纸作底板。拣出各层的害虫,计算每千克样品中害虫的头数。一般取送检样品的一半进行检验。

### 三、剖粒检验

对于隐伏感染的害虫,如蚕豆象、豌豆象,可应用剖粒检验法。在送验样品中分取试样 5~10 g,大粒种子 10 g,中粒种子 5 g。然后逐粒用小刀将种子剖开,检查害虫头数,计算每千克样品的害虫头数。

## 四、染色检验

对于一些隐伏感染的害虫,如米象、谷蠹,在种内产卵后,能分泌出一种胶质将产卵孔堵塞,一般肉眼难以看出,可用化学染色法将塞状物染色进行检查。

### (一)高锰酸钾染色法

此法适用于检查隐蔽的米象、谷象等所危害的禾谷类种子。取洁净样品 15 g 放入金属网或塑料网中,在 30℃温水中浸泡 1 min,移入 10 g/L 高锰酸钾溶液中再浸泡 1 min,取出立即用清水漂洗 20~30 min 至干净,倒在白色吸水纸上用放大镜检查,种子具有正常颜色,对表面有 0.5 mm 左右的黑斑(塞状物则染成黑色)种粒挑出进一步检查,可结合剖粒检验查出害虫头数。计算害虫含量。

### (二)碘化钾染色法

此法用于检验豆象类危害的豆类种子。将样品 50 g 放入金属网或塑料网中,放入 10 g/L 碘化钾溶液或 2% 碘酒中 1~1.5 min,移入 5 g/L 氢氧化钠或氢氧化钾溶液中浸泡 20~30 s 后取出,用清水冲洗 0.5 min 后,用放大镜或肉眼检查,挑出表面有 1~2 mm 直径的黑圆斑点种子进一步检查。计算害虫含量。

### (三)油浸检验法

此法主要用于检验豆类种子。按 1 g 豆粒用橄榄油、凡士林或机械油 1~1.5 mL 拌匀,浸泡 0.5 h,则油脂浸润的豆粒变琥珀色,幼虫孔道呈透明斑纹。

## 五、相对密度检验

凡被米象、谷蠹、豆象和麦蛾危害过的种子,与健康种子间存在相对密度差异,用不同相对密度的溶液区分沉浮,然后捞取浮种进一步检查。

取试样 100 g,除去杂质,豆类等较重的种子倒入食盐饱和溶液中(35.9 g 食盐溶于 1 000 mL 水中),搅拌 10~15 s,静置 1~2 min,将悬浮在上层的种子取出,结合剖粒检验,计算害虫含量。稻谷等较轻籽粒倒入 20 g/L 硝酸铵溶液,搅拌 1 min,即可使被害粒上浮而分开计算。

## 六、软 X 射线检验

软 X 射线是电磁波谱中波长 $(0.01~0.05) \times 10^{-9}$ m 的电磁波,能量较弱,穿透力较弱。其检验原理是利用种子害虫组织与种子组织密度及对 X 射线吸收的差异,检查种子和果实内部隐匿的害虫(如蚕豆象、玉米象、麦蛾等)。害虫主要由蛋白质和脂肪等有机成分组成,并且其组织密度比种子低,且与种子组织之间有或无空隙,X 射线透过量较多,而正常种子组织的透过量较少。经 X 射线照射时,隐匿在种子内部的幼虫、蛹、成虫、粪便和虫蛀孔清楚可辨,可确定种子虫害的类型及其部位等情况。

检验时可从净种子中随机数取 400 粒,设 4 个重复。把种子均匀摆放在已经装入暗盒和暗袋的胶片或相纸上面,置于 Hy-35 型农用 X 线机或 Mo-405 型 X 射线仪载物台上拍摄。不同的 X 射线仪和种子类型要求设置不同的曝光时间和电压以产生最佳的图像(表 9-8)。最后经显影定影,则可鉴定分析。根据受检种子数和被害种子数,可统计出该批种子的害虫含量。主要作物常见种子害虫及其检验方法列于表 9-9。

表 9-8 农林种子软 X 射线造影条件

| 种子名称 | 焦片距/cm | 电压/kV | 电流/mA | 曝光时间/s | 种子名称 | 焦片距/cm | 电压/kV | 电流/mA | 曝光时间/s |
| --- | --- | --- | --- | --- | --- | --- | --- | --- | --- |
| 水稻 | 30 | 25 | 5 | 30 | 板栗 | 20 | 35 | 5 | 40 |
| 小麦 | 30 | 25 | 5 | 30 | 枸杞 | 20 | 25 | 5 | 20 |
| 棉花 | 30 | 25 | 5 | 60 | 马尾松 | 20 | 25 | 5 | 20 |
| 大豆 | 30 | 30 | 5 | 40 | 沙棘 | 20 | 30 | 5 | 20 |
| 黄瓜 | 25 | 20 | 5 | 40 | 樱桃 | 25 | 35 | 5 | 40 |
| 西瓜 | 25 | 20 | 5 | 60 | 香椿 | 25 | 30 | 5 | 30 |
| 番茄 | 25 | 15 | 5 | 40 | 刺槐 | 20 | 25 | 5 | 20 |
| 甜椒 | 25 | 15 | 5 | 40 | 油松 | 20 | 25 | 5 | 30 |

表 9-9 主要作物常见种子害虫及其检验方法

| 害虫名称 | 学名 | 潜伏场所 | 检验方法 |
| --- | --- | --- | --- |
| 谷象 | *Sitophilus granarius* L. | 卵、幼虫在种子内 | AECB |
| 玉米象 | *Sitophilus zeamais* Motsch | 卵、幼虫在种子内,成虫混于种子间 | AF |
| 谷蠹 | *Rhizopertha dominica* Fabr. | 卵在谷颖或粮粒裂隙,幼虫在种子内,成虫在种子间 | AECB |
| 赤拟谷盗 | *Tribolium castaneus* (Herbst) | 卵在种子表面、碎屑中,幼虫、成虫在种子外 | AF |
| 锯谷盗 | *Oryzaephilus surnamensis* L. | 卵在种子间碎屑中,幼虫在种子内外 | AE |
| 绿豆象 | *Callosobruchus chinensis* L. | 卵在豆粒表面,幼虫在种子内 | ABE |
| 四纹豆象 | *Callosobruchus maculatus* (Fabricius) | 幼虫、成虫在种子内,卵在种子表面 | ABCD |
| 谷斑皮蠹 | *Trogoderma granarium* Everts | 卵在种子表面或缝隙,幼虫在种子内外 | AF |
| 菜豆象 | *Acanthoscolides obtectus* | 卵在种子间,幼虫、成虫在种子内 | AD |
| 棉红铃虫 | *Platyedra gossypiella* | 老熟幼虫在棉粒内 | ED |
| 豌豆象 | *Bruchus pisorum* | 幼虫、成虫在豆粒内 | BCDE |
| 蚕豆象 | *Bruchus rufimanus* | 幼虫、成虫在豆粒内 | BCDE |
| 麦蛾 | *Sitotroga cerealella* (Oliv.) | 幼虫在种子内,卵在种子表面 | EFB |
| 马铃薯块茎蛾 | *Phthorimaea operculella* | 幼虫在薯块内 | EF |

注:A 为过筛检验,B 为相对密度检验,C 为染色检验,D 为软 X 射线检验,E 为剖粒检验,F 为肉眼检验。

**思考题**

1. 种传病害的侵染和传播途径是什么？
2. 种传真菌、细菌、病毒的检验方法有哪些？如何进行检验？
3. 种子病原检测的新技术的原理与应用有哪些？

**数字课程资源**

📥 教学课件　　📝 自测题

# 第十章

# 种子质量评定与签证

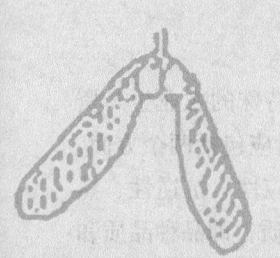

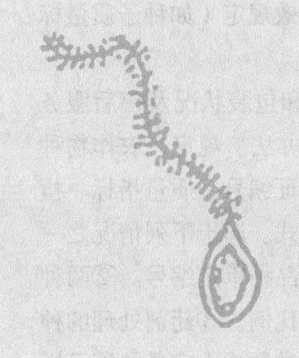

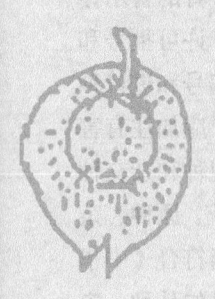

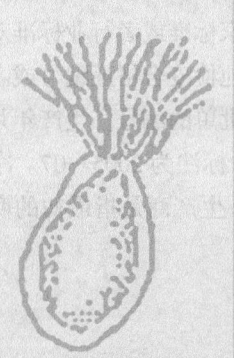

绪论中已经介绍，种子质量检验是指采用科学的技术和方法对种子质量进行分析测定，判断其优劣，评定其种用价值的一门应用科学。前几章已经介绍了种子质量分析的技术和方法，本章将介绍种子质量评价的内容、依据、方法，国内外种子质量评价的差异，结果报告的格式等内容。

# 第一节　种子质量评定

## 一、种子质量评定的内容

种子是指农作物和林木的种植材料或者繁殖材料，是一种有生命力的特殊的农业生产资料，其质量的优劣直接关系到农业增产和农民增收。从广义上讲，种子质量应包括两个方面，一是品种本身所具备的内在品质，即品种特性，包括品种的生产性能、适应性、抗逆性、熟性、营养和加工品质等，特性优良的品种是育种家选育的成果。二是种子品质，即品种品质和播种品质，品种品质是指品种的真实性和一致性；播种品质是指净度、发芽力、生活力、活力、水分、千粒重、其他植物种子数目和健康度等指标。优良的品种品质和播种品质是品种优良特性得以实现的保证。因此，种子质量评定主要是对种子的品种品质和播种品质两方面进行评定。其中种子纯度、净度、发芽率、水分4项指标必须达到现行有效规定（如种子质量标准、合同约定、标签标注）的最低要求。

从管理角度讲，商品种子的质量内容还应该包括种子标签、计量和包装状况及售后服务等。种子标签是构成种子商品质量的重要内容，《农作物种子标签管理办法》规定，农作物种子标签应当标注作物种类、种子类别、品种名称、产地、种子经营许可证编号、质量指标、检疫证明编号、净含量、生产年月、生产商名称、生产商地址以及联系方式。属于下列情况之一的，应当分别加注：①主要农作物种子应当加注种子生产许可证编号和品种审定编号。②两种以上品种混合种子应当标注"混合种子"字样，标明各类种子的名称及比例。③药剂处理的种子应当标明药剂名称、有效成分及含量、注意事项，并根据药剂毒性附骷髅或十字骨的警示标志，标注红色"有毒"字样。④转基因种子应当标注"转基因"字样、商品化生产许可批号和安全控制措施。⑤进口种子的标签应当加注进口商名称、种子进出口贸易许可证编号和进口种子审批文号。⑥分装种子应注明分装单位和分装日期。⑦种子中含有杂草种子的，应加注有害杂草的种类和比例。同时规定，作物种类明确至植物分类学的种。种子类别按常规种和杂交种标注，类别为常规种的，可以不具体标注；同时标注种子世代类别，按育种家种子、原种、杂交亲本种子、大田用种标注，类别为大田用种的，可以不具体标注。品种名称应当符合《中华人民共和国植物新品种保护条例》及其实施细则的规定，属于授权品种或审定通过的品种，应当使用批准的名称。产地是指种子繁育所在地，按照行政区划最大标注至省级。进口种子的产地，按《中华人民共和国海关关于进口货物原产地的暂行规定》标注。质量指标是指生产商承诺的质量指标，按品种纯度、净度、发芽率、水分指标标注。国家标准或者行业标准对某些作物种子质量有其他指标要求的，应当加注。检疫证明编号标注产地检疫合格证编号或者植物检疫证书编号。进口种子检疫证明编号标注引进种子、苗木检疫审批单的编号。生产年月是指种子收获的时间。年、月的表示方法采用下列的示例：2005年7月标注为2005—07。净含量是指种子的实际重量或数量，以千克（kg）、克（g）、粒或株表示。生产商是指最初的商品种子供应商。进口商是指直接从境外购买种子的单位。生产商地址按种子经营许可证注明的地址标注，联系方式为电话号码或传真号码。计量是指种子包装容器内种子的真实重量，标识值应与实际值相一致。包装状况是指商品种子包装的规格、材料及包装的好坏，好的包装有利于种子的贮藏和运输，是衡量种子企业服务用户质量的重要内容。售后服务是现代质量管理学及其法规纳入产品质量的重要内容。

## 二、种子质量评定的依据和原则

### （一）种子质量评定的依据

进行种子质量指标的检验是判定种子质量的前提。质量判定是将检验得到的结果与目标要求（或值）进行比较，并给出相应的结论的过程。种子质量标准是进行种子质量判定的主要依据。开展种子检验所要依据的标准大致可分为4类：一是国家标准，指国家颁布的有关种子生产、经营的种子质量标准和技术规程，有各类农作物种子的良种繁育规程、田间检验规程、种子检验规程和有关种子质量标准。二是行业标准，是指国家行业主管部门（农业主管部门）根据需要颁布的农作物种子的良种繁育规程、田间检验规程、种子检验规程和有关种子质量标准。三是地方标准，是地方各级政府为了加强种子质量管理，促进种子产业发展，而颁布的有关种子标准。四是企业标准，是企业根据自己生产经营的种子类型，而制定的企业内标准，当企业标准的内容和国家、行业、地方标准相同时，其参数要求必须高于国家、行业、地方标准。《中华人民共和国种子法》规定种子质量管理实行国家、行业标准基础上的标签真实制，企业在开展种子检验判定种子质量合格与否时，首先必须符合国家或行业标准的需要（没有国家或行业标准的除外），其次再考虑地方标准，最后再考虑企业标准。所有标准根据其采用的性质不同，分为强制性标准和推荐性标准。强制性标准一经颁布，就必须严格执行，一般以种子质量标准为主；推荐性标准是推荐行业采用的标准，不像强制性标准那样严格，一般以检验的方法标准为主。

### （二）种子质量评定的原则

1. 品种品质的评定

（1）品种品质评定的一般原则

品种品质的优劣取决于品质的真实性和一致性。品质真实一致，说明品种品质好。具体来讲，品种品质的评定是以田间和室内纯度检验结果为依据的，对同一批种子，当田间和室内纯度检验结果不一致时，应以纯度低的为准。即当田间纯度结果低于室内纯度结果时，以田间检验结果为准；反之，以室内纯度检验结果为准。若田间品种纯度过低，达不到国家分级标准的最低指标时，应严格去杂，经检验合格后作为种用，否则不能作为种用。若室内纯度低于国家分级标准的最低指标时，绝不能作种用。否则将会给农业生产带来损失。

（2）杂交种品种品质的评定

杂交种品种品质的优劣受多种因素的影响。一方面，双亲品种品质的优劣直接影响杂交种子的品种品质；另一方面，杂交制种过程中各个环节也影响杂交种子的品种品质，如隔离区、去雄等技术环节。所以，对杂交种子品种品质的评定，除察看亲本纯度、制种田的隔离条件是否符合制种要求外，还应要求田间杂株（穗）率（父本杂株散粉率、母本杂株率及母本散粉率）在分级指标内。

2. 播种品质的评定

（1）发芽率

发芽率的高低是评定种子播种品质的重要依据之一。发芽率与田间出苗率有关。凡已通过休眠，但发芽率很低，达不到国家种子质量分级标准最低指标的种子，不宜作为种用；对未通过休眠的种子应用预措处理后的发芽率判断种子品质的好坏，在无条件做发芽试验时，可用种子生活力的测定结果评价种子品质，但种子生活力不能代替种子发芽率。

（2）种子净度

种子净度是评定种子播种品质的又一项指标。种子净度高，表示可利用的种子多。准确的净度测定结果，不仅反映种子批的杂质种类和混杂程度，而且可用于确定种子加工和处理措施。种子含无生命杂质过多，其净度达不到国家种子质量分级指标的最低标准时，可进行清选加工以提高其净度。样品中含检疫性杂草种子时应报检疫部门，就地销毁或转为他用。

（3）种子水分

种子水分高低对其安全贮藏具有决定性作用。适宜的种子含水量应低于当地条件下种子贮藏的安全水分或低于当地农作物种子分级标准所规定的种子水分。种子水分高于规定水分或安全水分，应干燥处理后方可收购、入仓或调运。

（4）种子千粒重

同一品种的种子，千粒重高，则播种后易形成壮苗，反之，千粒重低，则播种后苗弱或不能出苗。据此，同一品种，应选用千粒重高的种子作为种用。由于每种作物种子的千粒重变化很大，故在种子质量分级标准中无法规定每种作物种子千粒重的具体等级指标。但检验合格的种子应具备本品种特征的千粒重。

（5）健康度

优良种子的条件之一是无病虫感染。对于感染检疫性病虫的种子应彻底销毁，以防传播。对本地区已有的病虫害，若种子感染病虫较为严重，也不能作种用。

对棉花种子和林木种子质量进行评定时，除依据上述指标外，还必须考虑棉花种子健籽率和林木种子优良度，以便对种子质量做出正确的评定。总之，在检验结果准确可靠的情况下，品种真实，纯度高，净度高，发芽力（生活力）高，水分含量适宜，籽粒饱满，健康无病虫感染，不含有其他植物种子和有害杂草种子，这样的种子是生产上的理想种子。要想获得高质量的种子，就必须在种子生产、收购、加工、贮藏和销售等各个环节上把好种子质量检验关。

## 第二节 国内外主要农作物种子质量分级标准

依据种子检验结果，对照种子质量分级标准将不同质量的种子按等级分开，这是种子质量标准化的具体体现，种子质量分级标准既是衡量种子质量优劣的统一尺度，也是衡量种子生产加工、贮藏和管理部门等工作优劣的标准，同时又利于贯彻以质论价、优质优价政策。明确种子分级的依据，严格执行分级标准，做到各归其类，不混不杂，对确保种子安全贮藏，发挥品种的优良特性是十分必要的。

## 一、国外种子质量分级标准的特点

国外有关组织和国际种子质量分级如表 10-1 所示。国外制定的品种纯度标准有几个特点，也是与我国种子标准差异较大的地方：①品种纯度的大多数指标侧重于过程控制的指标，很少规定最终产品的指标（因为最终产品指标在短期内无法鉴定），这样的标准很容易实施，而我国制定的标准侧重于小区种植鉴定结果，很难实施和监督，因为种子销售时，基本上无法检验最终产品的品种纯度。②品种纯度指标必须与室内检测指标（净度、发芽率）分开，因为像预基础种子、基础种子没有发芽率规定的约束，可以较低，切合种子繁殖的实际情况。③国际规定的品种纯度规定值比较高。④纯度的指标都与前作、隔离条件、亲本种子质量等结合起来使用，至于种子质量的物理标准如净度、发芽率等，OECD 没有规定具体的标准（但有糖用甜菜和饲用甜菜的净度、发芽率和水分标准），只规定必须满足进口国制定的国家最低标准，OECD 种子质量标准的特点是以种子纯度指标为标准的重要内容，具体要求见表 10-2 和表 10-3。

表 10-1 国外有关组织和国外种子质量分级一览表

| OECD | AOSCA | EEC | 加拿大 | 新西兰 | 瑞典 |
|---|---|---|---|---|---|
| 预基础种子 | 育种家种子 | 预基础种子 | 育种家种子<br>选择种子 | 育种家种子 | 预基础种子 |
| 基础种子 | 基础种子<br>注册种子 | 基础种子 | 基础种子<br>注册种子 | 基础种子 | 基础种子 |
| 认证种子一代 | 认证种子 | 认证种子 | 认证种子 | 认证种子 | 认证种子 |
| 认证种子二代 |  | 认证种子二代 |  | 认证种子二代 | 认证种子二代 |
| 商业种子 |  |  |  |  | 商业种子 |

表 10-2 禾谷类作物种子纯度质量要求

| 作物 | 类别 | | 种子田品种纯度 | 小区后控 |
|---|---|---|---|---|
| 小麦、大麦、燕麦、水稻 | 杂交种 | 基础种子（亲本） | 99.9% | |
| | | 认证种子 | 99.7% | |
| | 常规种 | 基础种子 | 99.9% | |
| | | 认证种子一代 | 99.7% | |
| | | 认证种子二代 | 99.0% | |
| 黑麦 | 杂交种 | 基础种子（亲本） | 1 株 /30 m² | 99.4% |
| | | 认证种子 | 1 株 /30 m² | 国家标准要求 |
| 黑麦 | 常规种 | 基础种子 | 1 株 /30 m² | |
| | | 认证种子 | 1 株 /30 m² | |

续表

| 作物 | 类别 | | 种子田品种纯度 | 小区后控 |
|---|---|---|---|---|
| 小黑麦 | 异花授粉 | 基础种子 | 1 株 /30 m² | |
| | | 认证种子 | 1 株 /30 m² | |
| | 自花授粉 | 基础种子 | 99.7% | |
| | | 认证种子一代 | 99.0% | |
| | | 认证种子二代 | 98.0% | |
| 玉米 | 常规种 | 基础种子 | 99.5% | |
| | | 认证种子 | 99.0% | |
| | 自交系 | 基础种子 | 99.9% | 1 次 0.5% 或 3 次累计 1% |
| | 亲本杂交种 | 基础种子 父本 | 99.9% | |
| | | 基础种子 母本 | 99.9% | |
| | 杂交种 | 认证种子 父本 | 99.8% | 1 次 1% 或 3 次累计 2% |
| | | 认证种子 母本 | 99.8% | |
| 高粱和苏丹草 | 常规种 | 基础种子 | 1 株 /30 m² | |
| | | 认证种子 | 1 株 /30 m² | |
| | 基础种子（亲本） | | 99.9% | |
| | 亲本杂交种 | 基础种子 父本 | 99.9% | |
| | | 基础种子 母本 | 99.9% | |
| | 杂交种 | 认证种子（母本） | 99.7% | |

表 10-3　其他作物种子纯度质量要求

| 作物、方法和类别 | | | | 种子田纯度 /% | 种子田雄性不育 /% |
|---|---|---|---|---|---|
| 油菜和芜菁 | 常规种 | | 基础种子 | 99.9 | |
| | | | 认证种子一代 | 99.7 | |
| | | | 认证种子二代 | 99.7 | |
| | 亲本（基础种子） | 细胞质雄性不育 | 母本 | 99.9 | 98.0 |
| | | | 父本 | 99.9 | |
| | | 自交不亲和 | 自交不亲和系 | 99.9 | |
| | 杂交种（认证种子） | 细胞质雄性不育 | 母本 | 99.0 | 98.0 |
| | | | 父本 | 99.5 | |
| | | 自交不亲和 | 自交不亲和系 | 99.5 | |
| 向日葵 | 常规种 | | 基础种子 | 99.7 | |
| | | | 认证种子一代 | 99.0 | |
| | | | 认证种子二代 | 98.0 | |

续表

| 作物、方法和类别 | | | 种子田纯度 /% | 种子田雄性不育 /% |
|---|---|---|---|---|
| 向日葵 | 亲本（基础种子） | 父本 | 99.8 | |
| | | 母本 | 99.8 | |
| | 杂交亲本种（基础种子） | 父本 | 99.8 | |
| | | 母本 | 99.5 | |
| | 杂交种（认证种子） | 父本 | 99.5 | |
| | | 母本 | 99.0 | 99.5 |
| 甘蓝、根芥菜、白芥、豌豆、蚕豆 | | 基础种子 | 99.7 | |
| | | 认证种子一代 | 99.0 | |
| | | 认证种子二代 | 98.0 | |
| 花生 | | 基础种子 | 99.7 | |
| | | 认证种子一代 | 99.5 | |
| | | 认证种子二代 | 99.5 | |
| 亚麻 | | 基础种子 | 99.0 | |
| | | 认证种子一代 | 98.0 | |
| | | 认证种子二代 | 97.5 | |
| 大豆 | | 基础种子 | 99.5 | |
| | | 认证种子一代 | 99.0 | |
| | | 认证种子二代 | 99.0 | |

AOSCA 和欧盟等组织都规定了种子物理质量的具体标准，不过 AOSCA 规定的是推荐性标准，而欧盟法令规定的最低标准是强制性标准。经常列入国家标准的种子物理指标有净度、发芽率、③杂草种子，也有列入其他指标，包括种子健康、水分、种子大小、活力等。现列举欧盟和 AOSCA 规定的一些主要农作物种子质量标准。对于净种子百分率，欧盟规定小麦基础种子为 99%，其他种类种子 98%，玉米为 98%，大豆为 98%；AOSCA 规定小麦为 96%，玉米为 98%，大豆为 98%。发芽率欧盟规定小麦种子为 85%，玉米为 90%，大豆为 80%；AOSCA 规定小麦为 85%，玉米为 90%，甜玉米为 80%，大豆为 80%。对于种子水分，美国种子法规定：菜豆 7.0%，甘蓝 5.0%，结球白菜 5.0%，花椰菜 5.0%，黄瓜 6.0%，茄子 6.0%，莴苣 5.5%，芥菜 5.0%，洋葱 6.5%，豌豆 7.0%，辣椒 4.5%，萝卜 5.0%，菠菜 8.0%，番茄 5.5%，西瓜 6.5%，甜瓜 6.0%。

## 二、我国种子质量分级标准

随着种子产业的发展，我国于 20 世纪 80 年代制定并颁布了《农作物种子检验规程》《牧草种子检验规程》《农作物种子质量标准》《蔬菜种子质量标准》《主要农作物种子包装标准》等一批与种子质量有关的国家标准。到了 90 年代，由于我国等效采用国际种子检验协会的《国际种子检验规程》，颁布了《农作物种子检验规程》（GB/T 3543.1～3543.7—1995），为了适应新规程的要求，对原有的种子质量分级标准进行了修订，陆续颁布了《粮食作物种子 禾谷类》（GB 4404.1—1996）、《粮食作物种子 豆类》（GB 4404.2—1996）、《粮食作物种子 绿豆、赤豆》（GB 4404.3—1996）、《经济作物种子 纤维类》（GB 4407.1—1996）、《经济作物种子 油料类》（GB 4407.2—1996）、《瓜菜作物种子 瓜类》（GB 16715.1—1996）、《瓜菜作物种子 白菜类》（GB 16715.2—1999）、《瓜菜作物种子 茄果类》（GB 16715.3—1999）、《瓜菜作物种子 甘蓝类》（GB 16715.4—1999）、《瓜菜作物种子 叶菜类》（GB 16715.5—1999）、《粮食作物种子 荞麦》（GB 4404.4—1999）、《粮食作物种子 燕麦》（GB 4404.5—1999）等种子质量国家标准。与此同时，有关省（自治区、直辖市）也结合各自的特色，根据要求，制定并颁布了一批地方种子质量产品标准，对未列入国家标准的作物种类进行了补充。新的种子检验规程和种子质量标准的颁布实施，适应了种子产业发展的需求，对于规范行业行为、净化市场、保护农业生产安全、促进农民增产增收，起到了重要作用。进入 21 世纪，我国对种子质量标准进一步进行了系统修订。我国种子质量分级标准是以品种纯度为中心的质量分级制，即以纯度定级，净度、发芽率、水分采用最低标准，即不能低于最低标准，否则不能作为合格种子。分级时将常规品种、亲本种子分为原种和良种两级，杂交种分为 1 级和 2 级两个级别。禾谷类作物主要包括水稻、小麦、玉米、大麦、荞麦、燕麦、高粱、粟、黍子和糜子等。我国现行禾谷类作物种子的各项质量指标要求见附表 5。

## 第三节　签发证书

### 一、国际种子检验证书

#### （一）ISTA 认可检验站获准签发国际种子检验证书

ISTA 检验站会员当完成整个申请程序及获得该国政府批准后，便可签发橙色国际种子批证书和蓝色国际种子样本证书。在国际种子贸易中"进行种子批货出、入口贸易，应以橙色国际种子批货证书为显示其种子批货的有效质量证明"。

当种子批扦样和样品测试均由经国际认可的实验室负责，或扦样和样品测试由不同的国际认可实验室负责时，将颁发橙色国际种子批次证书。当扦样实验室与测试的实验室不同时，则必须说明。

当种子批的扦样不是由国际认可的实验室负责，经认可的实验室负责样品测试时，将颁发蓝色的样品证书。它不对样品与可能从中派生的任何种子批之间的关系负责。

除橙色证书和蓝色证书外，还有临时证书和副本证书。临时证书是在完成一项或多项测试之后，应申请人的要求而颁发的 ISTA 证书。它被标记为临时证书，并且必须在"其他测定"栏目声明："完成后将颁发最终证书。"副本证书是完整的 ISTA 证书原件的精确打印副本，而不是影印件，标有"DUPLICATE"。

### （二）检验报告的格式和内容

ISTA 规定，证书的填报必须用打字机或打印机来完成，报告须采用 ISTA 提供的统一格式。凡有添加、修改、替换或擦涂迹象的证书都不能签发。对现行国际种子检验规程中未列入的种不能签发证书。同时，由于规程未对其所列种的混合种规定检验方法，所以对混合种也不能签发证书。只有当与规程有关的那些检验结果也被填报时，现行 ISTA 的规程未涉及的检验结果才可以同时填入国际种子检验证书。在证书的规定位置填报"正本"或"副本"字样，并且对一组检验结果只能签发一份正本证书。

完整的橙色国际种子批次证书必须显示以下信息：①发证实验室名称、地址、ISTA 会员代码和印章；②负责扦样的实验室名称和 ISTA 会员代码；③种子批次标识（即批次标记）；④颁发证书的袋数；⑤扦样日期；⑥测试实验室收到样品的日期；⑦测试结束日期；⑧颁发证书的地点、国家和日期；⑨检测实验室的检测或样品编号；⑩分析结果；⑪对于分批证书，在"其他测定"栏目下填写："报告的结果代表了从……公斤的原始种子批次中抽取的样本。"⑫当种子批位于与扦样实验室不同的国家时，在"扦样者"或"附加观察"下报告，种子批扦样的国家；⑬签发实验室负责人或其受授权人的声明："我证明已按照 ISTA 的国际种子测试规则进行扦样、密封和测试，并且测试由国际种子测试协会认可的实验室进行，可颁发国际种子分析证书"。检验站负责人应申明："我保证扦样和封缄都按照国际种子检验协会现行的国际种子检验规程进行。"

填写蓝色国际种子样品证书的原则与填写橙色国际种子批次证书相似。但是，要求填写的内容有所不同，因为签发站对蓝色国际证书不负责扦样。

完整的证书必须显示以下信息：①发证实验室名称、地址、ISTA 会员代码及印章；②测试实验室收到样品的日期；③测试结束日期；④颁发证书的地点、国家和日期；⑤检测实验室的检测或样品编号；⑥测试结果；⑦签发实验室负责人或其授权人的签名，确认证书背面的声明为真实；⑧说明签名人或"授权签字人"的工作职位。检验站负责人应申明："我证明测试是按照 ISTA 的国际种子检验规程进行的，并且测试是在国际种子检验协会认可的实验室进行的，可以颁发国际种子分析证书"。

结果报告应包括：

（1）净度

净种子、杂质和其他植物种子的重量百分率都应保留 1 位小数。如果重量百分率低于 0.05%，则填作"TR"（微量）。如果没有发现"杂质"或"其他植物种子"，则填作"0.0"。对净度分析中发现的每一种其他植物种子，都应注明其学名。如果某一种的种子重量百分率达 1.0% 或更多，就应专门填报，这些百分率修约至 0.1%，并紧接在该种的学名后面。注明重量百分率的那些种首先列出。应申请者的要求，某一指定种的重量百分率也须填报。如申请者有要求，"其他植物种子"可分成"其他作物种子"和"杂草种子"。在这种情况下，必须填入"其他作物种子"字样，接着填写找到的其他作物种的名称及其种子重量百分率。对"杂草种子"也必须按此法填写。复粒种子单位应填作____%MSU。任何一类杂质都必须填报，如果发现其质量百分率达到 1.0% 或更多，则应将百分率修至约 1 位小数填报。证书上尽可能填报那些规定名词。

（2）其他植物种子数目的测定

测定结果应当在"其他测定"项目中以被检种子重量中发现的每一种种子数目来填报。"完全检验"的字样应当填写在所检种子重量的旁边。如果检查仅是对其他种的有限范围，则应填明"有限检验"字样。如果检查的种子重量少于规定重量，则应填明"简化检验"字样。此外，测定结果可以用一些其他方式来表达，如发现的种子重量或每千克所含种籽粒数。

（3）发芽试验

发芽试验的结果以最接近的整数填报，并按正常幼苗、硬实、新鲜不发芽种子、不正常幼苗和死种子分类填写。如果发芽试验中发现任何一类为零，则必须在该栏中填作"0"。如果发芽时间超过规定的时间，其规定栏中填报末次计数发芽率。在"其他测定"项目中填报规定时间以后的正常幼苗数，并说明如下："到规定时间＿＿天后，有＿＿%为正常幼苗"。在"其他测定"项目中应注明采用的发芽试验方法，如果为破除休眠而进行了预处理，也应在该处注明预处理。

（4）包衣种子

对包衣种子签发的证书，必须在种名后填明"丸化种子""包膜种子""种子颗粒""种子带"或"种子毯"。净包衣种子、杂质和未包衣种子的百分率分别在"净种子""杂质"和"其他植物种子"栏中填报。在检测100粒去掉包衣材料的种子中发现的每个种的名称和种子数都应填报在"其他测定"中。发芽试验应填报未包衣种子的结果。

（5）水分测定

检验种发现的水分百分率应填报至最接近的0.1%。

（6）四唑测定

四唑测定结果应以"四唑测定：＿＿＿＿%为有生活力的种子"填报在"其他测定"中。

（7）种子健康检测

检测结果应填报在"其他检测"中，须注明检查出的病原菌的学名和感染种子的百分率，同时填报检测所用方法的信息（包括预处理）。

检验报告的风险由签发检验报告的检验站自行承担。进行新的扦样和检验后，原有的检验证书必须吊销。检验证书须填写国家名称、地点和签发时间，并附有签发站负责人或其授权人的签章后，才能生效。

## 二、我国种子检验报告

根据我国种子检验工作的实际，我国种子检验报告一般分成单个参数测定结果报告（表10-4～表10-8，主要在检验机构和企业内部使用）和检测结果综合报告（主要是检验机构对外使用），国家种子检验规程GB/T 3543.1中的种子检验结果报告单（表10-9）主要在企业内部及非认证的检验实验室使用。根据国家有关规定，认证的检测中心出具的检验报告和综合检验报告至少要包含以下信息：①标题，例如"检验证书"或"检验报告"；②检测机构的名称与地址，进行检验的地点（如果与实验室地址不同）；③检验证书或报告的唯一性标识（如序号）和每页及总页数的标识；④委托方的名称和地址；⑤被检验种子样品的说明和明确标识；⑥检验种子样品的特性和状态；⑦检验种子样品的接收和进行检验的日期（如果适用）；

⑧对所采用检验方法的标识，或者对所采用的任何非标准方法的明确说明；⑨涉及的扦样程序（如果适用）；⑩对检验方法的任何偏离、增加或减少以及其他任何与特定的检验有关的信息，如环境条件；⑪测量、检查和导出的结果（适当地辅以表格、图、简图和照片加以说明），以及对结果失效的证明；⑫对估算的检验结果不确定度的说明（如果适用）；⑬对检验证书或报告（不管如何形成）内容负责人员的签字、职务或等效标识，以及签发日期；⑭委托检验，作出本结果仅对所检验样品有效的声明；⑮未经检测机构书面批准，不得复制检验证书或报告（完整复制除外）的声明。

表10–4　种子含水量测定结果报告

编号：

| 样品登记号 | 作物名称 | 烘干步骤 | 测定方法 | 盒号 | 盒重/g | 试样重/g | 盒重+样 | | 失重/g | 含水量/% | 重复间差异/% | 含水量/% | 含水量/% |
|---|---|---|---|---|---|---|---|---|---|---|---|---|---|
| | | | | | | | 烘前/g | 烘后/g | | | | | |
| | | | | | | | | | | | | | |
| | | | | | | | | | | | | | |
| | | | | | | | | | | | | | |
| 检测依据 | | | | | | | | | | | | | |
| 主要仪器及编号 | | | | | | | | | | | | | |

说明：1. 环境条件：温度_____℃，相对湿度_____%
　　　2. 烘干步骤一栏用于填写高水分预先烘干法的两次烘干

检验员：　　　日期：　　　校核人：　　　日期：　　　审核人：　　　日期：

表10–5　种子重量测定结果报告

编号：

| 样品登记号 | | | 作物名称 | | | | | | 品种（组合）名称 | | |
|---|---|---|---|---|---|---|---|---|---|---|---|
| 规定水分/% | | | 实测水分/% | | | | | | 检验方法 | | |
| 百粒重 | 重复 | Ⅰ | Ⅱ | Ⅲ | Ⅳ | Ⅴ | Ⅵ | Ⅶ | Ⅷ | 实测千粒重/g | 规定水分千粒重/g |
| | 重量/g | | | | | | | | | | |
| | 平均百粒重（$x$）/g | | | 标准差（$S$） | | | 变异系数（$c$） | | | | |
| 千粒法 | 重复 | Ⅰ（$x_1$） | | Ⅱ（$x_2$） | | 平均（$x$） | | $[(x_1-x_2)/x]<5\%$ | | | |
| | 重量/g | | | | | | | | | | |
| 全量法 | 样品重/g | | | | 粒数（粒）$N$ | | | | | | |
| 检测依据 | | | | | | | | | | | |
| 主要仪器及编号 | | | | | | | | | | | |

检验员：　　　日期：　　　校核人：　　　日期：　　　审核人：　　　日期：

表 10-6  净度分析结果报告　　　　　　　　编号：

| 样品登记号 | | | 作物名称 | | | 品种（组合）名称 | | | |
|---|---|---|---|---|---|---|---|---|---|
| 送验样品重/g | | | 重型混杂物/g | | | 其他植物种子/g | | | |
| | | | | | | 杂质重/g | | | |

| 类别 | | 重复 | 试样重/g | 净种子 || 其他植物种子 || 杂质 || 各成分重量之和/g |
|---|---|---|---|---|---|---|---|---|---|---|
| | | | | 重量/g | 百分数/% | 重量/g | 百分数/% | 重量/g | 百分数/% | |
| 全试样 | | | | | | | | | | |
| 半试样 | | 试样1 | | | | | | | | |
| | | 试样2 | | | | | | | | |
| | | 平均值 | | | | | | | | |
| | | 实际差/% | | | | | | | | |
| | | 容许误差/% | | | | | | | | |

| 其他植物种子名称及个数 | |
|---|---|
| 杂质种类 | |

| 净度分析结果 | 净种子/% | | 其他作物种子/% | | 杂质/% | |
|---|---|---|---|---|---|---|

| 检测依据 | |
|---|---|
| 主要仪器及编号 | |

说明：全试样或半试样只需选择其中一种方法进行检测

检验员：　　日期：　　校核人：　　日期：　　审核人：　　日期：

表 10-7  发芽试验结果报告　　　　　　　　编号：

| 样品登记号 | | | | | | | | | | | | | |
|---|---|---|---|---|---|---|---|---|---|---|---|---|---|
| 作物名称 | | | | | 品种（组合）名称 | | | | | | | | |

| 重复日期 | I ||| II ||| III ||| IV ||| 结果/% | 发芽床_____ 温度_____℃ 置床日期_____ 实验持续时间__天 发芽前处理和方法 |
|---|---|---|---|---|---|---|---|---|---|---|---|---|---|---|
| | 正 | 不 | 死 | 正 | 不 | 死 | 正 | 不 | 死 | 正 | 不 | 死 | | |
| | | | | | | | | | | | | | | |
| | | | | | | | | | | | | | | |
| | | | | | | | | | | | | | | |
| 正常幼苗 | | | | | | | | | | | | | | 容许误差_____ 实际误差_____ 不正常幼苗种类 |
| 新鲜不发芽 | | | | | | | | | | | | | | |
| 硬实 | | | | | | | | | | | | | | |
| 不正常幼苗 | | | | | | | | | | | | | | |
| 死种子 | | | | | | | | | | | | | | |

| 检测依据 | |
|---|---|
| 主要仪器及编号 | |

检验员：　　日期：　　校核人：　　日期：　　审核人：　　日期：

### 表 10-8  真实性与品种纯度小区鉴定结果报告

样品登记号：　　　　　　　　　　种植地区：　　　　　　　　　　　　　　编号：

| 作物名称 | 小区 | 品种或组合名称 | 鉴定日期 | 鉴定生育期 | 供检株数 | 本品种株数 | 杂株种类及株数 | | | 品种纯度/% | 病虫害株数 | 杂草种类 | 检验员 | 校核人 | 审核人 |
|---|---|---|---|---|---|---|---|---|---|---|---|---|---|---|---|
|  |  |  |  |  |  |  |  |  |  |  |  |  |  |  |  |
|  |  |  |  |  |  |  |  |  |  |  |  |  |  |  |  |
|  |  |  |  |  |  |  |  |  |  |  |  |  |  |  |  |
|  |  |  |  |  |  |  |  |  |  |  |  |  |  |  |  |
|  |  |  | 平均值 |  |  |  |  |  |  |  |  |  |  |  |  |
| 检测依据 |  |  |  |  |  |  |  |  |  |  |  |  |  |  |  |
| 备注： |  |  |  |  |  |  |  |  |  |  |  |  |  |  |  |

### 表 10-9  种子检验结果报告单

　　　字第　　　　　号

| 送验单位 |  |  | 产地 |  |  |
|---|---|---|---|---|---|
| 作物名称 |  |  | 代表数量 |  |  |
| 品种名称 |  |  |  |  |  |
| 净度分析 | 净种子 /% | | 其他植物种子 /% | | 杂质 /% |
|  |  | | | | |
|  | 其他植物种子的种类及数目： | | | | 完全 / 有限 / 简化检验 |
|  | 杂质的种类： | | | | |
| 发芽试验 | 正常幼苗 /% | 硬实 /% | 新鲜不发芽种子 /% | 不正常幼苗 /% | 死种子 /% |
|  |  |  |  |  |  |
|  | 发芽床＿＿＿＿＿＿＿＿＿＿，温度＿＿＿＿＿＿＿＿，试验持续时间＿＿＿＿＿＿＿＿＿＿ | | | | |
|  | 发芽前处理和方法＿＿＿＿＿＿＿＿＿＿＿＿＿＿＿＿＿＿＿＿＿＿＿＿＿＿＿＿＿＿＿ | | | | |
| 纯度 | 实验室方法＿＿＿＿＿＿＿＿＿＿＿＿＿＿＿＿，品种纯度＿＿＿＿＿＿＿＿＿＿＿＿％ | | | | |
|  | 田间小区鉴定＿＿＿＿＿＿＿＿＿＿＿株数，本品种＿＿＿＿＿＿％，异品种＿＿＿＿＿＿％ | | | | |
| 水分 | 水分＿＿＿＿＿＿＿＿＿＿＿＿＿＿＿％ | | | | |
| 其他测定项目 | 生活力＿＿＿＿＿＿＿＿＿＿＿＿＿＿＿％ | | | | |
|  | 千粒重＿＿＿＿＿＿＿＿＿＿＿＿＿＿＿g | | | | |
|  | 健康状况：＿＿＿＿＿＿＿＿＿＿＿＿＿ | | | | |

检验单位（盖章）：　　　　　　检验员（技术负责人）：　　　　　　复核员：

填报日期：＿＿＿年＿＿＿月＿＿＿日

## 思考题

1. 国际种子检验报告的种类及其含义有哪些？
2. 我国种子检验报告的内容主要体现了什么信息？
3. 如何做好检验结果的评定？

## 数字课程资源

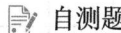 教学课件      自测题

# 附表 1

农作物种子批的最大重量和样品最小重量

| 种名（变种） | 学名 | 种子批的最大重量 /kg | 样品最小重量 /g | | |
|---|---|---|---|---|---|
| | | | 送验样品 | 净度分析试样 | 其他植物种子计数试样 |
| 洋葱 | *Allium cepa* L. | 10 000 | 80 | 8 | 80 |
| 葱 | *Allium fistulosum* L. | 10 000 | 50 | 5 | 50 |
| 韭葱 | *Allium porrum* L. | 10 000 | 70 | 7 | 70 |
| 细香葱 | *Allium schoenoprasum* L. | 10 000 | 30 | 3 | 30 |
| 韭菜 | *Allium tuberosum* Rottl.ex Spreng. | 10 000 | 100 | 10 | 100 |
| 苋菜 | *Amaranthus tricolor* L. | 5 000 | 10 | 2 | 10 |
| 芹菜 | *Apium graveolens* L. | 10 000 | 25 | 1 | 10 |
| 根芹菜 | *Apium graveolens* L.var.*rapaceum* DC. | 10 000 | 25 | 1 | 10 |
| 花生 | *Arachis hypogaea* L. | 25 000 | 1 000 | 1 000 | 1 000 |
| 牛蒡 | *Arctium lappa* L. | 10 000 | 50 | 5 | 50 |
| 石刁柏 | *Asparagus officinalis* L. | 20 000 | 1 000 | 100 | 1 000 |
| 紫云英 | *Astragalus sinicus* L. | 10 000 | 70 | 7 | 70 |
| 裸燕麦（莜麦） | *Avena nuda* L. | 25 000 | 1 000 | 120 | 1 000 |
| 普通燕麦 | *Avena sativa* L. | 25 000 | 1 000 | 120 | 1 000 |
| 落葵 | *Basella* spp.L. | 10 000 | 200 | 60 | 200 |
| 冬瓜 | *Benincasa hispida*（Thunb.）Cogn. | 10 000 | 200 | 100 | 200 |
| 节瓜 | *Benincasa hispida* Cogn.var.*chiehqua* How. | 10 000 | 200 | 100 | 200 |
| 甜菜 | *Beta vulgaris* L. | 20 000 | 500 | 50 | 500 |
| 叶甜菜 | *Beta vulgaris* var.*cicla* | 20 000 | 500 | 50 | 500 |
| 根甜菜 | *Beta vulgaris* var.*rapacea* | 20 000 | 500 | 50 | 500 |
| 白菜型油菜 | *Brassica campestris* L. | 10 000 | 100 | 10 | 100 |
| 不结球白菜（包括白菜、乌塌菜、紫菜薹、薹菜、菜薹） | *Brassica campestris* L.spp.*chinensis*（L.） | 10 000 | 100 | 10 | 100 |
| 芥菜型油菜 | *Brassica juncea* Czern. et Coss. | 10 000 | 40 | 4 | 40 |
| 根用芥菜 | *Brassica juncea* Coss.var.*megarrhiza* Tsen et Lee | 10 000 | 100 | 10 | 100 |
| 叶用芥菜 | *Brassica juncea* Coss.var.*foliosa* Bailey | 10 000 | 40 | 4 | 40 |
| 茎用芥菜 | *Brassica juncea* Coss.var.*tsatsai* Mao | 10 000 | 40 | 4 | 40 |

续表

| 种名（变种） | 学名 | 种子批的最大重量 /kg | 样品最小重量 /g | | |
|---|---|---|---|---|---|
| | | | 送验样品 | 净度分析试样 | 其他植物种子计数试样 |
| 甘蓝型油菜 | *Brassica napus* L. spp.*pekinensis* (Lour.) Olsson | 10 000 | 100 | 10 | 100 |
| 芥蓝 | *Brassica oleracea* L.var. *alboglabra* Bailey | 10 000 | 100 | 10 | 100 |
| 结球甘蓝 | *Brassica oleracea* L.var. *capitata* L. | 10 000 | 100 | 10 | 100 |
| 球茎甘蓝（苤蓝） | *Brassica oleracea* L.var. *caulorapa* DC. | 10 000 | 100 | 10 | 100 |
| 花椰菜 | *Brassica oleracea* L.var. *bortytis* L. | 10 000 | 100 | 10 | 100 |
| 抱子甘蓝 | *Brassica oleracea* L.var. *gemmifera* Zenk. | 10 000 | 100 | 10 | 100 |
| 青花菜 | *Brassica oleracea* L.var. *italica* Plench | 10 000 | 100 | 10 | 100 |
| 结球白菜 | *Brassica campestris* L.spp. *pekinensis* (Lour.) Olsson. | 10 000 | 100 | 4 | 40 |
| 芜菁 | *Brassica rapa* L. | 10 000 | 70 | 7 | 70 |
| 芜菁甘蓝 | *Brassica napobrassica* Mill. | 10 000 | 70 | 7 | 70 |
| 木豆 | *Cajanus cajan* (L.) Mill sp. | 20 000 | 1 000 | 300 | 1 000 |
| 大刀豆 | *Canavalia gladiata* (Jacq.) DC. | 20 000 | 1 000 | 1 000 | 1 000 |
| 大麻 | *Cannabis sativa* L. | 10 000 | 600 | 60 | 600 |
| 辣椒 | *Capsicum frutescens* L. | 10 000 | 150 | 15 | 150 |
| 甜椒 | *Capsicum frutescens* var. *grossum* | 10 000 | 150 | 15 | 150 |
| 红花 | *Carthamus tinctorius* L. | 25 000 | 900 | 90 | 900 |
| 茼蒿 | *Chrysanthemum coronarium* var. *spatisum* | 5 000 | 30 | 8 | 30 |
| 西瓜 | *Citrullus lanatus*. (Thunb.) Matsum.et Nakai | 20 000 | 1 000 | 250 | 1 000 |
| 薏苡 | *Coix lacrynajobi* L. | 5 000 | 600 | 150 | 600 |
| 圆果黄麻 | *Corchorus capsularis* L. | 10 000 | 150 | 15 | 150 |
| 长果黄麻 | *Corchorus olitorius* L. | 10 000 | 150 | 15 | 150 |
| 芫荽 | *Coriandrum sativum* L. | 10 000 | 400 | 40 | 400 |
| 柽麻 | *Crotalaria juncea* L. | 10 000 | 700 | 70 | 700 |
| 甜瓜 | *Cucumis melo* L. | 10 000 | 150 | 70 | 150 |
| 越瓜 | *Cucumis melo* L.var.*conomon* Makino | 10 000 | 150 | 70 | 150 |
| 菜瓜 | *Cucumis melo* L.var.*flexuosus* Naud. | 10 000 | 150 | 70 | 150 |
| 黄瓜 | *Cucumis sativus* L. | 10 000 | 150 | 70 | 150 |
| 笋瓜（印度南瓜） | *Cucurbita maxima*. Duch.ex Lam | 20 000 | 1 000 | 700 | 1 000 |

附表1 农作物种子批的最大重量和样品最小重量

续表

| 种名（变种） | 学名 | 种子批的最大重量 /kg | 样品最小重量 /g | | |
|---|---|---|---|---|---|
| | | | 送验样品 | 净度分析试样 | 其他植物种子计数试样 |
| 南瓜（中国南瓜） | *Cucurbita moschata*（Duchesne）Duchesne ex Poiret | 10 000 | 350 | 180 | 350 |
| 西葫芦（美洲南瓜） | *Cucurbita pepo* L. | 20 000 | 1 000 | 700 | 1 000 |
| 瓜尔豆 | *Cyamopsis tetragonoloba*（L.）Taubert | 20 000 | 1 000 | 100 | 1 000 |
| 胡萝卜 | *Daucus carota* L. | 10 000 | 30 | 3 | 30 |
| 扁豆 | *Dolichos lablab* L. | 20 000 | 1 000 | 600 | 1 000 |
| 龙爪稷 | *Eleusine coracana*（L.）Gaertn. | 10 000 | 60 | 6 | 60 |
| 甜荞 | *Fagopyrum esculentum* Moench | 10 000 | 600 | 60 | 600 |
| 苦荞 | *Fagopyrum tataricum*（L.）Gaertn. | 10 000 | 500 | 50 | 500 |
| 茴香 | *Foeniculum vulgare* Miller | 10 000 | 180 | 18 | 180 |
| 大豆 | *Glycine max*（L.）Merr. | 25 000 | 1 000 | 500 | 1 000 |
| 棉花 | *Gossypium* spp. | 25 000 | 1 000 | 350 | 1 000 |
| 向日葵 | *Helianthus annuus* L. | 25 000 | 1 000 | 200 | 1 000 |
| 红麻 | *Hibiscus cannabinus* L. | 10 000 | 700 | 70 | 700 |
| 黄秋葵 | *Hibiscus esculentus* L. | 20 000 | 1 000 | 140 | 1 000 |
| 大麦 | *Hordeum vulgare* L. | 25 000 | 1 000 | 120 | 1 000 |
| 蕹菜 | *Ipomoea aquatica* Forsskal | 20 000 | 1 000 | 100 | 1 000 |
| 莴苣 | *Lactuca sativa* L. | 10 000 | 30 | 3 | 30 |
| 瓠瓜 | *Lagenaria siceraria*（Molina）Standley | 20 000 | 1 000 | 500 | 1 000 |
| 兵豆（小扁豆） | *Lens culinaris* Medikus | 10 000 | 600 | 60 | 600 |
| 亚麻 | *Linum usitatissimum* L. | 10 000 | 150 | 15 | 150 |
| 棱角丝瓜 | *Luffa acutangula*（L）.Roxb. | 20 000 | 1 000 | 400 | 1 000 |
| 普通丝瓜 | *Luffa cylindrica*（L.）Roem. | 20 000 | 1 000 | 250 | 1 000 |
| 番茄 | *Lycopersicon lycopersicum*（L.）Karsten | 10 000 | 15 | 7 | 15 |
| 金花菜 | *Medicago polymor pha* L. | 10 000 | 70 | 7 | 70 |
| 紫花苜蓿 | *Medicago sativa* L. | 10 000 | 50 | 5 | 50 |
| 白香草木樨 | *Melilotus albus* Desr. | 10 000 | 50 | 5 | 50 |
| 黄香草木樨 | *Melilotus officinalis*（L.）Pallas | 10 000 | 50 | 5 | 50 |
| 苦瓜 | *Momordica charantia* L. | 20 000 | 1 000 | 450 | 1 000 |
| 豆瓣菜 | *Nasturtium officinale* R.Br. | 10 000 | 25 | 0.5 | 5 |
| 烟草 | *Nicotiana tabacum* L. | 10 000 | 25 | 0.5 | 5 |

续表

| 种名（变种） | 学名 | 种子批的最大重量/kg | 样品最小重量/g ||||
|---|---|---|---|---|---|
| | | | 送验样品 | 净度分析试样 | 其他植物种子计数试样 |
| 罗勒 | Ocimum basilicum L. | 10 000 | 40 | 4 | 40 |
| 稻 | Oryza sativa L. | 25 000 | 400 | 40 | 400 |
| 豆薯 | Pachyrhizus erosus（L.）Urban | 20 000 | 1 000 | 250 | 1 000 |
| 黍（糜子） | Panicum miliaceum L. | 10 000 | 150 | 15 | 150 |
| 美洲防风 | Pastinaca sativa L. | 10 000 | 100 | 10 | 100 |
| 香芹 | Petroselinum crispum（Miller）Nyman ex A.W.Hill | 10 000 | 40 | 4 | 40 |
| 多花菜豆 | Phaseolus multiflorus Willd | 20 000 | 1 000 | 1 000 | 1 000 |
| 利马豆（菜豆） | Phaseolus lunatus L. | 20 000 | 1 000 | 1 000 | 1 000 |
| 菜豆 | Phaseolus vulgaris L. | 25 000 | 1 000 | 700 | 1 000 |
| 酸浆 | Physalis pubescens L. | 10 000 | 25 | 2 | 20 |
| 茴芹 | Pimpinella anisum L. | 10 000 | 70 | 7 | 70 |
| 豌豆 | Pisum sativum L. | 25 000 | 1 000 | 900 | 1 000 |
| 马齿苋 | Portulaca oleracea L. | 10 000 | 25 | 0.5 | 5 |
| 四棱豆 | Psophocar pus tetragonolobus（L.）DC. | 25 000 | 1 000 | 1 000 | 1 000 |
| 萝卜 | Raphanus sativus L. | 10 000 | 300 | 30 | 300 |
| 食用大黄 | Rheum rhaponticum L. | 10 000 | 450 | 45 | 450 |
| 蓖麻 | Ricinus communis L. | 20 000 | 1 000 | 500 | 1 000 |
| 鸦葱 | Scorzonera hispanica L. | 10 000 | 300 | 30 | 300 |
| 黑麦 | Secale cereale L. | 25 000 | 1 000 | 120 | 1 000 |
| 佛手瓜 | Sechium edule（Jacp.）Swartz | 20 000 | 1 000 | 1 000 | 1 000 |
| 芝麻 | Sesamum indicum L. | 10 000 | 70 | 7 | 70 |
| 田菁 | Sesbania cannabina（Retz.）Pers. | 10 000 | 90 | 9 | 90 |
| 粟 | Setaria italica（L.）Beauv. | 10 000 | 90 | 9 | 90 |
| 茄子 | Solanum melongena L. | 10 000 | 150 | 15 | 150 |
| 高粱 | Sorghum bicolor（L.）Moench | 10 000 | 900 | 90 | 900 |
| 菠菜 | Spinacia oleracea L. | 10 000 | 250 | 25 | 250 |
| 黎豆 | Stizolobium spp. | 20 000 | 1 000 | 250 | 1 000 |
| 番杏 | Tetragonia tetragonioides（Pallas）Kuntze | 20 000 | 1 000 | 200 | 1 000 |
| 婆罗门参 | Tragopogon porrifolius L. | 10 000 | 400 | 40 | 400 |
| 小黑麦 | Triticosecale Wittm. | 25 000 | 1 000 | 120 | 1 000 |
| 小麦 | Triticum aestivum L. | 25 000 | 1 000 | 120 | 1 000 |

续表

| 种名（变种） | 学名 | 种子批的最大重量 /kg | 样品最小重量 /g | | |
|---|---|---|---|---|---|
| | | | 送验样品 | 净度分析试样 | 其他植物种子计数试样 |
| 蚕豆 | *Vicia faba* L. | 25 000 | 1 000 | 1 000 | 1 000 |
| 箭舌豌豆 | *Vicia sativa* L. | 25 000 | 1 000 | 140 | 1 000 |
| 毛叶苕子 | *Vicia villosa* Roth | 20 000 | 1 080 | 140 | 1 080 |
| 赤豆 | *Vigna angularis*（Willd）Ohwi & Ohashi | 20 000 | 1 000 | 250 | 1 000 |
| 绿豆 | *Vigna radiata*（L.）Wilczek | 20 000 | 1 000 | 120 | 1 000 |
| 饭豆 | *Vigna umbellata*（Thunb.）Ohwi & Ohashi | 20 000 | 1 000 | 250 | 1 000 |
| 长豇豆 | *Vigna unguiculata* W.spp. *sesquipedalis*（L.）Verd. | 20 000 | 1 000 | 400 | 1 000 |
| 矮豇豆 | *Vigna unguiculata* W.spp.*unguiculata*（L.）Verd. | 20 000 | 1 000 | 400 | 1 000 |
| 玉米 | *Zea mays* L. | 40 000 | 1 000 | 900 | 1 000 |

# 附表 2

农作物种子的发芽技术规定

| 种名（变种） | 学名 | 发芽床 | 温度 /℃ | 初次计数天数 /d | 末次计数天数 /d | 附加说明，包括破除休眠的建议 |
|---|---|---|---|---|---|---|
| 洋葱 | *Allium cepa* L. | TP，BP，S | 20，15 | 6 | 12 | 预先冷冻 |
| 葱 | *Allium fistulosum* L. | TP，BP，S | 20，15 | 6 | 12 | 预先冷冻 |
| 韭葱 | *Allium porrum* L. | TP，BP，S | 20，15 | 6 | 14 | 预先冷冻 |
| 细香葱 | *Allium schoenoprasum* L. | TP，BP，S | 20，15 | 6 | 14 | 预先冷冻 |
| 韭菜 | *Allium tuberosum* Rottl. ex Spreng. | TP | 20~30，20 | 6 | 14 | 预先冷冻 |
| 苋菜 | *Amaranthus tricolor* L. | TP | 20~30，20 | 4~5 | 14 | 预先冷冻；$KNO_3$ |
| 芹菜 | *Apium graveolens* L. | TP | 15~25，20，15 | 10 | 21 | 预先冷冻 |
| 根芹菜 | *Apium graveolens* L.var. *rapaceum* DC. | TP | 15~25，20，15 | 10 | 21 | 预先冷冻 |
| 花生 | *Arachis hypogaea* L. | BP，S | 20~30，25 | 5 | 10 | 去壳；预先加温（40℃） |
| 牛蒡 | *Arctium lappa* L. | TP，BP | 20~30，20 | 14 | 35 | 预先冷冻；四唑染色 |
| 石刁柏 | *Asparagus officinalis* L. | TP，BP，S | 20~30，25 | 10 | 28 | |
| 紫云英 | *Astragalus sinicus* L. | TP，BP | 20 | 6 | 12 | 机械破皮 |
| 裸燕麦（莜麦） | *Avena nuda* L. | BP，S | 20 | 5 | 10 | |
| 普通燕麦 | *Avena satiiva* L. | BP，S | 20 | 5 | 10 | 预先加温（30~35℃） |
| 落葵 | *Basella* spp.L. | TP，BP | 30 | 10 | 28 | 预先冷冻；$GA_3$ |
| 冬瓜 | *Benincasa hispida*（Thub.）Cogn. *Benincasa hispida* Cogn. var. *chich-qua* How. | TP，BP | 20~30，30 | 7 | 14 | |
| 节瓜 | *Beta vulgaris* L. | TP，BP | 20~30，30 | 7 | 14 | |
| 甜菜 | *Beta vulgaris* var. *cicla* | TP，BP，S | 20~30，15~20 | 4 | 14 | 预先洗涤 |
| 叶甜菜 | *Beta vulgaris* var. *cicla* | TP，BP，S | 20~30，15~20 | 4 | 14 | |
| 根甜菜 | *Beta vulgaris* var. *rapacea* | TP，BP，S | 20~30，15~25，30 | 4 | 14 | |

续表

| 种名（变种） | 学名 | 发芽床 | 温度/°C | 初次计数天数/d | 末次计数天数/d | 附加说明，包括破除休眠的建议 |
|---|---|---|---|---|---|---|
| 白菜型油菜 | Brassica campestris L. | TP | 15~25，20 | 5 | 7 | |
| 不结球白菜（包括白菜、乌塌菜、紫菜薹、薹菜、菜薹） | Brassica campestris L. spp. chinensis (L.) Makino. | TP | 15~25，20 | 5 | 7 | 预先冷冻 |
| 芥菜型油菜 | Brassica juncea Czern.et Coss. | TP | 15~25，20 | 5 | 7 | 预先冷冻；KNO$_3$ |
| 根用芥菜 | Brassica juncea Coss. var. megarrhiza Tsen et Lee | TP | 15~25，20 | 5 | 7 | |
| 叶用芥菜 | Brassica juncea Coss. var. foliosa Bailey | TP | 15~25，20 | 5 | 7 | |
| 茎用芥菜 | Brassica juncea Coss. var. tsatsai Mao | TP | 15~25，20 | 5 | 7 | |
| 甘蓝型油菜 | Brassica napus L. spp. pekinensis (Lour.) Olsson | TP，BP | 15~25，20 | 5 | 7 | |
| 芥蓝 | Brassica oleracea L. var. alboglabra Bailey | TP，BP | 15~25，20 | 5 | 7 | |
| 结球甘蓝 | Brassica oleracea L. var. capitata L. | TP，BP | 15~25，20 | 5 | 10 | |
| 球茎甘蓝（苤蓝） | Brassica oleracea L.var. caulorapa DC. | TP，BP | 15~25，20 | 5 | 10 | |
| 花椰菜 | Brassica oleracea L. var. botrytis L. | TP，BP | 15~25，20 | 5 | 10 | |
| 抱子甘蓝 | Brassica oleracea L. var. gemmifera Zenk. | TP，BP | 15~25，20 | 5 | 10 | |
| 青花菜 | Brassica oleracea L. var. italica Plench | TP，BP | 15~25，20 | 5 | 10 | |
| 结球白菜 | Brassica campestris L. spp. pekinensis (Lour.) Olsson | TP | 15~25，20 | 5 | 7 | |
| 芜菁 | Brassica rapa L. | TP | 15~25，20 | 5 | 7 | |
| 芜菁甘蓝 | Brassica napobrassica Mill. | TP，BP | 15~25，20 | 5 | 14 | |
| 木豆 | Cajanus cajan (L.) Mill. sp. | BP，S | 20~30，25 | 4 | 10 | |
| 大刀豆 | Canavalia gladiata (Jacq.) DC | BP，S | 20 | 5 | 8 | |

续表

| 种名（变种） | 学名 | 发芽床 | 温度/℃ | 初次计数天数/d | 末次计数天数/d | 附加说明，包括破除休眠的建议 |
|---|---|---|---|---|---|---|
| 大麻 | *Cannabis sativa* L. | TP，BP | 20~30，20 | 3 | 7 | |
| 辣椒 | *Capsicum frutescens* L. | TP，BP，S | 20~30，30 | 7 | 14 | |
| 甜椒 | *Capsicum frutescens* var. *grossum* | TP，BP，S | 20~30，30 | 7 | 14 | |
| 红花 | *Carthamus tinctorius* L. | TP，BP，S | 20~30，25 | 4 | 14 | |
| 茼蒿 | *Chrysanthemum coronarium* var. *spatisum* | TP，BP | 20~30，15 | 4~7 | 21 | |
| 西瓜 | *Citrullus lanatus*（Thunb.）Matsum.et Nakai | BP，S | 20~30，30，25 | 5 | 14 | |
| 薏苡 | *Coix lacrynajobi* L. | BP | 20~30 | 7~10 | 21 | |
| 圆果黄麻 | *Corchorus capsularis* L. | TP，BP | 30 | 3 | 5 | |
| 长果黄麻 | *Corchorus olitorius* L. | TP，BP | 30 | 3 | 5 | |
| 芫荽 | *Coriandrum sativum* L. | TP，BP | 20~30，20 | 7 | 21 | |
| 柽麻 | *Crotalaria juncea* L. | BP，S | 20~30 | 4 | 10 | |
| 甜瓜 | *Cucumis melo* L. | BP，S | 20~30，25 | 4 | 8 | |
| 越瓜 | *Cucumis melo* L. var. *conomon* Makino | BP，S | 20~30，25 | 4 | 8 | |
| 菜瓜 | *Cucumis melo* L. var. *flexuosus* Naud. | BP，S | 20~30，25 | 4 | 8 | |
| 黄瓜 | *Cucumis sativus* L. | TP，BP，S | 20~30，25 | 4 | 8 | |
| 笋瓜（印度南瓜） | *Cucurbita maxima* Duch. ex Lam | BP，S | 20~30，25 | 4 | 8 | |
| 南瓜（中国南瓜） | *Cucurbita moschata*（Duchesne）Duchesne ex Poiret | BP，S | 20~30，25 | 4 | 8 | |
| 西葫芦（美洲南瓜） | *Cucurbita pepo* L. | BP，S | 20~30，25 | 4 | 8 | |
| 瓜尔豆 | *Cyamopsis tetragonoloba*（L.）Taubert | BP | 20~30 | 5 | 14 | |
| 胡萝卜 | *Daucus carota* L. | TP，BP | 20~30，20 | 7 | 14 | |
| 扁豆 | *Dolichos lablab* L. | BP，S | 20~30，20，25 | 4 | 10 | |
| 龙爪稷 | *Eleusine coracana*（L.）Gaertn. | TP | 20~30，30 | 4 | 8 | |

续表

| 种名（变种） | 学名 | 发芽床 | 温度/℃ | 初次计数天数/d | 末次计数天数/d | 附加说明,包括破除休眠的建议 |
|---|---|---|---|---|---|---|
| 甜荞 | *Fagopyrum esculentum* Moench | TP, BP | 20~30, 20 | 4 | 7 | |
| 苦荞 | *Fagopyrum tataricum* (L.) Gaertn. | TP, BP | 20~30, 20 | 4 | 7 | |
| 茴香 | *Foeniculum vulgare* Miller | TP, BP, TS | 22~30, 20 | 7 | 14 | |
| 大豆 | *Glycine max* (L.) Merr. | BP, TPS | 20~30, 20 | 5 | 8 | |
| 棉花 | *Gossypium* spp. | BP, S | 20~30, 30, 25 | 4 | 12 | |
| 向日葵 | *Helianthus annuus* L. | BP, TP | 20~30, 25, 20 | 4 | 10 | |
| 红麻 | *Hibiscus cannabinus* L. | BP, S | 20~30, 25 | 4 | 8 | |
| 黄秋葵 | *Hibiscus esculentus* L. | TP, BP, S | 20~30 | 4 | 21 | |
| 大麦 | *Hordeum vulgare* L. | BP, S | 20 | 4 | 7 | |
| 蕹菜 | *Ipomoea aquatica* Forsskal | BP, S | 30 | 4 | 10 | |
| 莴苣 | *Lactuca sativa* L. | TP, BP | 20 | 4 | 7 | |
| 瓠瓜 | *Lagenaria siceraria* (Molina) Standley | BP, S | 20~30 | 4 | 14 | |
| 兵豆（小扁豆） | *Lens culinars* Medikus | BP, S | 20 | 5 | 10 | |
| 亚麻 | *Linum usitatissimum* L. | TP, BP | 20~30, 20 | 3 | 7 | |
| 棱角丝瓜 | *Luffa acutangula* (L.) Roxb. | BP, S | 30 | 4 | 14 | |
| 普通丝瓜 | *Luffa cylindrica* (L.) Roem. | BP, S | 20~30, 30 | 4 | 14 | |
| 番茄 | *Lycopersicon lycopersicum* (L.) Karsten | TP, BP, S | 20~30, 25 | 5 | 14 | |
| 金花菜 | *Medicago polymorpha* L. | TP, BP | 20 | 4 | 14 | |
| 紫花苜蓿 | *Medicago sativa* L. | TP, BP | 20 | 4 | 10 | |
| 白香草木樨 | *Melilotus albus* Desr. | TP, BP | 20 | 4 | 7 | |
| 黄香草木樨 | *Melilotus officinalis* (L.) Pallas | TP, BP | 20 | 4 | 7 | |
| 苦瓜 | *Momordica charantia* L. | BP, S | 20~30, 30 | 4 | 14 | |
| 豆瓣菜 | *Nasturtium officinale* R.Br. | TP, BP | 20~30 | 4 | 14 | |
| 烟草 | *Nicotiana tabacum* L. | TP | 20~30 | 7 | 16 | |
| 罗勒 | *Ocimum basilicum* L. | TP, BP | 20~30, 20 | 4 | 14 | |
| 稻 | *Oryza sativa* L. | TP, BP, S | 20~30, 30 | 5 | 14 | |

| 种名（变种） | 学名 | 发芽床 | 温度/℃ | 初次计数天数/d | 末次计数天数/d | 附加说明，包括破除休眠的建议 |
|---|---|---|---|---|---|---|
| 豆薯 | *Pachyrhizus erous*（L.）Urban | BP, S | 20~30, 30 | 7 | 14 | |
| 黍（糜子） | *Panicum muliaceum* L. | TP, BP | 20~30, 25 | 3 | 7 | |
| 美洲防风 | *Pastinaca sativa* L. | TP, BP | 20~30 | 6 | 28 | |
| 香芹 | *Petroselinum crispum*（Miller）Nyman ex A. W. Hill | TP, BP | 20~30 | 10 | 28 | |
| 多花菜豆 | *Phaseolus multiflorus* Willd. | BP, S | 20~30, 20 | 5 | 9 | |
| 利马豆（菜豆） | *Phaseolus lunatus* L. | BP, S | 20~30, 25, 20 | 5 | 9 | |
| 菜豆 | *Phaseolus vulgaris* L. | BP, TPS | 20~30, 25, 20 | 5 | 9 | |
| 酸浆 | *Physalis pubescens* L. | TP, | 20~30 | 7 | 28 | |
| 茴芹 | *Pimpinella anisum* L. | TP, BP | 20~30 | 7 | 21 | |
| 豌豆 | *Pisum sativum* L. | BP, TPS | 20 | 5 | 8 | |
| 马齿苋 | *Portulaca oleracea* L. | TP, BP | 20~30 | 5 | 14 | |
| 四棱豆 | *Psophocar pus tetragonolobus*（L.）DC. | BP, S | 20~30, 30 | 4 | 14 | |
| 萝卜 | *Raphanus sativus* L. | TP, BP, S | 20~30, 20 | 4 | 10 | |
| 食用大豆 | *Rheum rhaponticum* L. | TP, | 20~30 | 7 | 21 | |
| 蓖麻 | *Ricinus communis* L. | BP, S | 20~30 | 7 | 14 | |
| 鸦葱 | *Scorzonera his panica* L. | TP, BP, S | 20~30, 20 | 4 | 8 | |
| 黑麦 | *Secale cereale* L. | TP, BP, S | 20 | 4 | 7 | |
| 佛手瓜 | *Sechium edule*（Jacp.）Swartz | BP, S | 20~30, 20 | 5 | 10 | |
| 芝麻 | *Sesamum indicum* L. | TP | 20~30 | 3 | 6 | |
| 田菁 | *Sesbania cannabina*（Retz.）Pers. | TP, BP | 20~30, 25 | 5 | 7 | |
| 粟 | *Setaria italica*（L.）Beauv. | TP, BP | 20~30 | 4 | 10 | |
| 茄子 | *Solanum melongena* L. | TP, BP, S | 20~30, 30 | 7 | 14 | |
| 高粱 | *Sorghum bicolor*（L.）Moench | TP, BP | 20~30, 25 | 4 | 10 | |
| 菠菜 | *Spinacia oleracea* L. | TP, BP | 15, 10 | 7 | 21 | |
| 黎豆 | *Stizolobium* spp. | BP, S | 20~30, 20 | 5 | 7 | |

续表

| 种名（变种） | 学名 | 发芽床 | 温度/℃ | 初次计数天数/d | 末次计数天数/d | 附加说明，包括破除休眠的建议 |
|---|---|---|---|---|---|---|
| 香杏 | *Tetragonia tetragonioides* (Pallas) Kuntze | BP, S | 20~30, 20 | 7 | 35 | |
| 婆罗门参 | *Tragopogon porrifolius* L. | TP, BP | 20 | 5 | 10 | |
| 小黑麦 | *X.triticosecale* Wittm. | TP, BP, S | 20 | 4 | 8 | |
| 小麦 | *Triticum aestivum* L. | TP, BP, S | 20 | 4 | 8 | |
| 蚕豆 | *Vicia faba* L. | BP, S | 20 | 4 | 14 | |
| 箭舌豌豆 | *Vicia sativa* L. | BP, S | 20 | 5 | 14 | |
| 毛叶苕子 | *Vicia villosa* Roth | BP, S | 20 | 5 | 14 | |
| 赤豆 | *Vigna angularis* (Willd) Ohwi & Ohashi | BP, S | 20~30 | 4 | 10 | |
| 绿豆 | *Vigna radiata* (L.) Wilczek | BP, S | 20~30, 25 | 5 | 7 | |
| 饭豆 | *Vigna umbellata* (Thunb.) Ohwi & Ohashi | BP, S | 20~30, 25 | 5 | 7 | |
| 长豇豆 | *Vigna unguiculata* W.spp. *sesquipedalis* (L.) Verd. | BP, S | 20~30, 25 | 5 | 8 | |
| 矮豇豆 | *Vigna unguiculata* W.spp. *unguiculata* (L.) Verd. | BP, S | 20~30, 25 | 5 | 8 | |
| 玉米 | *Zea mays* L. | TP, BP, TPS, S | 20~30, 25, 20 | 4 | 7 | |

注：TP 表示纸上，BP 表示纸间，S 表示砂中，TS 表示砂上。

# 附表 3

## 主要作物常见种子真菌病害及检验

| 病名 | 病原物 | 病原物潜伏场所 | 检验方法 |
|---|---|---|---|
| 稻瘟病 | 灰梨孢菌 Pyricularia oryzae Cav. | 菌丝体在种子内 | BCD |
| 稻曲病 | 绿核菌 Ustilaginoidea virens（Cooke）Tak | 厚壁孢子在谷粒内外 | AB |
| 稻粒黑粉病 | 尾孢黑粉菌 Neovossia horrida（Tak.）Padw.et A.Kuhn | 冬孢子在种子内外 | ABC |
| 稻胡麻叶斑病 | 宫部旋孢腔菌 Cochliobolus miyabeanus（Ito et Kurib）Drechsl. | 菌丝体潜伏谷粒内，分生孢子附于谷粒表面 | ACD |
| 小麦散黑穗病 | 小麦散黑粉菌 Ustilago tritici（Pers.）Jens. | 菌丝体在种胚内 | DF |
| 大麦散黑穗病 | 裸黑粉菌 Ustilago nuda（Jeus.）Roster. | 菌丝体在种胚内 | DF |
| 小麦腥黑穗病 | 小麦网腥黑粉菌 Tilletia caries（DC.Tul.）和光腥黑粉菌 Tilletia levis Kuhn | 冬孢子黏附于种子外表 | AB |
| 小麦矮腥黑穗病 | 小麦矮腥黑粉菌 Tilletia controversa Kuhn | 冬孢子黏附于种子外表 | AB |
| 小麦秆黑粉病 | 小麦秆黑粉菌 Urocystis tritici Koen | 冬孢子黏附于种子外表 | B |
| 麦类赤霉病 | 多种镰孢属真菌，禾谷镰孢菌 Fusarium graminearum Schw. 为优势小种 | 菌丝体在种子内，或分生孢子黏附在种子外表 | AD |
| 玉米干腐病 | 玉蜀黍色二孢菌 Diplodia zeae（Schw.）Lev. 为优势小种 | 菌丝及分生孢子器在种子上 | ACD |
| 玉米小斑病 | 玉蜀黍蠕长孢菌 Helminthosporium maydis Nishik. et Miyabe；有性阶段为异旋孢腔菌 Cochliobolus hoterostrophus Drechsl. | T 小种分生孢子在种表，菌丝体在种子内部 | ACD |
| 玉米丝黑穗病 | 丝轴黑粉菌 Sphacelotheca reiliana（Kuhn）Clint. | 冬孢子黏附于种子表面 | BC |
| 玉米圆斑病 | 炭色长蠕孢菌 Helminthosporium carbonum Ullstr. | 分生孢子或菌丝体在种子内 | ACD |
| 高粱散黑穗病 | 轴黑粉菌 Sphacelotheca cruenta（Kuhn）Potter | 冬孢子黏附在种子表面 | B |
| 高粱坚黑穗病 | 坚轴黑粉菌 Sphacelotheca sorghi（Link）Clinton | 冬孢子附在种子表面 | B |
| 高粱丝黑穗病 | 丝轴黑粉菌 Sphacelotheca reilianum（Kuhn）Clinton | 冬孢子附在种子表面 | B |
| 高粱炭疽病 | 禾生刺盘孢菌 Colletotrichum graminicolum（Ces.）Wils | 分生孢子或菌丝体在种子上 | B |
| 高粱北方炭疽病 | 玉蜀黍球梗孢菌 Kabatiella zeae Naratsaka | 分生孢子或菌丝体在种子上 | BDI |
| 粟白发病 | 禾生指梗霉菌 Sclerospora graminicola（Sacc.）Schrot | 卵孢子黏附在种子表面 | BC |

附表3 主要作物常见种子真菌病害及检验

续表

| 病名 | 病原物 | 病原物潜伏场所 | 检验方法 |
|---|---|---|---|
| 粟瘟病 | 粟梨孢菌 *Pyriculatia setariae* Nishik | 分生孢子或菌丝体在种子内外 | BCD |
| 粟粒黑穗病 | 粟黑粉菌 *Ustilago crameri* Korn | 冬孢子在种子表面 | B |
| 粟胡麻斑病 | 狗尾草平脐蠕孢菌 *Bipolaris setariae* Saw. | 分生孢子在种子上 | CD |
| 粟弯孢霉叶斑病 | 弯孢菌 *Curvularia lunata* | 分生孢子在种子上 | CD |
| 棉红腐病 | 串珠镰孢菌 *Fusarium moniliforme* Sheld. | 分生孢子附于棉种短绒上，或以菌丝潜伏在种子内 | BCD |
| 棉炭疽病 | 炭疽菌 *Colletotrichum gossypii* Southw. | 分生孢子及菌丝体在棉籽内外 | BC |
| 棉轮纹斑病 | 大孢链格孢菌 *Alternaria macrospora* Zimm | 种子内外 | CD |
| 棉茎枯病 | 棉壳二孢菌 *Ascochyta gossypii* Syd. | 分生孢子、菌丝体在种子内部 | CD |
| 棉花黄萎病 | 大丽轮枝菌 *Verticillium dahliae* Kleb 和黄萎轮枝菌 *V.albo-atrum* Rein et Berth | 菌丝或拟菌核在种子内外 | DG |
| 棉花枯萎病 | 尖镰孢菌萎蔫专化型 *Fusarium oxysporum* Schl. f.sp.*vasinfectum*（Atk）Snyder et Hansen | 分生孢子在棉籽短绒上及菌丝体在内部 | CDG |
| 棉疫病 | 苎麻疫霉菌 *Phytophthora boehmeriae* Saw. | 棉籽内外 | DG |
| 黄麻炭疽病 | 黄麻刺盘孢菌 *Colletotrichum corchorum* Ikata et Tanaka | 分生孢子附着种表，或以菌丝体潜伏种内 | BCD |
| 黄麻茎斑 | 黄麻尾孢菌 *Cercospora corchori* Saw. | 菌丝体在种子内 | CD |
| 红麻炭疽病 | 木槿刺盘孢菌 *Colletotrichu hibisci* Pollacci | 菌丝体潜伏种子内 | BCD |
| 油菜菌核病 | 核盘菌 *Sclerotinia sclerotiorum*（Lib.）de Bary | 菌核混入种子间 | A |
| 油菜霜霉病 | 油菜霜霉病菌 *Peronospora parasitica*（Pers.）Fr. | 菌丝体在种子内，卵孢子附于种子表面 | BC |
| 油菜白锈病 | 白锈菌 *Albugo candida*（Pers.）O. Kuntze | 卵孢子混于种子中 | BC |
| 油菜黑斑病 | 芸薹链格孢菌 *Alternaria brassicae*（Berk）Sacc. 和 *A.brassicola*（Schw.） | 分生孢子或菌丝体在种子上 | CD |
| 大豆紫斑病 | 菊池尾孢菌 *Cercospora kikuchii*（Matsum. et Tomoy.）Gardner | 菌丝体在种子内 | ACD |
| 大豆炭疽病 | 大豆小丛壳菌 *Glomerella glycines*（Hori）Lehman et Wolf 无性态为大豆炭疽菌 *Colletotrichum glycines* Hori | 菌丝体在种子内 | ACD |
| 大豆灰斑病 | 大豆尾孢菌 *Cercospora sojina* Hara | 分生孢子或菌丝体在种子上 | ACD |
| 大豆霜霉病 | 东北霜霉菌 *Peronospora manscharica*（Naum.）Syd. | 卵孢子在种子中 | AB |
| 花生褐斑病 | 花生尾孢菌 *Cercospora arachidicola* Hori | 分生孢子附于种荚表面 | BCD |
| 花生黑斑病 | 球座孢菌 *Cercospora personata*（Berk.&Curt）Eill. & Ev. | 分生孢子附于种荚表面 | BCD |

续表

| 病名 | 病原物 | 病原物潜伏场所 | 检验方法 |
|---|---|---|---|
| 花生白绢病 | 齐整小核菌 Sclerotium rolfsii Sacc. | 荚果内外附菌核和菌丝体 | AC |
| 花生黑霉病 | 黑曲霉菌 Aspergillus niger Tiegh. | 分生孢子或菌丝体在种子上 | BCD |
| 花生立枯病 | 立枯丝核菌 Rhizoctonia solani Kuhn | 花生种仁内外有菌丝体或菌核 | AD |
| 芝麻枯萎病 | 芝麻尖镰孢菌 Fusarium oxysporum Schl. f.sp.sesami（Zaprometoff）Castellani，异名 F.vasinfect Atk.var.sesmi Zapr. | 分生孢子或菌丝体在种子表面或内部 | BCD |
| 芝麻茎点枯病 | 菜豆壳球孢菌 Macrophomina phaseoli（Maubl.）Ashby | 菌核混杂于种子中 | CD |
| 芝麻叶枯病 | 山扁豆生棒孢菌 Corynespora sesamum Goto. | 分生孢子或菌丝体在种子上 | CD |
| 向日葵菌核病 | 核盘菌 Sclerotinia sclerotiorum（Lib.）de Bary | 菌核混杂于种子中 | A |
| 向日葵黄萎病 | 大丽轮枝菌 Verticillium dahliae Kleb | 菌丝体附在种子表面 | CD |
| 甘薯疮痂病 | 甘薯疮囊腔菌 Elsinoë batatas Jenkins et Viegas 无性时期为甘薯疮圆孢 Sphaceloma batatas Sawada | 种薯、薯苗带菌 | A |
| 甘薯蔓割病 | 甘薯镰孢 Fusarium bulbigenum Cooke.et Mass. var.botatas Wollenw | 菌丝体在病薯导管组织 | ACD |
| 甘薯紫纹羽病 | 桑担菌 Helicobasidium mompa Tanaka | 根伏菌索和菌核附于病薯表面 | A |
| 甘薯炭腐病 | Macrophomina phaseoli（Maubl.）Ashby | 病薯内外有菌丝体或分生孢子 | CD |
| 甘薯黑痣病 | Monilochaetes infuscans Ell.et Halst.ex Harter | 病菌内带菌丝体 | D |
| 马铃薯晚疫病 | 致病疫霉菌 Phytophthora infestans（Mont.）de Bary | 菌丝体在种薯内 | AC |
| 马铃薯早疫病 | 茄链格孢菌 Alternaria solani（Ell. et Mart.）Jones et Grout | 菌丝、分生孢子在病斑上 | AC |
| 马铃薯疮痂病 | 疮痂病病原菌 Streptomyces scabies（Thax.）Waks.et Henrici | 菌丝体和孢子潜伏在块茎内 | A |
| 马铃薯癌肿病 | 癌肿病病菌 Synchytrium endobioticum（Schilb）Percival | 休眠孢子囊在病薯内 | A |
| 马铃薯黄萎病 | 大丽花轮枝孢菌 Verticillium.dahliae Kleb. | 菌丝体在块茎内部 | D |
| 烟草炭疽病 | 烟草炭疽菌 Colletotrichum tabacum Averna-Sacca | 分生孢子黏附种子表面，休眠菌丝体在种子内部 | BCD |
| 烟草褐斑病 | 烟草壳二孢菌 Ascochyta nicotinae Pass.（Fries）Keissler | 孢子、菌丝在蒴果和种子上 | BCD |
| 烟草低头黑病 | 炭疽菌 Colletotrichum sp. | 分生孢子附于种表菌丝体潜伏在种子内部 | BCD |
| 烟草菌核病 | 核盘菌 Sclerotinia sclerotiorum（Lib.）de Bary | 菌核混于种子间 | A |

续表

| 病名 | 病原物 | 病原物潜伏场所 | 检验方法 |
|---|---|---|---|
| 茄褐纹病 | 茄褐纹拟茎点霉菌 Phomopsis vexans（Sacc.et Syd.）Harter | 菌丝体潜伏种皮内部，分生孢子附着种子表面 | BC |
| 茄早疫病 | 茄链格孢菌 Alternaria solani（Ell. et Mart.）Sor. | 菌丝体潜伏种皮内部 | BC |
| 茄黄萎病 | 大丽花轮枝菌 Verticillium dahliae Kleb. | 种子内部 | CF |
| 番茄叶霉病 | 褐孢霉菌 Fulvia fulva（Cooke）Ciferri，异名 Cladosporium flulvum Cooke | 分生孢子附着在种子表面 | BCD |
| 番茄早疫病 | 茄链格孢菌 Alternaria solani（Ell.Martin）Sor.，异名 A.porri（Ell）Cif.f.sp.solani（Ell.& Martin） | 菌丝体潜伏在种皮下 | BCD |
| 番茄斑枯病 | 番茄壳针孢菌 Septoria lycopersici Speg. | 菌丝体及分生孢子在种子上 | |
| 番茄炭疽病 | 果腐刺盘孢菌 Colletotrichum atramentarium（Berk et Br.）Thunb | 分生孢子附于种子表面，或菌丝体潜伏种子内部 | CD |
| 番茄枯萎病 | 尖镰孢番茄专化型 Fusarium oxysporum Schl. f. sp. lycopersici（Sacc）Synder et Hansen | 种子内外带菌 | CD |
| 辣椒黑点炭疽病 | 辣椒炭疽菌 Colletotrichum capsici（Syd.）Butli et Bisby，异名 Vermicularia capsici Syd. | 分生孢子附在种子外表，菌丝体潜伏在种子内部 | CD |
| 辣椒疫病 | 辣椒疫霉菌 Phytophthora capsici Leon. | 卵孢子或厚垣孢子在种子内部 | CD |
| 辣椒白星病 | 酸浆叶点霉 Phyllosticta physaleos Sacc. | 分生孢子黏附在种子上 | |
| 十字花科黑胫病 | 甘蓝黑胫病菌 Phoma lingam | 菌丝体潜伏在种子内部 | ACD |
| 十字花科炭疽病 | 芸苔炭疽菌 Colletotrichum higginsianum Sacc. | 菌丝体潜伏在种子内部 | CD |
| 十字花科菌核病 | 核盘菌 Sclerotinia sclerotiorum（Lib.）de Bary | 菌核混杂在种子间 | A |
| 甘蓝黑斑病 | 甘蓝链格孢菌 Alternaria brassicae（Berk）Sacc.；A.brassicicola | 分生孢子黏附在种子上 | ABC |
| 十字花科黑斑病 | Alternaria brassicae（Berk.）Sacc. 和 A.brassicola（Schw.） | 菌丝体或分生孢子附着种子上 | ABC |
| 十字花科白斑病 | 白斑小尾孢菌 Cercosporella albo-waculans（Ell.et Ev.）Sacc. 异名 Cercosporella brassicae（Fuatr.et Roum） | 分生孢子附着在种子上 | BCD |
| 白菜炭疽病 | 希金斯刺盘孢菌 Colletotrichum higginsianum Sacc. | 菌丝体或分生孢子附着种子上 | BCD |
| 十字花科白锈病 | 白锈菌 Albugo candida（Pers.）Kuntze | 卵孢子附着在种子表面 | CD |
| 胡萝卜黑斑病 | 胡萝卜链格孢菌 Alternaria dauci（Kuhn）Groves et Skolk. | 分生孢子黏附在种子上 | ABC |
| 瓜类炭疽病 | 瓜类炭疽菌 Colletotrichum orbiculare（Berk.et Mont）Arx，异名 C.lagenarium（Pass）Ell.et Halst. | 菌丝体潜伏在种皮内 | ACD |

附表3 主要作物常见种子真菌病害及检验

续表

| 病名 | 病原物 | 病原物潜伏场所 | 检验方法 |
|---|---|---|---|
| 黄瓜疫病 | 瓜疫霉菌 Phytophthora melonis Katsura | 菌丝体在种子内部 | CD |
| 黄瓜黑星病 | 瓜枝孢菌 Cladosporium cucumerrinum Ell.et Arth. | 分生孢子附着于种子表面 | BCD |
| 西瓜枯萎病 | 球茎镰孢菌西瓜变种 F. bulbigenum Cook et Mass. var.niveum（Smith）Wollenw | 分生孢子附着在种子上或菌丝体潜伏于种子内部 | CD |
| 黄瓜、南瓜、冬瓜枯萎病 | 尖镰孢菌黄瓜专化型 Fusarium oxysporum Schl. f.sp.cucumerium Owen | 分生孢子附着在种子上或菌丝体潜伏于种子内部 | CD |
| 黄瓜黑斑病 | 链格孢菌 Alternaria cucumerina Elliott | 菌丝体、分生孢子附着种子上 | CD |
| 黄瓜菌核病 | 核盘菌 Sclerotinia sclerotiorum（Lib.）de Bary | 菌核混杂于种子间 | AC |
| 芹菜斑枯病 | 芹菜小壳针孢和大壳针孢菌 Septoria apii（Briosi et Cav）Chest 和 S.apii–graveoler Dor. | 菌丝体、分生孢子附着种子上 | CD |
| 芹菜早疫病 | 芹菜尾孢菌 Cercospora apii Fres. | 菌丝体附着在种子上 | CD |
| 芹菜菌核病 | 核盘菌 Sclerotinia scleraotiorum（Lib.）de Bary. | 菌核混杂于种子间 | AC |
| 甜瓜枯萎病 | 镰孢菌 Fusarium sp. | 分生孢子附着在种子或菌丝上 | CD |
| 菜豆炭疽病 | 菜豆炭疽病菌 Colletotrichum lindemuthianum（Sacc. et Magn.）Bri. et Cav | 菌丝体潜伏在种子上 | ACD |
| 菜豆锈病 | 疣顶单孢锈菌 Uromyces appendiculatus（Pers.）Ung | 病组织碎片混于种子间或冬孢子附着在种子上 | AB |
| 菜豆角斑病 | 灰拟棒束孢 Isariopsis griseola Sacc. | 菌丝体、分生孢子附着种子上 | CD |
| 豇豆煤霉病 | 豇豆尾孢菌 Cercospora vignae Rac. | 菌丝体附在种子上 | CD |
| 豇豆炭疽病 | 胶孢炭疽菌 Colletotrichum gloeosporioides（Penz）Sacc.，异名 C.pisi Pat | 菌丝体潜伏在种子上 | CD |
| 豇豆轮纹病 | 山扁豆生棒孢 Corynespora cassiicola（Ber.et Curt.） | 菌丝体、分生孢子附着种子上 | BCD |
| 豇豆赤斑病 | Cercospora canescens Ell.et Mart. | 菌丝体、分生孢子附着种子上 | BCD |
| 葱霜霉病 | 葱霜霉菌 Peronospora schleidenii Ung | 卵孢子附在种子上 | B |
| 菠菜炭疽病 | 菠菜炭疽菌 Colletotrichum spinaciae Ell.et Halst. | 菌丝体潜伏在种子上 | CD |
| 甘蔗黑腐病 | 多脂长喙壳 Cetatocystis adiposa（Butl.）Mor. | 子囊壳或菌丝体在种蔗内 | AD |
| 甘蔗霜霉病 | 甘蔗指梗霜霉 Sclerospora sacchari Miyake | 卵孢子在种蔗内外 | B |
| 甘蔗褐斑病 | 长柄尾孢 Cercospora longipes Butler | 菌丝体在种蔗内 | CD |

注：A 为肉眼检验，B 为洗涤检验，C 为萌芽检验，D 为分离培养检验，F 为种植检验，G 为血清学检验，I 为接种指示植物检验。

# 附表 4  推荐引物

### 附表 4-1  小麦推荐引物（ISTA 标准）

| 引物名称 | 正向引物 | 反向引物 |
| --- | --- | --- |
| DuPw167 | CGGAGCAAGGACGATAGG | CACCACACCAATCAGGAACC |
| DuPw217 | CGAATTACACTTCCTTCTTCCG | CGAGCGTGTCTAACAAGTGC |
| DuPw004 | GGTCTGGTCGGAGAAGAAGC | TGGGAGCGTACGTTGTATCC |
| DuPw115 | TGTTTCTTCCTCGCGTAACC | CCTCGAATCTCCCAGTTATCG |
| DuPw205 | ATCCAGATCACACCAAACGG | CTTCCGCTTCATCTTCTTGC |
| Xgwm155 | CAATCATTTCCCCCTCCC | AATCATTGGAAATCCATATGCC |
| Xgwm413 | TGCTTGTCTAGATTGCTTGGG | GATCGTCTCGTCCTTGGCA |
| Xgwm003 | GCAGCGGCACTGGTACATTT | AATATCGCATCACTATCCCA |
| Xgwm372 | aatagagccctgggactggg | gaaggacgacattccacctg |
| Xbarc347 | gcgcacctctcctcaccttct | gcgaacatggaaatgaaaactatct |
| Xbarc184 | ttcggtgatatcttttccccttga | ccgagttgactgtgtgggcttgctg |
| Xbarc074 | gcgcttgccccttcaggcgag | cgcgggagaaccaccagtgacagagc |
| Xgwm052 | ctatgaggcggaggttgaag | tgcggtgctcttccattt |
| Xgwm095 | gatcaaacacacacccctcc | aatgcaaagtgaaaaacccg |

### 附表 4-2  玉米推荐引物（ISTA 标准）

| 引物名称 | 正向引物 | 反向引物 | PCR 片段大小 /bp |
| --- | --- | --- | --- |
| umc1545 | GAAAACTGCATCA | attggttggttcttgcttccatta | 66 ~ 81 |
| umc1448 | ATCCTCTCATCTT | catatacagtctcttctggctgctca | 165 ~ 180 |
| umc1117 | aattctagtcctgggtcggaactc | cgtggccgtggagtctactact | 140 ~ 168 |
| umc1061 | agcaggagtacccatgaaagtcc | tatcacagcacgaagcgatagatg | 99 ~ 108 |
| phi109275 | cggttcatgctagctctgc | gttgtggctgtggtggtg | 123 ~ 138 |
| phi102228 | attccgacgcaatcaaca | ttcatctcctccaggagcctt | 123 ~ 129 |
| phi083 | caaacatcagccagagacaaggac | attcatcgacgcgtcacagtctact | 123 ~ 135 |
| phi015 | gcaacgtaccgtaccttccga | acgctgcattcaattaccgggaag | 81 ~ 102 |

### 附表 4-3  玉米推荐引物（国家标准）

| 编号 | 引物名称 | 染色体位置 | 正向引物 | 反向引物 |
| --- | --- | --- | --- | --- |
| P01 | Bnlg439w1 | 1.03 | AGTTGACATCGCCATCTTGGTGAC | GAACAAGCCCCTTAGCGGGTTGTC |
| P02 | Umc1335y5 | 1.06 | CCTCGTTACGGTTACGCTGCTG | GATGACCCCGCTTACTTCGTTTATG |
| P03 | Umc2007y4 | 2.04 | TTACACAACGCAACACGAGGC | GCTATAGGCCGTAGCTTGGTAGACAC |

续表

| 编号 | 引物名称 | 染色体位置 | 正向引物 | 反向引物 |
|---|---|---|---|---|
| P04 | Bnlg1940K7 | 2.08 | CGTTTAAGAACGGTTGATTGCATTCC | GCCTTTATTTCTCCCTTGCTTGCC |
| P05 | Umc2105K3 | 3.00 | GAAGGGCAATGAATAGAGCCATGAG | ATGGACTCTGTGCGACGTTGTACCG |
| P06 | Phi053k2 | 3.05 | CCCTGCCTCAGATTCAGAGATTG | TAGGCTGGCTGGAAGTTTGTTGC |
| P07 | Phi072k4 | 4.01 | GCTCGTCTCCTCCAGGTCAGG | CGTTGCCCATACATCATGCCTC |
| P08 | Bnlg2291k4 | 4.06 | GCACACCCGTAGTAGCTGAGACTTG | CATAACCTTGCCTCCCAAACCC |
| P09 | Umc1705W1 | 5.03 | GGAGGTCGTCAGATGGAGTTCG | CACGTACGGCAATGCAATGCAGACAAG |
| P10 | Bnlg2305k4 | 5.07 | CCCCTCTTCCTCAGCACCTTG | CGTCTTGTCTCCGTCCGTGTG |
| P11 | Bnlg161k8 | 6.00 | TCTCAGCTCCTGCTTATTGCTTTCG | GATGGATGGAGCATGAGCTTGC |
| P12 | Bnlg1702k1 | 6.05 | GATCCGCATTGTCAAATGACCAC | AGGACACGCCATCGTCATCA |
| P13 | Umc1545y2 | 7.00 | AATGCCGTTATCATGCGATGC | GCTTGCTGCTTCTTGAATTGCGT |
| P14 | Umc1125y3 | 7.04 | GGATGATGGCGAGGATGATGTC | CCACCAACCCATACCCATACCTG |
| P15 | Bnlg240k1 | 8.06 | GCAGGTGTCGGGGATTTTCTC | GGAACTGAAGAACTGAAGGCATTGATAC |
| P16 | Phi080k15 | 8.08 | TGAACCACCCGATGCAACTTG | TTGATGGGCACGATCTCGTAGTC |
| P17 | Phi065k9 | 9.03 | CGCCTTCAAGAATATCCTTGTGCC | GGACCCAGACCAGGTTCCACC |
| P18 | Umc1492y13 | 9.04 | GCGGAAGAGTCGTAGGGCTAGTGTAG | AACCAAGTTCTTCAGACGCTTCAGG |
| P19 | Umc1432y6 | 10.02 | GAGAAATCAAGAGGTGCGAGCATC | GGCCATGATACAGCAAGAAATGATAAGC |
| P20 | umc1506k12 | 10.05 | GAGGAATGATGTCCGCGAAGAAG | TTCAGTCGAGCGCCCAACAC |
| P21 | umc1147y4 | 1.07 | AAGAACAGGACTACATGAGGTGCGATAC | GTTTCCTATGGTACAGTTCTCCCTCGC |
| P22 | bnlg1671y17 | 1.10 | CCCGACACCTGAGTTGACCTG | CTGGAGGGTGAAACAAGAGCAATG |
| P23 | phi96100y1 | 2.00 | TTTTGCACGAGCCATCGTATAACG | CCATCTGCTGATCCGAATACCC |
| P24 | umc1536k9 | 2.07 | TGATAGGTAGTTAGCATATCCCTGGTATCG | GAGCATAGAAAAAGTTGAGGTTAATATGGAGC |
| P25 | bnlg1520K1 | 2.09 | CACTCTCCCTCTAAAATATCAGACAACACC | GCTTCTGCTGCTGTTTTGTTCTTG |
| P26 | umc1489y3 | 3.07 | GCTACCCGCAACCAAGAACTCTTC | GCCTACTCTTGCCGTTTTACTCCTGT |
| P27 | bnlg490y4 | 4.04 | GGTGTTGGAGTCGCTGGGAAAG | TTCTCAGCCAGTGCCAGCTCTTATTA |
| P28 | umc1999y3 | 4.09 | GGCCACGTTATTGCTCATTTGC | GCAACAACAAATGGGATCTCCG |
| P29 | umc2115k3 | 5.02 | GCACTGGCAACTGTACCCATCG | GGGTTTCACCAACGGGGATAGG |
| P30 | umc1429y7 | 5.03 | CTTCTCCTCGGCATCATCCAAAC | GGTGGCCCTGTTAATCCTCATCTG |
| P31 | bnlg249k2 | 6.01 | GGCAACGGCAATAATCCACAAG | CATCGGCGTTGATTTCGTCAG |
| P32 | phi299 852y2 | 6.07 | AGCAAGCAGTAGGTGGAGGAAGG | AGCTGTTGTGGCTCTTTGCCTGT |
| P33 | umc2160k3 | 7.01 | TCATTCCCAGAGTGCCTTAACACTG | CTGTGCTCGTGCTTCTCTCTGAGTATT |
| P34 | umc1936k4 | 7.03 | GCTTGAGGCGGTTGAGGTATGAG | TGCACAGAATAAACATAGGTAGGTCAGGTC |
| P35 | bnlg2235y5 | 8.02 | CGCACGGCACGATAGAGGTG | AACTGCTTGCCACTGGTACGGTCT |

续表

| 编号 | 引物名称 | 染色体位置 | 正向引物 | 反向引物 |
|---|---|---|---|---|
| P36 | phi233 376y1 | 8.09 | CCGGCAGTCGATTACTCCACG | CAGTAGCCCCTCAAGCAAAACATTC |
| P37 | umc2084w2 | 9.01 | ACTGATCGCGACGAGTTAATTCAAAC | TACCGAAGAACAACGTCATTTCAGC |
| P38 | umc1231k4 | 9.05 | ACAGAGGAACGACGGGACCAAT | GGCACTCAGCAAAGAGCCAAATTC |
| P39 | phi04ly6 | 10.00 | CAGCGCCGCAAACTTGGTT | TGGACGCGAACCAGAAACAGAC |
| P40 | umc2163w3 | 10.04 | CAAGCGGGAATCTGAATCTTTGTTC | CTTCGTACCATCTTCCCTACTTCATTGC |

附表 4-4  水稻推荐引物（国家标准）

| 标记 | 染色体 | 染色体臂 | 推荐类型[b] | 正向引物序列 | 反向引物序列 |
|---|---|---|---|---|---|
| RM297 | 1 | 长 | I | TCTTTGGAGGCGAGCTGAG | CGAAGGGTACATCTGCTTAG |
| RM71 | 2 | 短 | I | CTAGAGGCGAAAACGAGATG | GGGTGGGCGAGGTAATAATG |
| RM85 | 3 | 长 | I | CCAAAGATGAAACCTGGATTG | GCACAAGGTGAGCAGTCC |
| RM5414 | 4 | 短 | I | ACCATGGTTCAAGAGTGAAA | ACAGCTCAACCTGTTGAGTG |
| RM274 | 5 | 长 | I | CCTCGCTTATGAGAGCTTCG | CTTCTCCATCACTCCCATGG |
| RM190 | 6 | 短 | I | CTTTGTCTATCTCAAGACAC | TTGCAGATGTTCTTCCTGATG |
| RM336 | 7 | 长 | I | CTTACAGAGAAACGGCATCG | GCTGGTTTGTTTCAGGTTCG |
| RM72 | 8 | 长 | I | CCGGCGATAAAACAATGAG | GCATCGGTCCTAACTAAGGG |
| RM219 | 9 | 短 | I | CGTCGGATGATGTAAAGCCT | CATATCGGCATTCGCCTG |
| RM311 | 10 | 长 | I | TGGTAGTATAGGTACTAAACAT | TCCTATACACATACAAACATAC |
| RM209 | 11 | 长 | I | ATATGAGTTGCTGTCGTGCG | CAACTTGCATCCTCCCCTCC |
| RM19 | 12 | 短 | I | CAAAAACAGAGCAGATGAC | CTCAAGATGGACGCCAAGA |
| RM1195 | 1 | 短 | II | ATGGACCACAAACGACCTTC | CGACTCCCTTGTTCTTCTGG |
| RM208 | 2 | 长 | II | TCTGCAAGCCTTGTCTGATG | TAAGTCGATCATTGTGTGGACC |
| RM232 | 3 | 长 | II | CCGGTATCCTTCGATATTGC | CCGACTTTTCCTCCTGACG |
| RM273 | 4 | 长 | II | GAAGCCGTCGTGAAGTTACC | GTTTCCTACCTGATCGCGAC |
| RM267 | 5 | 短 | II | TGCAGACATAGAGAAGGAAGTG | AGCAACGCACAACTTGATG |
| RM253 | 6 | 短 | II | TCCTTCAAGAGTGCAAAACC | GCATTGTCATGTCGAAGCC |
| RM18 | 7 | 长 | II | TTCCCTCTCATGAGCTCCAT | GAGTGCCTGGCGCTGTAC |
| RM337 | 8 | 短 | II | GTAGGAAAGGAAGGGCAGAG | CGATAGATAGCTAGATGTGGCC |
| RM278 | 9 | 长 | II | GTAGTGAGCCTAACAATAATC | TCAACTCAGCATCTCTGTCC |
| RM258 | 10 | 长 | II | TGCTGTATGTAGCTCGCACC | TGGCCTTTAAAGCTGTCGC |
| RM224 | 11 | 长 | II | ATCGATCGATCTTCACGAGG | TGCTATAAAAGGCATTCGGG |
| RM17 | 12 | 长 | II | TGCCCTGTTATTTTCTTCTCTC | GGTGATCCTTTCCCATTTCA |

a 所示基因组位置和引物序列来自 Gramene 数据库。
b I 型标记含推荐为首先采用的 12 对引物，II 型标记含推荐为候补使用的 12 对引物。

附表 4-5 棉花推荐引物（国家标准）

| 位点 | 正向引物序列 | 反向引物序列 | 退火温度/℃ |
| --- | --- | --- | --- |
| BNL946 | GCTGTTGCTCCACATCTCCT | GGGCAAACAGATAGGCAGAA | 58 |
| BNL2449 | ATCTTTCAAACAACGGCAGC | CGATTCCGGACTCTTGATGT | 58 |
| BNL2646 | CCCCTTTGATAGATACACATTTTA | AAAATAAACTACGAAAGAGAAAGAGAA | 58 |
| BNL3140 | CACCATTGTGGCAACTGAGT | GGAAAAGGGAAAGCCATTGT | 58 |
| BNL3474 | AAGGTAATGCAGTGCGGTTC | ATAATGGCATTGATTATAGAGTGTG | 58 |
| BNL3502 | AATTTCTAAGATAACACACAAACACA | TACAATCAAATAGCAGTTTAGAGTATCG | 58 |
| BNL1030 | CCTCCCTCACTTAAGGTGCA | ATGTTGTAAGGGTGCAAGGC | 55 |
| CIR246 | TTAGGGTTTAGTTGAATGG | ATGAACACACGCACG | 58 |
| DPL135 | GCCTCTGAACATGTAGAAATGAATG | CTACAACCCTTGAAGCAAATTACC | 55 |
| DPL209 | GAAGGAACCTCGTGATTATTTGAG | GACCGGTAGACAGAGATGAGAAAT | 55 |
| DPL249 | ACAGAGCTATGGGAAATCATGGTA | TGTACTGCAAATTGCTGCTAAGAC | 58 |
| DPL431 | CTATCACCCTTCTCTAGTTGCGTT | ATCGGGCTCACAAACATCA | 58 |
| DPL442 | TTACGGTGGCTAATGTAATATCCC | ATTCTTGAGAGTTCACCAGGAAAG | 55 |
| DPL513 | AGACCCGGCTACTACATGTTATCTT | ACATACAGATGCTTCACACAAACAC | 58 |
| DPL532 | CATACATCCATGCATACATACATCC | TGAGGTATAGGTAGGTCTCTGGTGA | 55 |
| DPL910 | AAACAAAGCAGCCAATGCT | ATACTCGACACGGTCAAGGG | 58 |
| Gh111 | GTTGCAACCTTGGAAACCA | GGGTTGCCGTTAGACCAG | 58 |
| Gh112 | GGTTGGGTTTCCACAATAGC | TGTTGCAACCTTGGAAACC | 58 |
| Gh243 | CAGAAGGTTATGCAAACAACATGCA | CTAAACTCTCTCTGCTGTGTTCC | 58 |
| Gh273 | TTGCTTCGTTTTCTTCCCTGGTG | AAGCAAAGACCAGCTTCTCTTCC | 58 |
| MUSS138 | TCTCCAGATCTCTCTGTCTCCC | CGTGTCCGAAACTTCCTAGC | 58 |
| MUSS440 | CAACCGAAACAAGCTAACACC | CAAGAATCCATTTCTTCCCG | 58 |
| NAU943 | ATCTGTTCAATTTCTCGTCA | CAGTTGTTGGTTGATCTGGA | 55 |
| NAU1043 | GTATCCGCCCACAAATAAAG | GCATCGTGAGAGAAAGTGAA | 58 |
| NAU1070 | CCCTCCATAACCAAAAGTTG | ACCAACAATGGTGACCTCTT | 58 |
| NAU1093 | TGTGATGAAGAACCCTCTCA | AAATGGCGTGCTTGAAATAC | 58 |
| NAU1102 | ATCTCTCTGTCTCCCCCTTC | GCATATCTGGCGGGTATAAT | 58 |
| NAU1167 | CTGACTTGGACCGAGAACTT | AAGAGCCCTGGACAATGATA | 58 |
| NAU1190 | CCATGTCCGTATCCATGTTA | TAAGGCAAGATAGGGTCAGG | 58 |
| NAU1200 | CAACAGCAACAACCACAA | CTGCCTCGAGGACAAATAGT | 58 |
| NAU1225 | CAGCAAATTCGCAAGAGTTA | CTAACAGGGGTGACATAGGG | 58 |
| NAU2173 | GCCAAATAGGTCACACACAA | AGCGAGAAGGAGACAGAAAA | 58 |

附表4-6 大豆推荐引物

| 名称 | 正向引物序列 | 反向引物序列 | 分子量/bp | 连锁群 |
|---|---|---|---|---|
| Sat_099 | GCGAAAATGGCAGAGATAA | AATGCTAAAAGAGGAATGAAATAA | 206~260 | L |
| Sct_189 | CTTTTCCTGGCAATGAT | AAAATCGCAAAACCTTAGT | 156~191 | I |
| Satt002 | TGTGGGTAAAATAGATAAAAAT | TCATTTTGAATCGTTGAA | 102~151 | D2 |
| Satt005 | TATCCTAGAGAAGAACTAAAAAA | GTCGATTAGGCTTGAAATA | 141~191 | D1b|W |
| Satt168 | CGCTTGCCCAAAAATTAATAGTA | CCATTCTCCAACCTCAATCTTATAT | 200~235 | B2 |
| Satt180 | TCGCGTTTGTCAGC | TTGATTGAAACCCAACTA | 215~266 | C1 |
| Satt184 | GCGCTATGTAGATTATCCAAATTACGC | GCCACTTACTGTTACTCAT | 138~186 | D1a+Q |
| Satt197 | CACTGCTTTTTCCCCTCTCT | AAGATACCCCCAACATTATTTGTAA | 135~190 | B1 |
| Satt216 | TACCCTTAATCACCGGACAA | AGGGAACTAACACATTTAATCATCA | 140~218 | D1b+W |
| Satt230 | CCGTCACCGTTAATAAAATAGCAT | CTCCCCCAAATTTAACCTTAAAGA | 200~227 | E |
| Satt236 | GCGTGCTTCAAACCAACAAACAACTTA | GCGGTTTGCAGTACGTACCTAAAATAGA | 210~234 | A1 |
| Satt239 | GCGCCAAAAAATGAATCACAAT | GCGAACACAATCAACATCCTTGAAC | 183~195 | I |
| Satt242 | GCGTTGATCAGGTCGATTTTTATTTGT | GCGAGTGCCAACTAACTACTTTATGA | 177~200 | K |
| Satt243 | GCGCATTGCACATTAGGTTTTCTGTT | GCGGTAAGATCACGCCATTATTTAAGA | 200~236 | O |
| Satt267 | CCGGTCTGACCTATTCTCAT | CACGGCGTATTTTTATTTTG | 222~246 | D1a+Q |
| Satt279 | GCGCAAAAGGACGCCCACCAATAG | GCGGTGATCGGATGTTATAGTTTCAG | 172~198 | H |
| Satt307 | GCGCTGGCCTTTAGAAC | GCGTTGTAGGAAATTTGAGTAGTAAG | 162~185 | C2 |
| Satt309 | GCGCCTTCAAATTGGCGTCTT | GCGCCTTAAATAAAACCCGAAACT | 125~146 | G |
| Satt339 | TAATATGCTTTAAGTGGTGTGGTTATG | GTTAAGCAGTTCCTCTCATCACG | 210~240 | N |
| Satt346 | GGAGGGAGGAAAGTGTTGTGG | GCGCATGCTTTTCATAAGTTT | 185~217 | M |
| Satt352 | GCGAATGTATTTTTGTTTCTCCATCAA | TGATAAGCCAAAAAATGGAAGCATAG | 183~195 | G |
| Satt390 | AGTGGCTGATAAAAAAAATACTCA | ATAATCGCGGCACAATAATTC | 192~223 | A2 |
| Satt431 | GCGTGGCACCCTTGATAAATAA | GCGCACGAAAGTTTTTCTGTAACA | 233~250 | J |
| Satt530 | CATGCATATTGACTTCATTATT | CCAAGCGGGTGAAGAGGTTTTT | 212~246 | N |
| Satt565 | GCGCCCGGAACTTGTAATAACCTAAT | GCGCTCTCTTATGATGTTCATAATAA | 159~193 | C1 |
| Satt571 | GGGTAGGGGTGGAATATAAG | GCGGGATCCGCGGATGGTCAAAG | 126~153 | I |
| Satt586 | GCGGCCTCCAAACTCCAAGTAT | GCGCCCAAATGATTAATCACTCA | 174~219 | F |
| Satt588 | GCTGCATATCCACTCTCATTGACT | GAGCCAAAACCAAAGTGAAGAAC | 122~173 | K |
| Satt590 | GCGCGCATTTTTTAAGTTAATGTTCT | GCGCGAGTTAGCGAATTATTTGTC | 262~340 | M |
| Satt596 | TCCCTTCGTCCACCAAAT | CCGTCGATTCCGTACAA | 233~291 | J |

# 附表5 种子质量标准

### 附表5-1 粮食作物种子 第1部分：禾谷类（GB 4404.1-2008）

**I 稻种子质量**

单位：%

| 作物名称 | 种子类别 | | 纯度不低于 | 净度不低于 | 发芽率不低于 | 水分不高于 |
|---|---|---|---|---|---|---|
| 稻 | 常规种 | 原种 | 99.9 | 98.0 | 85 | 13.0（籼） |
| | | 大田用种 | 99.0 | | | 14.5（粳） |
| | 不育系、恢复系、保持系 | 原种 | 99.9 | 98.0 | 80 | 13.0 |
| | | 大田用种 | 99.5 | | | |
| | 杂交种 | 大田用种 | 96.0 | 98.0 | 80 | 13.0（籼） |
| | | | | | | 14.5（粳） |

a 长城以北和高寒地区的种子水分允许高于13%，但不能高于16%。若在长城以南（高寒地区除外）销售，水分不能高于13%。
b 稻杂交种质量指标适用于三系和两系稻杂交种子。

**II 玉米种子质量**

单位：%

| 作物名称 | 种子类别 | | 纯度不低于 | 净度不低于 | 发芽率不低于 | 水分不高于 |
|---|---|---|---|---|---|---|
| 玉米 | 常规种 | 原种 | 99.9 | 99.0 | 85 | 13.0 |
| | | 大田用种 | 97.0 | | | |
| | 自交种 | 原种 | 99.9 | 99.0 | 80 | 13.0 |
| | | 大田用种 | 99.0 | | | |
| | 单交种 | 大田用种（非单粒播） | 96.0 | 99.0 | 85 | 13.0 |
| | | 大田用种（单粒播） | 97.0 | | 93 | |
| | 双交 | 大田用种 | 95.0 | | 85 | 13.0 |
| | 三交种 | 大田用种 | 95.0 | | | |

a 长城以北和高寒地区的种子水分允许高于13%，但不能高于16%。若在长城以南（高寒地区除外）销售，水分不能高于13%。

**III 小麦和大麦种子质量**

单位：%

| 作物名称 | 种子类别 | | 纯度不低于 | 净度不低于 | 发芽率不低于 | 水分不高于 |
|---|---|---|---|---|---|---|
| 小麦 | 常规种 | 原种 | 99.9 | 99.0 | 85.0 | 13.0 |
| | | 大田用种 | 99.0 | | | |
| 大麦 | 常规种 | 原种 | 99.9 | 99.0 | 85.0 | 13.0 |
| | | 大田用种 | 99.0 | | | |

### Ⅳ 高粱种子质量

单位：%

| 作物名称 | 种子类别 | | 纯度不低于 | 净度不低于 | 发芽率不低于 | 水分不高于 |
|---|---|---|---|---|---|---|
| 高粱 | 常规种 | 原种 | 99.9 | 98.0 | 75 | 13.0 |
| | | 大田用种 | 98.0 | | | |
| | 不育系、保持系、恢复系 | 原种 | 99.9 | 98.0 | 70 | 13.0 |
| | | 大田用种 | 99.0 | | | |
| | 杂交种 | 大田用种 | 93.0 | 98.0 | 80 | 13.0 |

a 长城以北和高寒地区的种子水分允许高于13%，但不能高于16%。若在长城以南（高寒地区除外）销售，水分不能高于13%。

### Ⅴ 粟和黍种子质量

单位：%

| 作物名称 | 种子类别 | | 纯度不低于 | 净度不低于 | 发芽率不低于 | 水分不高于 |
|---|---|---|---|---|---|---|
| 粟、黍 | 常规种 | 原种 | 99.8 | 98.0 | 85 | 13.0 |
| | | 大田用种 | 98.0 | 98.0 | 85 | 13.0 |

注：在农业生产中，粟俗称谷子，黍俗称糜子

## 附表5-2　经济作物种子　第1部分：纤维类（GB 4407.1-2008）

### 表1　棉花种子（包括转基因种子）质量

单位：%

| 作物名称 | 种子类型 | 种子类别 | 品种纯度不低于 | 净度（净种子）不低于 | 发芽率不低于 | 水分不高于 |
|---|---|---|---|---|---|---|
| 棉花常规种 | 棉花毛籽 | 原种 | 99.0 | 97.0 | 70 | 12.0 |
| | | 大田用种 | 95.0 | | | |
| | 棉花光籽 | 原种 | 99.0 | 99.0 | 80 | 12.0 |
| | | 大田用种 | 95.0 | | | |
| | 棉花薄膜包衣籽 | 原种 | 99.0 | 99.0 | 80 | 12.0 |
| | | 大田用种 | 95.0 | | | |
| 棉花杂交种亲本 | 棉花毛籽 | | 99.0 | 97.0 | 70 | 12.0 |
| | 棉花光籽 | | 99.0 | 99.0 | 80 | 12.0 |
| | 棉花薄膜包衣籽 | | 99.0 | 99.0 | 50 | 12.0 |
| 棉花杂交一代种 | 棉花毛籽 | | 95.0 | 97.0 | 70 | 12.0 |
| | 棉花光籽 | | 95.0 | 99.0 | 80 | 12.0 |
| | 棉花薄膜包衣籽 | | 95.0 | 99.0 | 80 | 12.0 |

表2　黄麻、红麻和亚麻种子质量　　　　　　　　　　　　　　　　　　　　　　　单位：%

| 作物种类 | 种子类别 | 纯度不低于 | 净度（净种子）不低于 | 发芽率不低于 | 水分不高于 |
|---|---|---|---|---|---|
| 圆果黄麻 | 原种 | 99.0 | 98.0 | 80 | 12.0 |
| 圆果黄麻 | 大田用种 | 96.0 | 98.0 | 80 | 12.0 |
| 长果黄麻 | 原种 | 99.5 | 98.0 | 85 | 12.0 |
| 长果黄麻 | 大田用种 | 96.0 | 98.0 | 85 | 12.0 |
| 红麻 | 原种 | 99.0 | 98.0 | 75 | 12.0 |
| 红麻 | 大田用种 | 97.0 | 98.0 | 75 | 12.0 |
| 亚麻 | 原种 | 99.0 | 98.0 | 85 | 9.0 |
| 亚麻 | 大田用种 | 97.0 | 98.0 | 85 | 9.0 |

### 附表5-3　经济作物种子　第2部分：油料类（GB 4407.2-2008）

表1　油菜种子质量　　　　　　　　　　　　　　　　　　　　　　　　　　　　　单位：%

| 作物名称 | 种子类别 | 品种纯度不低于 | 净度不低于 | 发芽率不低于 | 水分不高于 |
|---|---|---|---|---|---|
| 油菜常规种 | 原种 | 99.0 | 98.0 | 85 | 9.0 |
| 油菜常规种 | 良种 | 95.0 | 98.0 | 85 | 9.0 |
| 油菜亲本 | 原种 | 99.0 | 98.0 | 80 | 9.0 |
| 油菜亲本 | 良种 | 98.0 | 98.0 | 80 | 9.0 |
| 油菜杂交种 | 大田用种 | 85.0 | 98.0 | 80 | 9.0 |

表2　向日葵种子质量　　　　　　　　　　　　　　　　　　　　　　　　　　　　单位：%

| 作物名称 | 种子类别 | 品种纯度不低于 | 净度不低于 | 发芽率不低于 | 水分不高于 |
|---|---|---|---|---|---|
| 向日葵常规种 | 原种 | 99.0 | 98.0 | 85 | 9.0 |
| 向日葵常规种 | 大田用种 | 96.0 | 98.0 | 85 | 9.0 |
| 向日葵亲本 | 原种 | 99.0 | 98.0 | 90 | 9.0 |
| 向日葵亲本 | 大田用种 | 98.0 | 98.0 | 90 | 9.0 |
| 向日葵杂交种 | 大田用种 | 96.0 | 98.0 | 90 | 9.0 |

表3　花生、芝麻种子质量　　　　　　　　　　　　　　　　　　　　　　　　　　单位：%

| 作物名称 | 种子类别 | 品种纯不低于 | 净度不低于 | 发芽率不低于 | 水分不高于 |
|---|---|---|---|---|---|
| 花生 | 原种 | 99.0 | 99.0 | 80 | 10.0 |
| 花生 | 大田用种 | 96.0 | 99.0 | 80 | 10.0 |
| 芝麻 | 原种 | 99.0 | 97.0 | 85 | 9.0 |
| 芝麻 | 大田用种 | 97.0 | 97.0 | 85 | 9.0 |

**附表 5.4　GB4404.2-2010　粮食作物种子**

表 1　豆类

| 作物种类 | 种子类别 | 品种纯度 /% 不低于 | 净度 /% 不低于 | 发芽率 /% 不低于 | 水分 /% 不高于 |
|---|---|---|---|---|---|
| 大豆 | 原种 | 99.9 | 99.0 | 85.0 | 12.0 |
| 大豆 | 大田用种 | 98.0 | 99.0 | 85.0 | 12.0 |
| 蚕豆 | 原种 | 99.9 | 99.0 | 90.0 | 12.0 |
| 蚕豆 | 大田用种 | 97.0 | 99.0 | 90.0 | 12.0 |
| 赤豆（红小豆） | 原种 | 99.0 | 99.0 | 85.0 | 13.0 |
| 赤豆（红小豆） | 大田用种 | 96.0 | 99.0 | 85.0 | 13.0 |
| 绿豆 | 原种 | 99.0 | 99.0 | 85.0 | 13.0 |
| 绿豆 | 大田用种 | 96.0 | 99.0 | 85.0 | 13.0 |

注：长城以北和高寒地区的大豆种子水分允许高于 12.0%，但不能高于 13.5%。长城以南的大豆种子（高寒地区除外）水分不得高于 12.0%

**附表 5.5　GB4404.3-2010　粮食作物种子**

表 1　荞麦

| 作物种类 | 种子类别 | 品种纯度 /% 不低于 | 净度 /% 不低于 | 发芽率 /% 不低于 | 水分 /% 不高于 |
|---|---|---|---|---|---|
| 苦荞麦 | 原种 | 99.0 | 98.0 | 85.0 | 13.5 |
| 苦荞麦 | 大田用种 | 96.0 | 98.0 | 85.0 | 13.5 |
| 甜荞麦 | 原种 | 95.0 | 98.0 | 85.0 | 13.5 |
| 甜荞麦 | 大田用种 | 90.0 | 98.0 | 85.0 | 13.5 |

表 2　燕麦

| 作物种类 | 种子类别 | 品种纯度 /% 不低于 | 净度 /% 不低于 | 发芽率 /% 不低于 | 水分 /% 不高于 |
|---|---|---|---|---|---|
| 燕麦 | 原种 | 99.0 | 98.0 | 85.0 | 13.0 |
| 燕麦 | 大田用种 | 97.0 | 98.0 | 85.0 | 13.0 |

**附表 5.6　GB16715.1-2010　瓜菜作物种子　瓜类**

| 作物种类 | 种子类别 | | 品种纯度 /% 不低于 | 净度 /% 不低于 | 发芽率 /% 不低于 | 水分 /% 不高于 |
|---|---|---|---|---|---|---|
| 西瓜 | 亲本 | 原种 | 99.7 | 99.0 | 90 | 8.0 |
| 西瓜 | 亲本 | 大田用种 | 99.0 | 99.0 | 90 | 8.0 |
| 西瓜 | 二倍体杂交种 | 大田用种 | 95.0 | 99.0 | 90 | 8.0 |
| 西瓜 | 三倍体杂交种 | 大田用种 | 95.0 | 99.0 | 75 | 8.0 |

续表

| 作物种类 | 种子类别 | | 品种纯度 /% 不低于 | 净度 /% 不低于 | 发芽率 /% 不低于 | 水分 /% 不高于 |
|---|---|---|---|---|---|---|
| 甜瓜 | 常规种 | 原种 | 98.0 | 99.0 | 90 | 8.0 |
| | | 大田用种 | 95.0 | | 85 | |
| | 亲本 | 原种 | 99.7 | | 90 | |
| | | 大田用种 | 99.0 | | | |
| | 杂交种 | 大田用种 | 95.0 | | 85 | |
| 哈密瓜 | 常规种 | 原种 | 98.0 | | 90 | 7.0 |
| | | 大田用种 | 90.0 | | 85 | |
| | 亲本 | 大田用种 | 99.0 | | 90 | |
| | 杂交种 | 大田用种 | 95.0 | | 90 | |
| 冬瓜 | 原种 | | 98.0 | | 70 | 9.0 |
| | 大田用种 | | 96.0 | | 60 | |
| 黄瓜 | 常规种 | 原种 | 98.0 | | 90 | 8.0 |
| | | 大田用种 | 95.0 | | | |
| | 亲本 | 原种 | 99.9 | | 90 | |
| | | 大田用种 | 99.0 | | 85 | |
| | 杂交种 | 大田用种 | 95.0 | | 90 | |

附表 5.7　GB16715.5-2010　瓜菜作物种子　绿叶菜类

| 作物种类 | 种子类别 | 品种纯度 /% 不低于 | 净度 /% 不低于 | 发芽率 /% 不低于 | 水分 /% 不高于 |
|---|---|---|---|---|---|
| 芹菜 | 原种 | 99.0 | 95.0 | 70.0 | 8.0 |
| | 大田用种 | 93.0 | | | |
| 菠菜 | 原种 | 99.0 | 97.0 | 70.0 | 10.0 |
| | 大田用种 | 95.0 | | | |
| 莴苣 | 原种 | 99.0 | 98.0 | 80.0 | 7.0 |
| | 大田用种 | 95.0 | | | |

**附表 5.8　GB8080-2010　绿肥种子**

| 作物种类 | 种子类别 | 品种纯度 /% 不低于 | 净度 /% 不低于 | 发芽率 /% 不低于 | 水分 /% 不高于 |
|---|---|---|---|---|---|
| 紫云英 | 原种 | 99.0 | 97.0 | 80.0 | 10.0 |
| | 大田用种 | 96.0 | | | |
| 毛叶苕子 | 原种 | 99.0 | 98.0 | | 12.0 |
| | 大田用种 | 96.0 | | | |
| 光叶苕子 | 原种 | 99.0 | | | |
| | 大田用种 | 96.0 | | | |
| 蓝花苕子 | 原种 | 99.0 | | | |
| | 大田用种 | 96.0 | | | |
| 白香草木樨 | 原种 | 99.0 | 96.0 | | 11.0 |
| | 大田用种 | 94.0 | | | |
| 黄香草木樨 | 原种 | 99.0 | | | |
| | 大田用种 | 94.0 | | | |

**附表 5.9　GB19176-2010　糖用甜菜种子**

表 1　糖用甜菜多胚种子

| 作物种类 | | 发芽率 /% 不低于 | 净度 /% 不低于 | 三倍体率 /% 不低于 | 水分 /% 不高于 | 粒径 /mm |
|---|---|---|---|---|---|---|
| 二倍体 | 原种 | 80.0 | 98.0 | — | 14.0 | ≥2.5 |
| | 大田用种 磨光种 | | | — | | ≥2.0 |
| | 大田用种 包衣种 | 90.0 | | — | 12.0 | 2.0~4.5 |
| 多倍体 | 原种 | 70.0 | | — | 14.0 | ≥3.0 |
| | 大田用种 磨光种 | 75.0 | | 45(普通多倍体) 或 90(雄性不育多倍体) | | ≥2.5 |
| | 大田用种 包衣种 | 85.0 | | | 12.0 | 2.5~4.5 |

表 2　糖用甜菜单胚种子

| 种子类别 | | 单粒率 /% 不低于 | 发芽率 /% 不低于 | 净度 /% 不低于 | 三倍体率 /% 不低于 | 水分 /% 不高于 | 粒径 /mm |
|---|---|---|---|---|---|---|---|
| 原种 | | 95 | 80.0 | 98.0 | — | 12.0 | ≥2.0 |
| 大田用种 | 磨光种 | | | | 95.0 | | |
| | 包衣种 | | 90.0 | 99.0 | | | |
| | 丸化种 | | 95.0 | | 98.0 | | 3.5~4.75 |

# 参考文献

1. 陈鹤生. 种子病害简明教程. 北京：中国农业出版社，1983.
2. 陈星，MAZNAN Nur Atiqah Binti，李志强，等. 水稻种子携带稻瘟病菌 LAMP 检测方法的建立与应用. 植物保护，2022，48（3）：204-210.
3. 程绍明，王俊，马杨珲，等. 基于电子鼻的番茄种子不同储藏时间的鉴别研究. 传感技术学报，2011，24（7）：941-945.
4. 段亚冰，效雪梅，杨莹，等. 一种基于 LAMP 技术快速检测小麦赤霉病菌对多菌灵抗药性方法的建立及应用. 南京农业大学学报，2016，39（1）：97-105.
5. 方中达. 植病研究方法. 北京：中国农业出版社，1998.
6. 冯建军，金志娟，刘西莉，等. 一种 DNA 染料结合聚合酶链反应检测鉴别植物病原细菌死活细胞. 高等学校化学学报，2008，29（5）：944-948.
7. 傅强，杨期和，叶万辉. 种子休眠的解除方法. 广西农业生物科学，2003，23（3）：230-234.
8. 高睦枪，郭小丽. 我国部分冬小麦新品种（系）SSR 标记遗传差异的研究. 农业生物技术学报，2001，9（1）：49-54.
9. 耿川东，黄骏麟. 用 RAPD 鉴定棉花品种间差异. 江苏农业学报，1995，11（4）：21-24.
10. 农作物种子检验规程：GB/T3543.1-3543.7—1995. 北京：中国标准出版社，1995.
11. 董双林. 植物保护学通论. 3 版. 北京：高等教育出版社，2022.
12. 黄宝勇，曲士松，孙晋斌，等. 大白菜地方种质遗传关系的 RAPD 分析. 西南农业学报，2003，16（2）：86-88.
13. 黄亚军，颜启传，王胜初. 种子检验数据计算机处理系统软件介绍. 种子，1998（4）：37-43.
14. 蒋军喜，陈正贤，李桂新，等. 我国 12 省市玉米矮花叶病病原鉴定及病毒致病性测定. 植物病理学报，2003，33（4）：307-312.
15. 金文玲，曹乃亮，朱明东，等. 基于近红外超连续激光光谱的水稻种子活力无损分级检测研究. 中国光学，13（5）：1032-1042.
16. 孔秋生，李锡香，向长萍，等. 萝卜种质资源亲缘关系的 RAPD 分析. 植物遗传资源学报，2004，5（2）：156-160.
17. 兰青阔，王永，赵新，等. 转基因玉米 LAMP 检测体系的建立及应用. 华北农学报，2010，25（4）：49-52.
18. 李恒贵. 用整粒样品测定种子水分的研究. 种子科技，1996（3）：35.
19. 李孝凡，王成，宋鹏，等. 种子活力无损检测方法研究进展. 种子，2019，38（6）：61-65.
20. 李振，廖同庆，冯青春. 基于机器视觉的蔬菜种子活力指数检测算法研究及系统实现. 浙江农业学报，2015，27（12）：2218-2224.

21. 刘建敏，董小平. 种子处理科学原理与技术. 北京：中国农业出版社，1997.
22. 刘思衡，曾汉章. 作物种子学. 福州：福建科学技术出版社，2001.
23. 马立人，蒋中华. 生物芯片. 2版. 北京：化学工业出版社，2002.
24. 浦惠明，高建芹. 十字花科杂草种子的破眠研究. 杂草科学，2003（1）：9-11.
25. 瞿志杰，贾良权，祁亨年，等. 种子活力无损检测方法研究进展. 浙江农林大学学报，2020，37（2）：382-390.
26. 任自忠，苑凤瑞，张森. 新编植物保护实用手册. 北京：中国农业出版社，2003.
27. 尚海英，郑有良，魏育明，等. 应用ISSR标记研究黑麦属植物遗传多样性. 西南农业学报，2004，17（3）：273-277.
28. 宋顺华，郑晓鹰. 利用RAPD技术鉴定大白菜主栽品种及品种间遗传多样性分析. 华北农学报，2000，15（3）：1-5.
29. 孙俊，张林，周鑫，等. 采用高光谱图像深度特征检测水稻种子活力等级. 农业工程学报，2021，37（14）：171-178.
30. 孙琦，张春庆. 马铃薯X病毒的RT-PCR检测. 园艺学报，2003，30（6）：687-689.
31. 孙志良，杨国枝. 实用种子检验技术. 北京：中国农业出版社，1993.
32. 谭振馨，李汝玉，李群，等. 玉米杂交种SSR标记纯度鉴定方法研究. 山东农业科学，2004（4）：8-11.
33. 陶嘉龄，郑光华. 种子活力. 北京：科学出版社，1991.
34. 王建华，何志昆，茹薜. 健康度检验在种子检验中的重要性及其发展. 种子，2002（1）：41.
35. 王建华，孙群. 中东欧国家的种子健康检验. 种子，2003（3）：53-54.
36. 王玉兰，刘永良. 作物种子学. 哈尔滨：黑龙江科学技术出版社，1991.
37. 王芝涵，王春伟，高海馨，等. 引起玉米穗腐病的禾谷镰刀菌LAMP快速检测方法的建立. 江苏农业学报，2019，35（3）：581-858.
38. 吴琼，陈枝楠，范怀忠，等. 16S nested-PCR技术检测玉米细菌性枯萎病菌. 植物病理学报，2005，35（5）：420-4271.
39. 肖长坤. 白菜种传黑斑病菌分子鉴定及抑菌药剂初探. 北京：中国农业大学，2004.
40. 徐宜如. 免疫检测技术. 2版. 北京：科学出版社，1997.
41. 徐云碧，杨泉女，郑洪建，等. 靶向测序基因型检测（GBTS）技术及其应用. 中国农业科学，2020，53（15）：2983-3004.
42. 闫新甫. 转基因植物. 北京：科学出版社，2003.
43. 颜启传，程式华，魏兴华，等. 种子健康测定原理和方法. 北京：中国农业科学技术出版社，2002.
44. 颜启传. 种子检验原理和技术. 杭州：浙江大学出版社，2001.
45. 颜启传. 种子学. 北京：中国农业大学出版社，2001.
46. 颜廷进，李群，李汝玉，等. RAPD技术在玉米品种纯度鉴定中的应用研究. 山东农业科学，2003，（1）：12-15.
47. 易福华，杨梅，姚立强. 棉籽休眠的解除方法. 中国棉花，1994，21（1）：19.
48. 张超良，孙世孟. RAPD技术在12个玉米骨干自交系快速鉴定中的应用. 作物学报，1998，

24（6）：718-722.
49. 张春庆，贾继增. 利用 AFLP 技术鉴定玉米自交系和杂交种. 山东农业大学学报，2003，34（3）：427-430.
50. 张春庆，贾继增. 水稻 AFLP 指纹图谱的引物选择研究. 中国农业科学，2002，35（7）：733-737.
51. 张春庆，贾继增. 玉米 AFLP 指纹图谱的引物选择研究. 作物学报，2002，28（2）：221-226.
52. 张春庆，李岩. 作物种子学. 北京：中国农业科学技术出版社，2019.
53. 张春庆，孙爱清. 种子生物学. 北京：中国科学技术出版社，2020.
54. 张春庆，杨凯，贾继增. DNA 指纹技术：AFLP 的优化. 山东农业大学学报，2002，33（1）：89-92.
55. 张春庆，尹燕枰，高荣岐，等. 棉花种子蛋白多态性与品种鉴定方法研究. 中国农业科学，1998，31（4）：16-19.
56. 张春庆，尹燕枰. 种子质量检验理论与技术. 北京：中国农业科学技术出版社，1995.
57. 张秋香，武绍波，杨荣萍，等. 果树种子休眠原因及解除休眠的方法. 山西果树，2004（1）：31-33.
58. 张婷婷，孙群，杨磊，等. 基于电子鼻传感器阵列优化的甜玉米种子活力检测. 农业工程学报，2017，33（21）：275-281.
59. 张婷婷，向莹莹，杨丽明，等. 高光谱技术无损检测单粒小麦种子生活力的特征波段筛选方法研究. 光谱学与光谱分析，2019，39（5）：1556-1562.
60. 张文明，王昌初，倪安丽. 四唑染色测定红麻种子生活力的研究. 中国麻作，1998，20（3）：18-19.
61. 张文明，郑文寅，任冲，等. 电导法测定大豆种子活力的初步研究. 种子，2003（2）：34-36.
62. 赵久然，郭景伦. 利用 DNA 指纹鉴定玉米杂交种纯度及其真伪技术的研究. 玉米科学，1999，7（1）：9-13.
63. 郑祥明，史耀武. 数字图像识别技术综述. 湖北汽车工业学院学报，1999，13（1）：33-39.
64. 支巨振. GB/T3543.1-3543.7—1995 农作物种子检验规程实施指南. 北京：中国农业出版社，2000.
65. 朱桂清，迟文娟，曹远银，等. 小麦散黑穗病病原菌 PCR 检测方法的研究. 江苏农业科学，2014，42（1）：36-38.
66. 朱宇旌，刘艳. 牧草种子休眠解除方法综述. 草业科学，2003，20（3）：24-27.
67. BOUJU-ALBERT A, SALTAJI S, DOUSSET X, et al. Quantification of viable brochothrix thermosphacta in cold-smoked salmon using PMA/PMAxx-qPCR. Frontiers in Microbiology, 2021, 12: 1-12.
68. CHURCHILL D B, BILSLAND D M, COOPER T M. Comparison of machine vision with human measurement of seed dimensions. Transactions of the ASAE, 1992, 35（1）: 61-64.
69. CHURCHILL D B, BILSLAND D M, COOPER T M. Separation of mixed lots of tall fescue and

ryegrass seed using machine vision. Transactions of the ASAE, 1993, 36（5）: 1383-1386.
70. DAVEY J W, HOHENLOHE P A, ETTER P D, et al. Genome wide genetic marker discovery and genotyping using next-generation sequencing. Nature Reviews Genetics, 2011, 12: 499-510.
71. BEWLEY J D, BLACK M. Seed: physiology of development and germination. 2nd ed. New York: Plenum Press, 1994.
72. DESAI B B, KOTECHA P M, SALUNKHE D K. Seeds handbook: biology, production, processing and storage. New York: Marcel Dekker, 1997.
73. DUCOURNAU S, FEUTRY A, PLAINCHAULT P, et al. An image acquisition system for automated monitoring of the germination rate of sunflower seeds. Computers & Electronics in Agriculture, 2004, 44（3）: 189-220.
74. HOFFMASTER A L, FUJIMURA K, MCDONALD M B, et al. An automated system for vigor testing three-day-old soybean seedlings. Seed Science and Technology, 2003, 31（3）: 701-713.
75. HOWARTH M S, STANWOOD P C. Measurement of seedling growth rate by machine vision. Transactions of the ASAE, 1993, 36（3）: 959-963.
76. HOWARTH M S, STANWOOD P C. Tetrazolium staining viability seed test using color image processing. Transactions of the ASAE, 1993, 36（6）: 1937-1940.
77. International Rules for Seed Testing. Zurich: ISTA, 2020.
78. KIRATIRATANAPRUK K, SINTHUPINYO W. Color and texture for corn seed classification by machine vision. Chiang Mai: International Symposiumon Intelligent Signal Processing and Communications Systems, 2011.
79. LAUFMANN J E, WIESNER L E. Rapid germination of eastern dogwood (*Cornus florida* L. cv. Small) using embryo extraction, cut cotyledons and gibberellic acid. Seed technology, 1998, 20（1）: 99-105.
80. LONG W, JIN S, LU Y, et al. A review of artificial intelligence methods for seed quality inspection based on spectral imaging and analysis. Journal of Physics: Conference Series, 2021, 1769（1）: 012013.
81. LUO X, JAYAS D S, SYMONS S J. Identification of damaged kernels in wheat using a colour machine vision system. Journal of Cereal Science, 1999, 30（1）: 49-59.
82. MIN T G, KANG W S. Non-destructive classification between normal and artificially aged corn (*Zea mays* L.) seeds using near infrared spectroscopy. Korean Journal of Crop Science, 2008, 53（3）: 314-319.
83. NORRIS K H. History of NIR. Journal of Near Infrared Spectroscopy, 1996, 14（1）: 31-37.
84. NOTOMI T, OKAYAMA H, MASUBUCHI H, et al. Loop-mediated isothermal amplification of DNA. Nucleic Acids Research. 2000, 28（12）: E63.
85. OAKLEY K, KESTER S T, GENEVE R L. Computer-aided digital image analysis of seedling size and growth rate for assessing seed vigour in impatiens. Seed Science and Technology, 2004, 32（3）: 837-845.
86. PANDITA V K, NAGARAJAN S, SHARMA D. Reducing hard seededness in fenugreek by

scarification technique. Seed Science and Technology, 1999, 27 (2): 627-631.
87. PAYNE R C. ISTA handbook of chamber greenhouse testing procedurse. Zurich: ISTA, 1993.
88. ROGIS C, GIBSON L R, KNAPP A D, et al. Enhancing germination of eastern gamagrass seed with stratification and gibberellic acid. Crop Science, 2004, 44 (2): 549-552.
89. SAKO Y, MCDONALD M B, FUJIMURA K, et al. A system for automated seed vigour assessment. Seed Science and Technology, 2001, 29 (3): 625-636.
90. SHOUCHE S P, RASTOGI R, BHAGWAT S G, et al. Shape analysis of grains of Indian wheat varieties. Computers & Electronics in Agriculture, 2001, 33 (1): 55-76.
91. VEASEY E A, DE FREITAS J C T. Breaking seed dormancy in *Sesbania sesban*, *S. rostrata* and *S. virgata*. Seed Science and Technology, 2002, 30 (1): 211-217.
92. WEN D, ZHANG C. Universal multiplex PCR: a novel method of simultaneous amplification of multiple DNA fragments. Plant Methods, 2012, 8 (1): 32.
93. XIE W, PAULSEN M R. Machine vision detection of tetrazolium staining in corn. Transactions of the ASAE, 2001, 44 (2): 421-428.
94. ZHENG J, WEN D, ZHAO H, et al. Acetic acid urea-polyacrylamide gel electrophoresis: a rapid method for testing the genetic purity of sunflower seeds. Quality Assurance and Safety of Crops & Foods, 2017, 9 (1): 41-46.

**郑重声明**

高等教育出版社依法对本书享有专有出版权。任何未经许可的复制、销售行为均违反《中华人民共和国著作权法》，其行为人将承担相应的民事责任和行政责任；构成犯罪的，将被依法追究刑事责任。为了维护市场秩序，保护读者的合法权益，避免读者误用盗版书造成不良后果，我社将配合行政执法部门和司法机关对违法犯罪的单位和个人进行严厉打击。社会各界人士如发现上述侵权行为，希望及时举报，我社将奖励举报有功人员。

反盗版举报电话　　（010）58581999　58582371
反盗版举报邮箱　　dd@hep.com.cn
通信地址　北京市西城区德外大街4号　高等教育出版社知识产权与法律事务部
邮政编码　100120

**读者意见反馈**

为收集对教材的意见建议，进一步完善教材编写并做好服务工作，读者可将对本教材的意见建议通过如下渠道反馈至我社。

咨询电话　400-810-0598
反馈邮箱　gjdzfwb@pub.hep.cn
通信地址　北京市朝阳区惠新东街4号富盛大厦1座　高等教育出版社总编辑办公室
邮政编码　100029

**防伪查询说明**

用户购书后刮开封底防伪涂层，使用手机微信等软件扫描二维码，会跳转至防伪查询网页，获得所购图书详细信息。

防伪客服电话　　（010）58582300